北京市高等教育精品教材立项项目
高等院校木材科学与工程专业规划教材

木材切削原理与刀具

第 2 版

李 黎 主编

中国林业出版社

图书在版编目（CIP）数据

木材切削原理与刀具/李黎主编 . —2 版 . —北京：中国林业出版社，2012.1（2023.7 重印）

北京市高等教育精品教材立项项目 . 高等院校木材科学与工程专业规划教材

ISBN 978-7-5038-6420-9

Ⅰ.①木…　Ⅱ.①李…　Ⅲ.①木材切削 – 高等学校 – 教材 ②木材切削 – 木工刀具 – 高等学校 – 教材　Ⅳ.①TS654 ②TS643

中国版本图书馆 CIP 数据核字（2011）第 246436 号

中国林业出版社·教育分社

策划、责任编辑：杜娟

电话：83143553　　　　传真：83143516

出版发行　中国林业出版社（100009　北京市西城区德内大街刘海胡同 7 号）

E-mail：jiaocaipublic@163.com　电话：（010）83143500

http://lycb.forestry.gov.cn

经　　销　新华书店

印　　刷　北京中科印刷有限公司

版　　次　2008 年 10 月第 1 版（第 1 版共印 2 次）

　　　　　2012 年 2 月第 2 版

印　　次　2023 年 7 月第 3 次印刷

开　　本　850mm×1168mm　1/16

印　　张　16.5

字　　数　377 千字

定　　价　42.00 元

木材科学及设计艺术学科教材
编写指导委员会

第 2 版前言

近年来，我国木材工业飞速发展，全国高等农林院校相继开设了木材科学与工程、家具设计与制造专业。为满足目前木材科学与工程专业及相关专业教学需要，根据相关院校各相关专业教学大纲的要求、第 1 版《木材切削原理与刀具》教材使用过程中反映出的问题以及近年木工刀具发展的状况，对第 1 版《木材切削原理与刀具》教材进行了修订。

根据以加工工艺为主的培养目标，本次修订教材的重点仍放在木材切削理论的介绍和学生选用、使用刀具能力的培养上，对各类刀具的结构和性能、适用范围做了比较详细的介绍。本教材在编写过程中，力图概括木材切削技术的最新研究成果，同时结合我国木材工业的实际应用状况，将近十年木工刀具制造业的新材料、新制造技术和新型结构介绍给读者。

本教材主要针对木材科学与工程专业和家具设计与制造专业，并兼顾林业院校机械设计与制造专业学生的使用，同时也可以作为相关生产企业工程技术人员的参考书。

此次教材修订将原第 1 章切屑形态、切削热与原第 3 章切削表面质量、加工精度合并为第 2 章木材切削基本现象，第 4 章增加了硬质合金圆锯片结构参数与选用的内容，第 6 章增加了新型结构铣刀，第 8 章修改了磨削效率和影响磨削质量的因素，第 10 章修订增补了硬质合金、聚晶金刚石刀具材料的内容，将原第 3 章刀具磨损、刀具使用寿命的内容合并到此章，并修改了提高刀具耐磨损技术的内容。此次修订工作由第 1 版教材编写人员完成，北京林业大学的李黎编写第 1、2、3、4、7、8、10、11 章，杨永福编写第 5、6、12 章，母军编写第 3 章；内蒙古农业大学牛耕芜编写第 9 章。最终由李黎统稿。

本次教材修订过程中得到了各方面的大力支持与帮助，在此谨致以衷心的感谢！

由于编者的水平和条件所限，加之时间仓促，教材中不妥之处在所难免，欢迎广大读者批评指正。

李 黎

2011 年 10 月

第 1 版前言

近年来，我国木材工业飞速发展，全国高等农林院校相继开设了木材科学与工程、家具设计与制造等专业。为满足目前木材科学与工程专业及相关专业教学的需要，根据相关院校各相关专业教学大纲的要求，在 1983 年版《木材切削原理与刀具》统编教材的基础上编写了此教材。

根据以加工工艺为主的培养目标，本教材的重点内容放在木材切削理论的介绍和学生选用、使用切削刀具能力的培养，对各类木材切削刀具结构和性能、适用范围做了比较详细的介绍。

本教材在编写过程中，力图概括木材切削技术的最新研究成果，将近十年来木材切削刀具制造业中新材料、新技术和新品种介绍给读者，同时又结合我国木材工业的实际应用。此次编写的《木材切削原理与刀具》教材主要针对木材科学与工程专业和家具设计与制造专业，并兼顾机械设计制造专业学生的使用，本教材也可以作为相关生产企业工程技术人员的参考书。

参加本教材编写的有北京林业大学李黎（第 1、2、4、7、8、11 章）、母军（第 3章）、杨永福（第 5、6、12 章）、陈欣（第 10 章），内蒙古农业大学牛耕芜（第 9 章）。

本教材由北京林业大学习宝田教授和南京林业大学王厚立教授主审，他们对书稿进行了认真细致的审阅，并提出了极为宝贵的修改意见，在此谨致以衷心的感谢！

本教材在编写过程中得到了各方面的大力支持和帮助，在此一并表示感谢。

由于编者的水平和条件所限，加之时间仓促，书中不妥之处在所难免，欢迎广大同仁和读者批评指正。

李　黎

2005 年 3 月

目　录

第1章

木材切削的基本理论

在实际生产中，尽管木材的切削方式不同，但是从切削运动和刀具几何形状组成来看，却有相同之处，都可以看做是一把楔形切刀和一个直线运动所构成的直角自由切削过程。这个最简单、最基本的切削方式，在一定程度上，可以反映各种复杂切削方式、切削机理的共同规律。

1.1 木材切削的基本概念

借助于刀具，按预定的表面，切开工件上木材之间的联系，从而获得符合要求尺寸、形状和表面粗糙度的制品，这样的工艺过程，称之为木材切削。大多数情况下，工件被切掉一层相对变形较大的切屑，以获取制品，如锯切、铣削、磨削、钻削等大部分切削方式。少数情况，切下的切屑就是制品，如单板旋切、刨切等。也有的情况，被切下的切屑和留下的木材均为制品，如削片制材。

1.1.1 切削运动

切削时刀具具备两种基本运动方式，一种是直线运动刀具，如刨刀[图 1-1(a)]；另一种是回转运动刀具，如铣刀[图 1-1(b)]。刨削时，一般只要刀具相对工件做直线运动 V，便可以完成切削过程。有时切削层较厚，受刀具强度和加工质量等因素的限制，需要分数层依次切削，才能满足工艺要求。这时要求刀具切去一薄层切屑后，退回原处，让工件或刀具在垂直 V 的方向做直线运动 U，然后刀具再切下一层木材。如此交替进行，逐层切削，直至切完需要切除的木材。

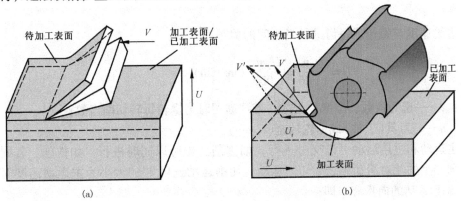

图 1-1 直线和回转运动切削时的加工表面

(a)直线运动切削　(b)回转运动切削

铣削时，仅依靠刀具的回转，只能切下一片木材，要切除一层木材，必须在刀具回转的同时，使工件与刀具间做相对的运动。

由此可知，要完成一个切削过程，通常需要两个运动：主运动和进给运动。

1.1.1.1 主运动

从工件上切除切屑，从而形成新表面所需要的最基本运动，称之为主运动。与进给运动相比，主运动一般速度高，消耗功率大。主运动速度用 V 表示，通常主运动由刀具完成。主运动可以是直线运动，如刨削，也可以是回转运动，如铣削。主运动为回转运动时，主运动速度的计算公式为

$$V = \frac{\pi Dn}{6 \times 10^4} \ (\text{m/s})$$

式中：D——刀具(工件)或锯轮直径(mm)；

n——刀具(工件)或锯轮转速(r/min)。

有些刀具，如成型铣刀和钻头，由于刃口上各点的速度因回转半径不同而异，因此在确定主运动速度时，应计算最大速度。这是考虑到速度大的刃口部分，发热磨损也大。

1.1.1.2 进给运动

使切屑连续或逐步从工件上切下所需的运动，称为进给运动。进给运动可以用不同的进给量来表示：

每分钟进给量 U：即进给速度单位时间内工件或刀具沿进给方向上的进给量(m/min)。

每转进给量 U_n：刀具或工件每转一周两者沿进给方向上的相对位移 (mm/r)。

每双行程进给量 U_{str}：刀具或工件相对往返一次两者沿进给方向上的相对位移(mm/str)。

每齿进给量 U_z：刀具每转一个刀齿，刀具与工件沿进给方向上的相对位移(mm/z)。

进给速度与每转或每齿进给量之间的关系为

$$U = \frac{U_n n}{1\ 000} = \frac{U_z zn}{1\ 000} \ (\text{m/min})$$

式中：z——铣刀齿数，圆锯片齿数，带锯锯切时为锯轮每转切削齿数；

n——刀具(工件)或锯轮转速(r/min)。

主运动和进给运动可以交替进行，如刨削，也可以同时进行，如铣削。若同时进行，则产生的相对运动称之为切削运动。切削运动速度 V' 的大小为主运动速度 V 和进给运动速度 U 的向量和，即

$$\vec{V}' = \vec{V} + \vec{U}$$

如图 1-1 所示，绝大多数木材切削过程的主运动速度比进给速度大许多，所以通常可以用主运动速度的大小、方向代表切削运动速度的大小和方向。

由于刀、锯等刀具表面大部分是以直线或圆作为母线形成的，因此构成切削运动的基本运动单元是直线运动和回转运动。任何切削加工方式，不管它多复杂，从切削运动观点来看，都是由基本运动单元按照不同的数量和方式组合而成的。常见的运动和运动组合有：

（1）一个直线运动，如刨削、刮削；

（2）两个直线运动，如带锯锯切、排锯锯切；

（3）一个回转运动和一个直线运动，如铣削、钻削、圆锯锯切；

（4）两个回转运动，如仿型铣削。

1.1.2　刀具和工件的各组成部分

为了研究刀具几何参数，认识其几何特征，需要对刀具和工件的各有关部分给予定义。工件一般分为三个表面，如图 1-1 所示。

（1）待加工表面：即将切去切屑的表面。

（2）加工表面：刀刃正在切削的表面。

（3）已加工表面：已经切去切屑而形成的表面。

这三个表面，在切削过程中随刀具相对工件的运动而变化。有些加工过程的已加工表面和加工表面重合［图 1-1（a）］。

木材切削刀具的种类虽多，但它们总是由两部分组成：一是外形近似一楔形体的切削部分；二是外形结构差异很大的支持部分。楔形切刀由以下主要部分组成（图 1-2，图 1-3）：

前刀面——对被切木材层直接作用，使切屑沿其排出的刀具表面。

后刀面——面向已加工表面并与其相互作用的刀具表面。

切削刃——前刀面与后刀面相交的部分，靠它完成切削工作。

前、后刀面可以是平面，也可以是曲面。

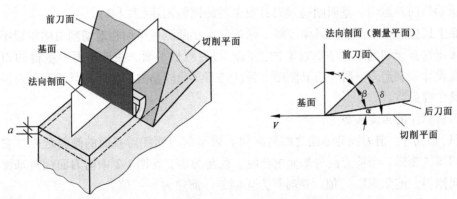

图 1-2　直线运动的刀具组成部分和角度

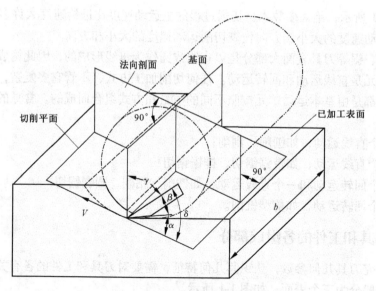

图1-3   回转运动刀具的角度

1.1.3   刀具的角度

刀具是依靠其切削部分切削木材的。因此刀具的角度应该是指刀具的切削部分——楔形切刀的角度。实际上，楔形切刀本身只有前、后刀面之间的夹角可以在切刀上直接测量，而影响切削的其他角度与刀具和工件的相对运动方向有关，需要借助坐标平面加以确定。为了便于反映刀具几何属性在切削过程中的功能，一般选取以下两个坐标平面。

(1)切削平面：通过切削刃与加工表面相切的平面。即主运动速度向量 V 和切削刃所组成的平面。主运动是直线运动且切削刃是直线时，切削平面和加工表面重合，如图1-2所示。主运动为回转运动时，切削平面的位置随刃口位置的改变而改变，如图1-3所示。

(2)基面：通过切削刃垂直于主运动速度向量 V，也就是垂直于切削平面的平面。若主运动是回转运动，基面则通过刀具或工件的回转轴线(图1-3)。

在上述坐标系中测量刀具角度时，角度的大小随测量平面相对切削刃的位置不同而异。规定垂直于切削刃在基面投影的法向剖面为测量平面。在该平面中量得的刀具角度，是设计、制造刀具时，刀具图纸上标注的刀具角度参数，也是刀具刃磨时需要保持的刀具角度参数。

刀具标注的角度参数为：

(1)前角 γ：前刀面与基面之间的夹角。表示前刀面相对基面的倾斜程度，它主要影响切屑的变形。当前刀面与基面重合时，前角为零，在图1-2中前刀面相对基面顺时针方向倾斜，前角为"＋"值，逆时针方向倾斜，前角为"－"值。

(2)后角 α：后刀面与切削平面之间的夹角。表示后刀面相对切削平面的倾斜程度，它主要影响刀具后面与工件之间的摩擦。

（3）楔角 β：前刀面与后刀面的夹角。它反映了刀具切削部分的锋利程度和强度。

（4）切削角 δ：前刀面与切削平面之间的夹角。表示前刀面相对切削平面的倾斜程度。在切削的过程中，切削角的作用和前角的作用相同，它是用相反的数量概念来表达跟前角一致的作用。换句话说，如果前角大，相应的切削角就小。

从以上诸角定义中可知：

$$\gamma + \beta + \alpha = 90°$$
$$\delta = \beta + \alpha = 90° - \gamma$$

在实际切削过程中，刀具的角度将受切削运动、切削刃安装高度和刀具磨损等因素的影响发生变化。也就是说，刀具的工作角度不等于标注的角度。下面仅以切削运动对刀具的影响为例，给予分析。

决定刀具标注角度的坐标平面——切削平面，是主运动速度向量 V 和切削刃所组成的平面。如果刀具只靠一个主运动完成切削过程（图 1-2，图 1-3），那么标注角度就是工作角度；如果刀具依靠同时进行的主运动和进给运动切削木材，那么由于相对运动速度向量（$\vec{V'}$）偏离主运动速度向量（$\vec{V}$）$-\alpha_m$ $[\alpha_m = \arctan(U/V)]$，相应的新切削平面也偏离原来切削平面 $-\alpha_m$，因此刀具的实际工作后角 $\alpha_w = \alpha - \alpha_m$（图 1-4），比原来减少了。通常主运动速度远远大于进给运动速度，α_m 角小于 1°，因而可以用标注角度代替工作角度。只有在主运动速度与进给运动速度相差较小时，才需要考虑刀具的工作角度。

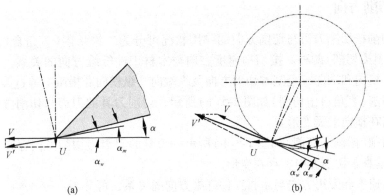

图 1-4 刀具后角和标注后角的关系
（a）直线运动切削 （b）回转运动切削

1.1.4 切削层尺寸参数

刀具相对工件沿进给方向每移动一个每齿进给量 U_z，每转进给量 U_n 或每双行程进给量 U_{str} 后，一个刀齿正在切削的木材层，称为切削层。切削层的尺寸参数，能反映刀具切削部分受力状况和切屑几何形状的参数——切削厚度 a 和切削宽度 b。这两个参数在基面内测定（图 1-2，图 1-3）。

（1）切削厚度 a：主运动为直线运动时，切削厚度为切削刀刃相邻两个位置间的垂直距离，亦为相邻两个加工表面之间的垂直距离（图1-2）。直线运动时的切削厚度在刀具切削木材的过程中是一个常数；回转运动时的切削厚度在切削过程中是变化的（图1-3），它可以用下式计算：

$$a = U_z \sin\theta$$

式中：U_z——每齿进给量；

θ——运动遇角，即切削速度方向和进给速度方向的夹角。

从刃口切入木材开始，到刃口离开木材，运动遇角由大变小，因而切削厚度也由小变大。

（2）切削宽度 b：切削宽度是刀刃的工作长度在基面上的投影。当切削速度垂直于刀刃时，切削宽度等于刀刃的工作宽度。

（3）切屑面积 A：切削层在基面内的投影面积，即

$$A = ab$$

主运动为回转运动时，切削面积的大小，随切削厚度的变化而变化。在实际木材切削过程中，由于切削层木材的变形，切削层截面的形状会发生变化。但由于变化量较小，故可以用名义切削层截面的形状来代替实际切削层截面的形状，即用名义切削厚度、宽度和面积代替实际切削厚度、宽度和面积。

通常所谓切屑厚度、宽度和面积，就是指切削厚度、宽度和面积。

1.1.5　切削方向

木材切削按切削刀刃与切削方向的作用状况可分为二维切削（直角自由切削）和三维切削（倾斜刃切削）两种。按切削速度方向与木材工件纤维方向的关系，木材切削可分为纵向、横向和端向三个基本切削方向及纵端向、纵横向和横端向等过渡方向切削。

二维切削（直角自由切削）如图1-5（a）所示，切削刀具的刀刃与切削方向垂直，被切下的切屑在横向上无变形。

三维切削（倾斜刃切削）如图1-5（b）所示，刀具的刀刃与切削方向存在一个倾斜角 θ，切屑在垂直于切削方向上存在变形。

按切削速度和刀刃方向与木材工件纤维方向的关系，可分为：

纵向切削：刀刃与木材纤维方向垂直，切削速度平行与木材纤维方向的切削。

端向切削：刀刃和切削速度均与木材纤维方向垂直的切削。

横向切削：刀刃与木材纤维方向平行，切削速度垂直与木材纤维方向的切削。

按上述定义，则纵向切削可表示为"「90 – 0」"，端向切削表示为"「90 – 90」"，横向切削表示为"「0 – 90」"。

纵端向切削：介于纵向切削和端向切削的一种过渡切削。

纵横向切削：介于纵向切削和横向切削的一种过渡切削。

横端向切削：介于横向切削和端向切削的一种过渡切削。

木材切削方向（切削速度方向）与木材纤维方向的夹角表明刀刃与木纤维之间的关

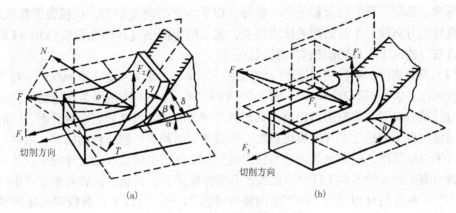

图 1-5 二维、三维切削与切削力

F. 切削力 F_1. 切削力水平方向分力 F_2. 切削力垂直方向分力 F_3. 切削力横向分力

α. 后角 δ. 切削角 γ. 前角 θ. 刃倾角 β. 楔角 ρ. 摩擦角 N. 压缩力 T. 摩擦力

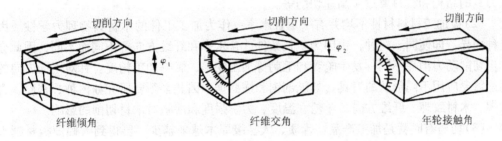

图 1-6 切削方向与木材工件纤维方向之间的角度关系

系，这些角度影响到木材切削的动力消耗。它们包括切削方向相对纤维的倾角、交角以及与年轮间的接触角（图 1-6）。

纤维倾角：指在平行于切削方向且垂直于切削平面的平面内，切削方向与木纤维方向的夹角，也称动力遇角。

纤维交角：指在切削平面内，木纤维与切削方向的夹角。

年轮接触角：指在垂直于切削方向和切削平面的平面内，切削平面与年轮切线之间的夹角。

纤维倾角大于 0°、小于 90° 时为顺纹切削；大于 90°、小于 180° 时为逆纹切削。纤维交角等于 90° 时为横向切削。年轮接触角等于 0° 和 90° 时，其切削平面分别为弦切面和径切面。

1.2 木材切削特点

由于木材切削加工的对象是木材，木材的不均匀性和各向异性使木材在不同的方向上具有不同的性质和强度，切削时作用于木材纤维方向的夹角不同，木材的应力和破坏载荷也就不同，促使木材切削过程发生许多复杂的机械物理和物理化学变化，如弹性变形、弯曲、压缩、开裂以及起毛等。此外，由于木材的硬度不高，机械强度极限较低，具有良好的分离性。木材的耐热能力较差，加工时不能超过其焦化温度（110～120℃），所有这些，构成了木材切削独有的特点。

（1）高速切削：木材切削速度一般在 40～70 m/s，最高可达 120 m/s，一般切削刀轴的转速在 3 000～12 000 r/min，最高可达 24 000 r/min。这是因为高速切削使切屑来不及沿纤维方向劈裂就被刀切掉，从而获得较高的几何精度和表面粗糙度，同时木材的表面温度也不会超过木材的焦化温度。受高速切削和被切削材料的限制，木材切削的噪声水平一般较高。一方面是高速回转刀轴扰动空气产生的空气动力性噪声；另一方面是刀具切削非均质的木材工件产生的振动和摩擦噪声，以及机床运转和振动产生的机械性噪声。一般在制材和家具车间产生的噪声可达 90 dB（A）以上，裁板锯的噪声可高达 110 dB（A），严重地污染着环境，影响工人的身心健康，成为木材工业公害之一。

由于高速切削，对机床各方面就提出了更高的要求，如主轴部件的强度和刚度要求较高，高速回转部件的静、动平衡要求较高，要用高速轴承，机床的抗振性能要好，以及刀具的结构和材料要适应高速切削等。

（2）被加工材料材性不均并有一定含水率：作为加工工件的木材其物理力学性质因树种而异，即使同一树种，也因为生长条件、含水率和纤维方向等不同而不同，因此会产生切削动力消耗不同，发生呛茬和毛刺等加工缺陷，影响加工精度。针对不同方向的切削需要应用不同形状的刀具，如纵剖锯和横截锯。因此必须要研究如树种、密度、含水率、木材纹理、纤维方向、年轮、温度、力学强度和缺陷对木材切削的影响。

（3）切屑有时就是加工产品：优质、大径级原木越来越少，要得到大幅面板材越来越困难。另外，为克服木材各向异性和干缩湿涨等固有缺点，木材工业中研究开发了胶合成材、胶合板、刨花板和纤维板等木质复合材料，这些加工中获得的产品单板、木片和纤维既是切削过程的切屑又是加工的制品。

（4）刀具楔角小：切削过程中，在切削力的作用下，木材首先发生变形，然后分离并排除切屑，与金属切削相比，木材强度小得多，切削的分离力所占的比例大，刀具的锐利程度对分离力的影响很大。为此把刀具的楔角做小，使刀刃锐利，以利于木材分离。

第 2 章

木材切削基本现象

2.1 切屑形态

木材切削加工过程中出现的各种物理现象，诸如切削力、切削热、刀具磨损以及工件表面质量等，都和切削过程中木材的变形、切屑的形成密切相关。因此，要提高切削加工的生产效率和加工质量，降低生产成本，以至于改善切削加工技术本身，就必须对切削过程进行深入的研究。

木材切削的过程，实质上是被切下的木材层在刀具的作用下，发生剪切、挤压、弯折等变形的过程。由于木材是各向异性的材料，因而有必要分别不同的切削方向，分析切屑的类型、形成条件和切削区的变形。

根据 N. C. Franz 的实验研究，纵向切削可分为三种主要切屑类型：

纵 I 型切屑：屑瓣之间的界线有时分明，形成多角形切削，有时不清，产生螺旋状切屑，即折断型切屑。

纵 II 型切屑：光滑螺旋形切屑，即流线型切屑。

纵 III 型切屑：压碎、皱折切屑，即压缩型切屑。

根据 H. A. Stewart 的实验研究，横向切削和纵向切削有一项特征是共同的，即两种切削条件下刀具都是在纤维平面内切开木材，因而横向切削也有横 I 和横 III 型切屑，以及兼有横 I 和横 III 型切屑特征的过渡切屑。

横 I 型切屑：屑瓣间界线清晰，屑瓣稀松相连。

横 III 型切屑：屑瓣间界线不明。

端向切削的切屑主要是剪切破坏，屑瓣或连接较松或连接较紧，根据切削平面以下木材的破坏状况，W. M. Mckenzie 将端向切削分为端 I 和端 II 型切屑。端 I 型切屑形成时，切削平面以下的木材虽然弯曲，但破坏不大；端 II 型切屑形成时，切削平面以下的木材弯裂折断，破坏严重，乃至切削平面以下产生另一片切屑。

2.1.1 流线型切屑

流线型(flow type)切屑，发生于纵向切削时切削角和切削深度都比较小的加工条件下，如切削角 40°、切削深度 0.05 mm，切屑几乎没有发生压缩变形，沿刀具前刀面呈流线状生成。实验测定出流线型切屑的压缩率均在 5% 以下。由于刀具呈楔状作用于工件，切屑被连续从木材上剥离，所以流线型切屑又称为剥离型切屑。

流线型切屑产生的机理是木材在纵向切削时，通常会在刀具刃口的前方发生超前劈

裂(图 2-1),超前劈裂随着刀具刃口的前进而
前进,就生成了连续带状切屑。为什么在木材
切削中会发生超前劈裂呢?因为刀具刃口前进
时,木材纤维在刀具刃口的斜前方接近与纤维
垂直的方向上产生剪切滑移,同时沿刃口的切
削线上还受到横向拉伸力的作用。由于垂直纤
维方向上的木材剪切强度是其抗拉强度的 5 ~ 6
倍,所以超前劈裂是最易发生的破坏形式。

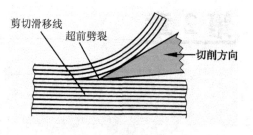

图 2-1   流线型切屑

产生流线型切屑时,切削力的水平分力在切削过程中几乎不变,因此,刀具刃口的
振动很小,能得到一个良好的加工表面。但随着切削深度增加,超前劈裂的影响增加,
切削表面质量下降。理想情况是在不发生超前劈裂的条件下进行切削,这样可以用刀具
刃口直接切断木材纤维而得到最好的切削加工表面。已有研究结果表明,纵向切削不发
生超前劈裂的最大切削深度,对于针叶材为 0.1 mm,阔叶材为 0.05 mm 左右。

2.1.2   折断型切屑

折断型(split type)切屑,发生于纵向切削时切削角和切削深度都处于中等时的加工
条件,如切削角 50°、切削深度 0.2 mm,折断型切屑的压缩率为零。折断型切屑形成的
机理如图 2-2 所示,当刀具的刃口开始切入时,首先在刃口前方发生超前劈裂,切屑在
刀具前刀面上像悬臂梁那样发生弯曲,随着刃口
的前移,超前劈裂扩大,弯曲力矩增大。当弯曲
力矩达到某一个极限值后,超前劈裂的基部折
断,而生成一节切屑。随后刀具刃口再次到达超
前劈裂的基部,重复同样的动作过程,不断生成
折断型的切屑。从折断型切屑的生成机理可以看
出,切削力的水平方向分力处于周期性变化状
态中。

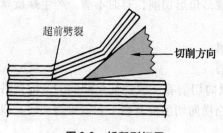

图 2-2   折断型切屑

实际生产加工中,切削方向很难与木材纤维方向完全一致,经常会出现图 2-3 所示
的顺纹或逆纹切削,顺纹和逆纹切削会出现差异很大的切屑形态和加工表面。即顺纹切
削(cutting with the grain)时,如图 2-3(a)所示,超前劈裂发生在刃口的斜上方,使切屑
的头部变细,超前劈裂基部易发生弯曲折断破坏。此后,因为剩余的切削是在更小切削
深度下进行的,故能获得良好的切削表面。而逆纹切削(cutting against the grain)时,如
图 2-3(b)所示,超前劈裂发生在刃口的斜下方,沿着木材纤维进入木材内部,使切屑
的头部变粗,虽然超前劈裂的基部不易折断,但弯曲力矩达到某一个极限值后仍会折
断,此时切屑会从木材已加工表面拉去一块,引起逆纹破坏性不平度,切削加工表面质
量显著恶化。为了得到良好的切削加工表面,切屑厚度应尽可能地小,另外可在刃口的
前方加一压梁,压梁产生的压力将阻止超前劈裂裂缝的延伸;或在刃口前方加一个断屑
器,促使切屑提前折断,减少开裂长度,使超前劈裂不至于延伸到加工表面以下。

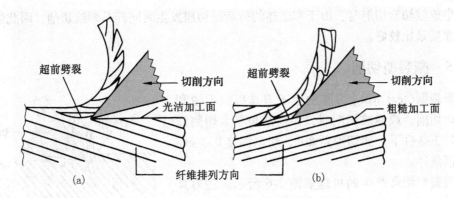

图 2-3　顺纹和逆纹切削时的折断型切屑
(a)顺纹切削　(b)逆纹切削

2.1.3　压缩型切屑

压缩型（compressive type）切屑，发生于对比较软的木材进行纵向切削，且切削角比较大，如切削角大于或等于70°的情况，由于被切下的切屑在刀具的前刀面受到压缩而引起破坏生成的一种切屑形态。压缩型切屑的压缩率，实验研究结果表明可高达30%~40%。

压缩型切屑形成的机理如图2-4所示，随着刀刃的前移，由于切削角比较大，被切下的木材受前刀面剧烈的推压作用，并不发生超前劈裂，

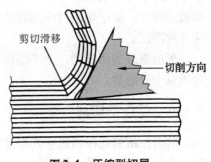

图 2-4　压缩型切屑

但切屑从上向内发生剪切滑移，并且每一个滑移部分被分别压缩成卷曲型，这样切屑整体看是一个连续带，其实是由一段一段的切屑构成的。

生成压缩型切屑时，切削力一般较大，并且伴有波动。因此，切削表面质量比发生流线型切屑时要差很多。

2.1.4　剪切型切屑

剪切型（shear type）切屑，发生于纤维倾角较大时的顺纹切削。在刀具刃口的斜上方，一边产生剪切滑移，一边连续形成切屑。一般情况下，剪切角与纤维倾角一致。

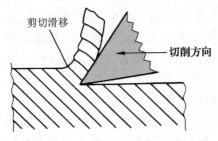

剪切型切屑发生的机理如图2-5所示，刀具刃口一开始切入木材，刀具前刀面前的木材被慢慢地压缩，因受到平行于纤维方向的剪切力的作用而引起剪切滑移，随着刃口的前移，由压缩引起的剪切滑移，将在靠近刃口的地方保持一定的间隔而断续发生。从如此的生成机理可知，切削力水平方向上的分力的变动较小，力的变化频率与剪切滑移发生的频率一致。

图 2-5　剪切型切屑

生成剪切型切屑时，由于和上述的折断型切屑发生时同样是顺纹切削，因此切削加工表面质量比较好。

2.1.5　撕裂型切屑

撕裂型（tear type）切屑发生于刀具刃口不锐利的端向切削，或逆纹切削时，大切削角和大切削深度的加工条件下，如切削角 80°、切削深度 0.3 mm 的切削条件。

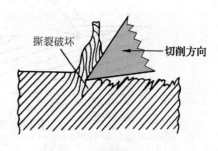

图 2-6　撕裂型切屑

撕裂型切屑产生的机理如图 2-6 所示。在刀具刃口的正下方，刃口的前移给木材纤维一个横向拉力，从而导致在刃口下方沿纤维方向发生开裂破坏。与此同时，在刀具的前刀面上，被切木材内侧发生由于压缩变形而引起的弯曲或剪切破坏，其结果是形成的切屑是无规则地从木材工件上撕裂的碎片。由于切削时伴随有如此严重的破坏现象，切削力水平方向的分力大，且变化非常剧烈。

形成撕裂型切屑时，由于切屑变形大，木材上也留有比较大的破坏痕迹，所以切削面质量十分恶劣。

2.1.6　复合型切屑

前面介绍的几种切屑形式都发生在纵-端向切削。复合型切屑发生在木材横向切削时，它像卷帘子一样，切屑很容易从被切削木材上剥离出来。这时的切屑形态因木材材种、含水率和切削条件的不同而呈现出流线型、剪切型、折断型的切屑或复合型切屑。

复合型切屑形成的机理如图 2-7 所示，当切削角和切削用量都比较小时，切屑在刀具前刀面上顺利地流出，切屑的形态接近流线型，此时，刀具直接切开木材组织，所以切削表面质量良好，如单板刨切加工。但随着切削用量的增加，切屑在刀具前刀面上发生横向压缩变形，切屑内表面在刃口斜上方一定的间隔上产生裂纹（反向裂纹），此时切屑形态接近于折断型。形成上述切屑时，切削力水平方向的分力呈细微的变化，显示比较小的值。

发生复合切屑时，切削表面的质量较差，特别是当刀具作用产生的裂纹出现在木材工件已加工表面时，切削表面质量显著下降。为了获得高质量的单板（切屑）或平整的加工表面，应采用较小的切削角，即较大的前角和较小的刀具楔角，或在刀具刃口上方加压尺，或让刀刃与刀刃运动方向呈一定的角度，或对被切削木材进行水热处理等措施。

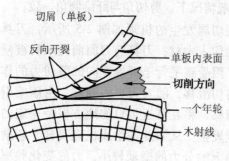

图 2-7　复合型切屑

切屑形态与切削力水平分力的关系，如图 2-8 所示。切屑的形态不同，切削力数值和变化范围也就不同。发生流线型切屑时，所需的切削力较小,切削力随切削角的增大而增大;发生压缩型切屑时,所需的切削力较大,且切削力的变化范围也较大。

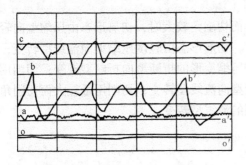

图 2-8 切屑类型与切削力的关系

a—a′:流线型,铁杉,切削角 20°,切削厚度 0.25 mm
b—b′:流线型,铁杉,切削角 50°,切削厚度 0.25 mm
c—c′:压缩型,红松,切削角 70°,切削厚度 0.50 mm

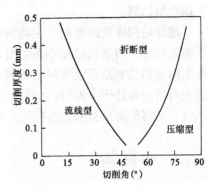

图 2-9 切削角、切削厚度与切屑类型的关系

2.1.7 加工条件与切屑形态的关系

在实际木材切削过程中,受加工条件的影响,上述的单一切屑形态很少会发生,大多数情况下出现的是这些切屑形态的变种或复合形态。切屑形态因加工条件的变化而变化,此处只对基本切屑形态与加工条件的关系进行说明。

以纵向切削杉木气干材的径切面为例说明加工条件与切屑形态的关系,如图 2-9 所示,随着切削角增大,切屑形态从流线型向折断型、再向压缩型转变。切削用量增大,切屑形态一般会从流线型或压缩型向折断型转变。

切削方向与木材纤维方向的关系对切屑形态的影响如图 2-10 所示。此时,有必要对顺纹和逆纹切削区分考虑,纤维倾角在顺纹切削时,随着纤维倾角的增大(从 0°～90°),切屑形态依次从流线型向折断型、再向剪切型、最后向撕裂型转变。随着切削

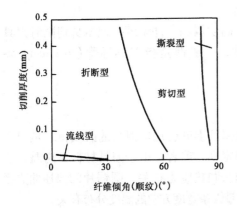

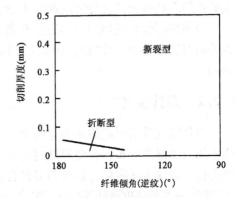

图 2-10 顺纹、逆纹切削时纤维倾角、切削厚度与切屑类型的关系

用量的增大，切屑从折断型向剪切型转变的纤维倾角变小；另一方面，当逆纹切削时，纤维倾角无论如何变化，只有切削用量很小时，会出现折断型切屑，其余情况下都会产生撕裂型切屑。

随着切削速度的增加，在切削用量较小而切削角较大时，切屑形态由压缩型向轻度压缩型转变；切削用量较小而切削角中等时，切屑形态由轻度压缩型向流线型转变；当切削用量和切削角都较大时，切屑形态从有压缩变形的折断型向折断型转变；切削用量较大而切削角处于中等时，切屑形态从折断型向流线型转变；切削用量较大而切削角较小时，切屑形态从折断型向伴随有轻微开裂的流线型转变。

2.2　切削热

2.2.1　切削中发热现象

切削所消耗的能量中，除消耗于加工面和切屑中的应变能量外，大部分都转化为热。我们把由切削转化成的热称为切削热（heat of cutting）。切削热会加热刀具、切屑和加工面，因而使它们的温度上升。

切削热主要发生在切削刃前方工件发生塑性变形的区域，即前刀面和切屑以及后刀面和工件接触产生摩擦的区域（图 2-11）。金属切削加工时，其切削能量大约 70% 消耗于剪切变形，因此发热区主要集中在从刀具的刃口延伸到剪断面，以及前刀面与切屑发生摩擦区域。但木材切削时，由于切削变形所需的力比金属要小很多，且切削速度要高近百倍，因此通常条件下，木材切削时前刀面上的摩擦发热最为重要。由于已加工表面的弹性恢复较大，后刀面的摩擦发热也不可忽视。锯切和钻削加工这类闭式切削，与切屑形成无直接关系的刀具部分也会与切削面发生摩擦而发热。

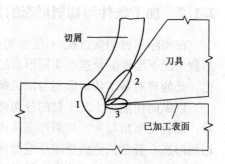

图 2-11　木材切削的发热区域
1. 塑性变形区　2. 前刀面与切屑的摩擦面
3. 后刀面与已加工表面的摩擦面

切削热不仅会使切削刀具温度升高，还会提高切屑和工件温度。但木材切削时刀具以外的温度基本都不讨论。所以说到切削温度，一般都是指刀具温度（tool temperature）。

2.2.2　刀具温度

刀具温度升高引起的结果有两个，一是刃口温度上升会加速刀具的磨损；二是刀本体不均匀的温度分布，会使刀具丧失其原有的稳定性。前者是由于刀具材料在高温时硬度降低，或发生热劣化；后者与刀具自身的热膨胀和热应力有关，圆锯片的热压曲失稳和带锯条的屈服强度降低等都与圆锯片半径方向和带锯条宽度方向的温度分布有关。

2.2.2.1 刀具温度上升的原因

刀具切削时，刀齿与切屑和工件接触部分摩擦生热，同时齿尖的热量向整个刀刃和刀体以热传导的形式扩散热量，然后，再向周围环境辐射散热。因此，刀具温度的问题最终要归结于求解界面间稳定和非稳定的热传导问题，而温度分布取决于接触面单位时间传递的热量、接触面积、热量传递持续的时间、刀具的形状和热物理特性、周围环境的温度和气流速度等。

刀具温度随时间的变化规律与刀具的受热状态有关，即决定于切削方式。车削和钻削，在确定时间内连续生成切屑，在刀具与工件接触部位温度最高，且呈直线上升趋势（图2-12），接触部位的温度通常处于稳定状态。铣削和锯切等多刀刃切削时，形成断续的切屑，刃口温度受热也是不连续的，因

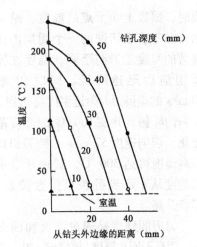

图2-12　钻头沿半径方向的温度分布
（钻头为直径13 mm的直柄钻头，加工试材为山毛榉，主轴转速1 248 r/min，每转进给速度0.117 mm/r）

此刃口温度时而上升，时而下降，刀体温度缓慢上升。此时刀刃与工件接触的时间越短，温度变化的区域亦越窄。由于木材切削刀刃与木材工件接触的时间很短，一般仅数毫秒，因此切削热仅影响到工件接触面下约1 mm以内的范围。

伴随切屑生成而产生的热量以什么样的比例传导到刀具、切屑和加工面将直接关系到它们在切削过程中的温度变化。金属切削时，切削速度越快，则传导到切屑的热量越多。在高速切削时，大部分热量随切屑一起被带走。木材切削时，刀具表面的摩擦是产生热量的主要来源，因为木材的热传导系数比金属刀具要小很多，因此传导到刀具的热量要比金属切削时大很多。

2.2.2.2 刀具温度的测定

由于木材切削速度很高，且温度显著上升的部位仅发生在刀具刃口非常微小的区域内，而干燥的木材又是绝缘体，因此金属切削中常用的测定刀具和切屑接触面温度的方法，如刀具-试件热电偶（tool-work thermocouple）法，在木材切削中是无法使用的，所以直接测定木材切削刀具某点的温度，尤其是刃口温度一般是非常困难的。

刀具温度测定一般是将热电偶（thermocouple）或热电阻传感器（resistance temperature sensor）粘贴或焊接在刀具上进行。这种方法虽然简便，但测定时必须要停止刀具的运动，因为元件热容量产生的温度场混乱及响应滞后的影响，要准确测定刀具和刀刃的温度也是很困难的。不过如果用极细的热电偶，使元件热容量尽量地减小，也可以在温度场不发生混乱的条件下实现高响应的测定。

利用物体发射的热量测定物体温度用的辐射温度计（radiation thermometer），可在不扰乱温度场、以非接触的方式测定刀具的温度。如远红外线温度测量仪，可获得非常灵敏、精确的测量结果。图2-13中是使用细热电偶，测定的单个锯齿非连续直角自由切

削时，锯齿上 5 个点的温度，结果表明锯齿在非连续切削的一个周期内出现了显著的温度上升与下降，温度在锯齿脱离切削后迅速降低。同时切削速度 20 m/s 的锯齿刃口附近温度可达到200 ℃左右的峰值，并在 100 ℃ 的幅度范围内变化，切削速度 57 m/s 的铣刀刃口侧面最高温度可达 300 ℃，圆锯片沿半径方向温度从中心到外缘呈指数关系分布，逐渐升高。

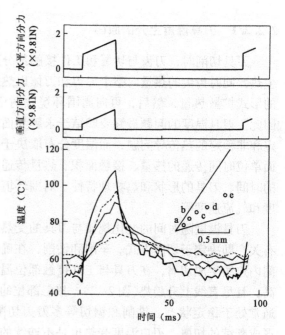

图 2-13 非连续切削时锯齿侧面的温度分布

刀刃的硬度是通过淬火和回火获得的，用高于回火温度(碳素钢 150～200 ℃，合金刀具钢 100～500 ℃，高速刀具钢 550 ℃附近)对刀具材料加热和冷却，刀具的硬度会出现明显的降低，加热温度越高硬度的降低越明显。因此通过切削过程中刀具硬度的变化可推测切削时刀具的温度，如圆柱形铣刀刀刃附近的温度是370～380 ℃（切削速度 44 m/s），钻头端部的温度是 460 ℃（钻削速度 3.1 m/s）。高速钢和斯特立合金红热硬性不同，在切削速度 20～25 m/s 时，比较两者的刃口的磨损量，可以推测刃口表面的温度至少达到 550 ℃。

木材切削时，推测刀具刃口温度可达到 500 ℃，但在不同的切削条件下，刀具最高温度会达到多高，目前还不十分清楚。这方面的理论分析和实验研究还需进一步进行，比较中密度纤维板切削所用硬质合金刀具和高温处理的硬质合金表面的形态和成分，可推测中密度纤维板切削刀具表面温度可达 1 000 ℃，甚至更高。

2.2.2.3 影响刀具温度的因素

影响刀具温度最大的因素是切削系统单位时间的发热量，发热量与切削功率(cutting power) 呈正比关系。即切削力及切削速度越大，刀具的温度越高。不过即使切削力相同，根据刀具切削角、后角、切削类型、刀刃的磨损状态等条件，刀具和切屑及已加工面的接触状态的不同，刀刃附近的温度分布也不相同。木材切削的切削力虽然小，但切削速度高，切削功率与金属切削基本相同或更高，因此木材切削也会和金属切削产生同样的切削热。

影响刀具温度升高的因素在刀具自身方面，主要有刀具材料的热物理性能，刀刃或刀体的形状及与工件的接触面的形状等。刀具表面有一定量的发热量时，刀具材料的热传导系数(thermal conductivity)越大，刀具表面温度越低，稳定状态下刀具内部的温度梯度越平缓。为此，硬质合金刀具表面温度比高速钢刀具的表面温度低。但是，非稳定状态刀具的内部温度分布受温度传导系数的影响。与刀具的形状，刀具材料热容量和表面积有关，刀刃楔角越小，温度升高越快，并且冷却的也快。由于带锯条和圆锯片基体是薄钢板，锯齿附近区域温度极易迅速升高，但锯身温度并不高。钻头由于其独特的切削形态，刀体极易蓄积热量，在钻削接触面上容易形成高温。刀具前后刀面的性质如表面粗糙度和质地、材料种类等与工件和刀具摩擦系数有关的因素也对切削刀具的温度产生影响。如镀铬使刀具与木材接触表面的摩擦系数减小，从而延长刀具的使用寿命。因此，后角减小，增加刀具与已加工表面的摩擦，锯片或锯条锯料不合适，都会引起刀具温度的显著升高。

从刀具表面向周围空气的热传导及辐射散失的热量也影响刀具自身的温度。刀具表面的热传导系数和环境温度决定刀具向空气传导热量的多少。气流速度快，热传导系数大，刀具散失的热量也多。例如，圆锯片的回转速度越高，生成的切削热量也越多，但同时散失的热量也多，生成和散失热量的平衡最终决定刀具的温度。带锯锯切时，热量向锯轮的转移也可以使锯条的温度下降。

2.2.3 切屑接触面上升温与影响因素

因为木材强度随温度升高直线下降，在其他条件不变的情况下，工件温度越高切削阻力越小。虽然目前对木材切削时切屑和已加工表面的温度还不甚了解，但由切削热引起的工件温度升高及由此引起的切削力降低是可以肯定的。即如果工件温度随切削速度增加而升高，切削力则随速度的增加而降低。但是，切削速度提高会引起切屑的变形阻抗增加（变形速度效应），所以实际并不一定如此。

木材切削时刀刃的温度至少可达 500 ℃，这就意味着切屑和已加工面的表面也会达到该温度，而实际与刀具接触表面的温度可能更高。此温度已经超过了木材燃点温度，足以使木材发生热分解。因此，我们时常可以看到木材热分解残余物粘附在刀刃上。通常切削条件下，因为加热时间极短，在已加工表面上不会出现肉眼可见的变化，但由于某种原因使工件或刀具停止进给或进给不顺利时，就会在已加工面某一部位因反复摩擦而出现灼烧（burning），这种烧痕使制品的表面质量降低。磨削加工时，磨具正压力过大或磨具孔隙堵塞时，极易引起加工面温度升高出现表面烧伤或因表层含水率快速降低而引发表面开裂。

2.3 切削表面质量

2.3.1 切削表面产生缺陷的原因

切削表面质量可用良好面的百分率或切削表面缺陷（defects of cut surface）种类及发生的频率或切削表面的粗糙度来评价。木材由于组织结构不规整，材质不均一，所以切削表面发生的缺陷也无规律，因此只能在狭小的范围内根据切削表面的粗糙度来评价切削表面的质量。尽管从切削表面全体来综合评价切削表面质量很有必要，但是，目前多数情况还是靠肉眼来判定切削表面的质量。

木材切削表面发生的缺陷，根据其产生的原因大致可分为以下几种类型：一类为切削加工机械、刀具等切削原因，不可避免必然产生的缺陷；二类为由于切削加工机械、刀具等调整不良，切削参数调整不当及刀具切削刃磨损而产生的缺陷；三类为因为被切削材料的组织构造的不规整或材质不均一等而产生的缺陷。这些缺陷根据产生的原因不同，发生的种类和状态也各不相同。

2.3.2　切削表面缺陷的种类

下面以铣削方式（平刨、压刨等）加工大平面时产生的上述三类缺陷为例加以说明。前述属于一类缺陷的有波浪式刀痕；属于二类缺陷的有刀刃烧痕、刀刃缺口残留痕迹、振动波纹、滚动波纹、啃头、屑片压痕和刀痕等；属于三类缺陷的有逆纹凹痕、木毛刺、木纹凸起、木纹剥离、木纹隆起等。

（1）波浪式刀痕（knife mark）：用装有数个刀齿的回转铣刀加工平面，由于运动轨迹的原因，切削表面不可能为理想平面，而是波浪状表面。波浪的大小用波浪间距和波谷深度（或波纹高度）表示，取决于刀具及运动参数（图 2-14）。

（2）刀刃烧痕（burnt revolution mark，machine burn）：刀刃磨损或进给暂时停止等情况下，由于切削热在切削表面上产生烧焦的痕迹（图 2-15）。

（3）刀刃缺口痕迹：因为刀刃的残破缺口在木材工件进给方向上留下的条状痕迹（图 2-16）。

（4）振动波纹（chatter mark）：由于刀头振动或材面振动而在切削表面上形成的不规则的、小的凹凸不平。

（5）滚动波纹及啃头：指压刨床等采用滚筒进给方式时，滚筒沿板材长度方向在一些部位留下的滚筒状的凹痕，其中到达端部出现时称之为啃头（图 2-17）。出现滚筒凹痕的原因是滚筒调整不当，发生啃头的原因主要是因为压紧机构调整不当或结构设计不

压刨加工的厚朴木弦切板边材

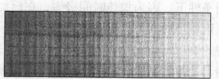
便携式手提刨加工的扁柏弦切板边材

图 2-14　波浪式刀痕

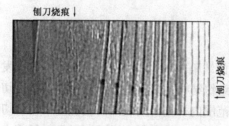
便携式手提刨加工的杉木弦切板心材

图 2-15　刨刀烧痕

压刨加工的原朴木弦切板边材

图 2-16　刀刃缺口痕迹和碎屑压痕

滚筒状凹痕   啃头

压刨加工的杉木弦切板边材

图 2-17　滚筒状凹痕及啃头

便携式手提刨加工的杉木弦切板边材

图 2-18　刀　痕

合理造成的。

（6）屑片压痕（chip mark）：由于刀刃上附着切屑，因而在切削表面上留下的压痕，一般呈现 1cm 左右长度的白斑状的痕迹。

（7）刀痕：是指用便携式手提刨进行切削时，第一次和第二次切削的轨迹在交界处切削表面上产生的差异（图 2-18）。减小切削深度，重合刨刀移动轨迹等都可以减小刀痕缺陷的发生。

（8）逆纹凹痕：切削表面逆纹部分出现块状脱落（torn grain）或小纤维剥离而出现的凹痕（图 2-19）。这种现象通常出现在被切削材的纤维方向与切削方向成小角度倾斜时或切削斜纹理木材时。特别是切削含节子的木材时，这时候虽然是顺纹理切削，因为节子周围的纤维方向散乱，也会出现这种缺陷。切削节子的时候最好要有一定的刃倾角，并选择适当的切削条件。

（9）木毛刺：切削表面的纤维或纤维

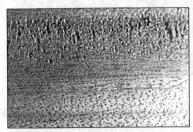

压刨加工红柳桉弦切板无节子材面。

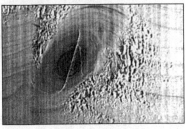

压刨加工有节子扁柏弦切板边材，由于在材面上出现椭圆节子，因此这里属于倾斜于节子的横切面切削。

压刨加工有节子扁柏弦切板心材，由于在材面上出现了与木材纵向倾斜的节子，因此这里属于倾斜于节子的纵切面切削。

图 2-19　逆纹凹痕

束的一端被切断残留在加工面，呈现绵状竖起的木毛（wooly grain）或绒毛状的木毛（fuzzy grain）（图 2-20）。

（10）木纹凸起：切削表面上早材与晚材部分不能形成相同的平滑表面而呈现凹凸状木纹（raised grain），一般情况下是晚材部分呈凸起状（图 2-21）。加工早材部和晚材部的硬度相差显著的针叶材，切削高含水率的木材，以及使用磨损刀刃切削的场合最容易发生此种缺陷。

（11）木纹剥离（loosed grain）：切削表面上，晚材的一部分从早晚材的分界处分离开的现象，称为木纹剥离（图 2-22）。用磨损刀具切削针叶材时，或给切削表面施加过大切削力的时候都容易发生此种缺陷。

（12）木纹隆起：切削表面的纤维被剥离形成的小凹陷被称为木纹隆起（图 2-23）。横向切削早材和晚材的硬度相差显著的针叶材时易发生此种缺陷。

铣削加工时，可以避免出现二、三类缺陷，但出现一类缺陷是不可避免的。为了获得良好的加工表面，可用磨削或用平面刨削方式进行精加工。但是，在使用平面刨削方式进行加工时，由于机械、刀具调整得不好，切削参数选择不适当，这时也会出现二类和三类缺陷。因此，恰当调整切削加工机械、刀具，选择设定适当的切削参数是必需的。

压刨加工杉木弦切板边材　　　　　压刨加工白柳桉半径切板边材

图 2-20　木毛刺

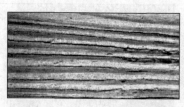 

图 2-21　木纹凸起

 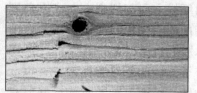

便携式手提刨加工杉木弦切板

图 2-22　木纹剥离

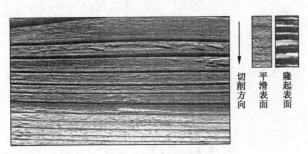

便携式手提刨加工杉木半径切板靠髓心侧

图 2-23　木纹隆起

2.4　加工精度

锯切木材时，有时会出现锯路弯曲和波浪形的情况，木材刨切时，有时不能刨切出规定的厚度尺寸，这些现象都是由于选择切削条件不适当或机械和刀具切削加工性能不良造成的。评价切削性能的指标之一就是加工精度（cutting accuracy）。加工精度可分为尺寸精度和形位精度两种。尺寸精度一般是指实际加工得到的尺寸与预定加工的厚度、宽度、长度、深度等目标尺寸之间的符合程度，即实际加工后的尺寸与标示尺寸间的误差。

影响加工精度的因素包括使用加工机械的精度（调整状况、机械结构、振动等）、刀具的性能（材质、刚度、磨损状况、刃口缺损等）、被切削材料的性质（切削性质、内部应力、弹性恢复等）、加工参数（刀具参数、切削参数等）。由于这些因素的作用错综复杂，实际加工时，必须要抑制主要因素，抑制发生误差的根源，力求减少误差发生，并在加工目的的允许范围内控制尺寸误差及产生误差的各因素。其中作为被切削材自身的材性，如存在内部应力，加工后很容易变形。

刀具的刃口即使在非常锐利的状态时，刀尖也多少带一定的圆弧半径，随切削长度的增加，刀具磨损的加剧，刀尖圆弧半径也会越来越大。这样的刀具就不能保证从被切削工件上切下应有的切削深度。如图 2-24 所示，刀尖圆弧部分 $\overset{\frown}{PSU}$ 的 $\overset{\frown}{SU}$ 部分，形成后刀面的一部分，将相当于刃口圆弧半径（r）的一部分被切削深度的木材（d_0）一边挤压（crushing action）一边切削。我们把这个量称为挤压量。被挤压的切削表面表层的纤维会发生变形和破坏，并在切削表面形成加工变形层（deformed portion）。该加工变形层在刀刃通过后会显示某种程度的弹性恢复，其数值称为弹性恢复量（d_r），对于设定的切入量，弹性恢复量 d_r 表现为加工尺寸误差。用已磨损的刀具切削得到的加工面上涂布一层水，通过加工表面存水的情况可确认加工变形层。此时这个数值要比切削后产生弹性恢复量大一些。随刃口的磨损增加，刀刃的压缩作用进一步增大，加工变形层也因此扩大而导致加工精度降低。由此可见，刀具磨损会引起刀具切削性能下降，加工精度下降，因此可通过刀具切削性能和加工精度的下降程度来判定刀具的寿命。另外，伴随磨损的增大引起切削阻力的变化，使得后刀角面的挤压作用增大，导致垂直分力增大。因此也可通过切削阻力垂直分力的变化来判断加工精度的降低。

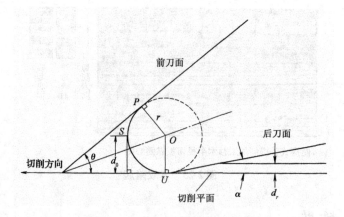

图 2-24　刀尖圆弧产生的挤压作用

θ. 切削角　α. 后角　$\overset{\frown}{PSU}$. 刃口圆弧　r. 刀刃圆弧半径

d_0. 挤压量　d_r. 弹性恢复量

　　一般而言，高密度木材的弹性恢复小，比低密度木材的加工精度高。即使同一种木材，早材部分比晚材部分的加工精度高。

　　钻孔的加工精度由孔的形状精度（圆度），尺寸精度和孔内壁面粗糙度来表示。孔加工时因其使用刀具的刃口形状不同，其加工状态不同，因而加工精度也各不相同。

　　用木工钻进行钻孔加工时，因其具有导向中心，定心性好，所以其加工精度比麻花钻的加工精度高。但是，木工钻具有沉割刀刃，沉割刀刃与木材纤维方向接近于平行，刀刃易使木材纤维从被切削工件上剥离，而使加工精度下降。

　　麻花钻比木工钻的定心性差，由于加工精度与切削阻力的变化密切相关。随着纤维倾角度接近90°（端向），孔的形状精度和尺寸精度变好。

　　孔的加工精度一般随主轴转速的增加、钻头螺旋角增大而提高。但是，进给速度提高会导致加工精度下降。

第3章

木材切削力与切削功率

3.1 切削力

3.1.1 切削应力和应变

刀具刃口(tool edge)与切削工件(work piece)接触的同时,根据作用力的大小,工件在刀刃刀尖作用的部位先产生变形。当这个力逐渐增大时,工件被刃口分为两部分,刃口继续向材中切入进去。从工件切下分离出去的部分,被刀具前面压缩,受剪切应力和弯曲应力作用产生变形,成为切屑(chip)。切削过程中,作用于被切工件上的力,其大小、作用方向,根据工件性质(纤维方向或年轮等)、刀具条件(刀刃的各几何角度和刀刃的锐钝程度等)、切削参数(切削深度和进给速度等)的不同而变化。图 3-1 表示木材切削时各应力的主要作用区域。1 为刀具刀刃压入产生的集中应力;2 为刀具前刀面与切屑接触产生的摩擦力;3 为刀具前刀面上切屑因为弯曲产生的压缩应力;4 为刀具前刀面因为切屑弯曲产生的拉应力;5 为作用于切削方向的压应力或拉应力;6 为作用于垂直切削方向的剪切应力;7 为大切削角切削时的压缩剪切应力;8 为端向切削时使木纤维发生弯曲的弯曲应力;9 为端向切削时作用在木纤维上的最大拉应力。

纵向切削时,切削应力分布的模型分析结果如图 3-2 所示。在切屑平面内平行切削方向的应力 σ_x,垂直切削方向的应力 σ_y 以及平行和垂直于切削方向的剪应力 τ_{xy},在刀具刀刃处最大,当切屑离开刀具前刀面,开始发生弯曲时为最小。即使厚度只有几毫米的切屑中也会同时有多种复杂应力作用。

3.1.2 切削作用力

在木材的切削过程中,有以下几种基本现象会同时伴随发生:① 在切屑形成过程中,刀刃附近形成切屑的部分材料和木材工件已加工表面,由于刀具的切入而产生的变形现象。② 由于刀刃的作用,切屑从木材工件上发生分离的现象。③ 切屑和刀具前刀面及木材工件已加工表面和刀具后刀面接触而产生的摩擦现象。

其中变形现象,即切屑从木材工件上

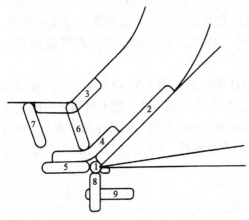

图 3-1 木材切削中主要应力的作用区域

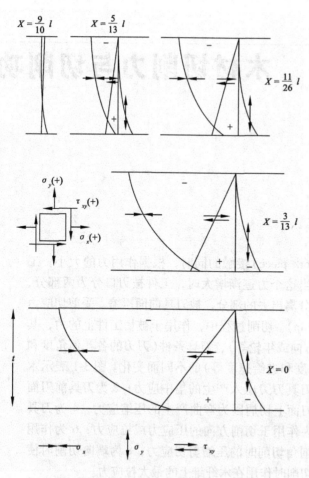

图 3-2   理想条件下，切屑内部切削应力的分布
l. 切屑与刀具接触面上的接触弧长度   *t.* 切屑厚度
X. 切屑与刀具接触面上从切屑脱离点($X=0$)到刀刃的距离

分离后发生的变形现象在所有的这些现象中占有最重要的地位。它能引起上述的其他现象，并把刀具作用于木材工件的力称为切削力（cutting force），那么这个切削力就应由变形力、分离力、摩擦力等几项构成。在某些特殊情况下，将切屑排出所需的推动力也看成是切削力的构成要素，在高速切削时，排出切屑需要消耗大量的能量，此时切屑排出推动力必须考虑，但它不作为切削力的本质要素。

分离力不受切削角（cutting angle）和切削深度（depth of cut）影响，只受刀具刀刃的锐利度的影响。反之，变形力受切削角和切削深度的影响，与刀刃的锐利度无关。刀具切削刃通过后的已加工表面，因为刀具的后刀面对已加工表面的压缩作用，工件已加工表面有一定的弹性变形量，即有一定的弹性回复变形。刀具的后角小，接触面积增大，特别是加工针叶材等弹性变形量大的木材时，摩擦力必然加大。木材切削加工过程中，虽然变形力占切削力的一半以上，但由于木材容易变形，木材切削中分离力所占比例更大，对切削过程的影响也更大。由此可知，木材切削加工中刀具刀刃的锐利度具有更重要的作用。

通过以上的分析，在理论上可以把切削力分为变形力、分离力和摩擦力几个要素，但在木材切削实际过程中却很难将这些力分开。因此，我们在总体上将其统称为切削力。

直角自由切削（orthogonal cutting）时各力的作用状态如图 1-5（a）所示。刀具前刀面对被切削木材产生的正压力 N（normal force），刀具前刀面与被切削木材间产生的摩擦力 T（frictional force），这两个力的合力 F（resultant force）作为切削力作用于木材。F 与 N 所夹的角度（angle of tool force resultant）用 ρ 来表示的话，它们之间存在以下关系：

$$T = N \tan\rho$$
$$F = N (1 + \tan^2\rho)^{1/2}$$

刀具前刀面的摩擦系数（frictional coefficient）μ 可由下式求得：

$$\mu = T/N = \tan\rho$$

将切削力分解为平行于切削方向的水平分力 F_1(主分力，parallel tool force，principal force)和垂直于切削方向的垂直分力 F_2(法向力，normal tool force，thrust force)，两个分力可用下面的公式表示：

$$F_1 = N \sin\delta + T \cos\delta$$
$$F_2 = N \cos\delta + T \sin\delta$$

式中：δ——切削角(cutting angle)。

其他符号意义同前。

水平分力 F_1 与切削角 δ 的大小无关，通常为正值。也就是说，不论什么样的切削条件下，F_1 都作用于切削方向。另一方面，垂直分力根据切削角的大小作用方向不同。切削角小(前角大)时，一般为正，刀具刀刃从切削表面离开，沿垂直于前刀面推压切屑的方向发生作用。切削角大(前角小)时，一般为负，沿刀具刀刃压向切削表面方向发生作用。F_2 除受切削角的影响外，它的作用方向还受刀刃锐钝状态的影响，如当刀刃由锐利到开始钝化出现圆角时，F_2 从正向负变动。切削力的垂直分力 F_2 也有为 0 的时候，此时的切削角称为临界切削角(critical cutting angle)，在切削加工中具有重要的意义。

斜刃切削(oblique cutting)时，刀具的刀刃与切削方向呈一定的刃倾角，在分析切削力时，除了将其分解为 F_1 和 F_2 外，还需考虑切削平面内，垂直于切削方向的横向分力 F_3(lateral tool force)，如图 1-5(b)所示。

切削力不是作用于刀具刀刃的一点或一线的力，而是刀具与加工工件接触的整个区域内刀具施加在加工工件上所有的力，有时还伴有力矩的作用。切削力分析如图 3-3 所示。

切削力中的水平分力(主切削力)与其他分力比较，数值最大，其他两个分力(法向

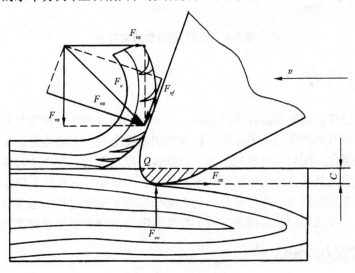

图 3-3 切削力分析图

力和轴向力)大致是水平分力的1/3，因此只分析切削力的场合，通常是指水平分力(主切削力 F_x)。

切削力的反作用力被称为切削阻力，在评价材料的切削性质方面，最容易实现在线测试，而且可用明确的数据表示，因此是一个重要的指标。实际木材切削加工时，有时是使用一个切削刃切削，如刨切和单板旋切，而大多数情况下是使用多个刀刃切削，如锯切、铣削、钻削加工等。对于后一种情况，要测量单个切削刃的切削力是比较困难的，因此，评价木材切削加工性能不是用切削力，而是用切削过程消耗的动力和时间来间接综合地评价。由于木材是各向异性的多细胞生物材料，切削现象随木材切削位置的变化时刻发生变化，这种评价方法虽然简单，但并不是没有问题。随着传感器和测量技术的飞速发展，现在即使使用多刀刃的高速度切削，也可以精确地测定出每个刀刃作用于木材的切削力。

图3-4是不同方法切削木材时，单一切削刃作用于工件上力的分解图示。

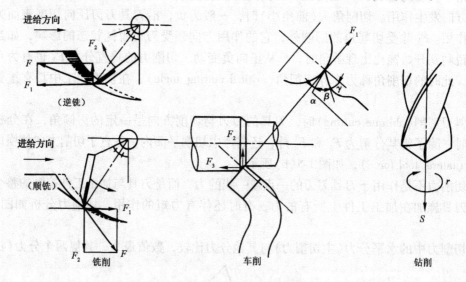

图3-4 不同切削方法的切削力

3.2 切削阻力

切削阻力是评价材料切削性能的基础，在木材切削过程中具有极其重要的作用。例如，切削阻力是刀具磨损的主要原因。随着切削温度上升，刀具寿命缩短的同时也会使加工表面状况恶化。而且加工机械的静、动刚性，以及振动也在很大程度上影响着加工的精度。切削阻力是确定切削机械所需输入动力、刀具和夹具设计和确定最佳切削条件的基础。由于在切削阻力的静力部分和动力部分包含了切削过程中很多有用的信息，从提高加工精度、监控切削状态两方面看，对切削阻力的分析都是非常重要的。

3.2.1 切削阻力的测定

测定切削阻力时，一般使用切削动力传感器(tool dynamometer)。这种动力传感器的基本特性是：①较高的灵敏度；②较高的静态刚性和动态刚性；③测定各分力时相互干涉小；④线性度高；⑤对时间、温度、湿度的变化有较好的稳定性。

动力传感器种类很多，下面简单介绍几种代表性的动力传感器：

（1）电阻应变片传感器：根据负荷的变化使电阻应变片电阻产生变化，用电子回路进行测定（图3-5）。这种方法比较简单，很常用。

（2）压电晶体式传感器：晶体在特定方向加压使其产生加压变形，就可以在其表面生成电荷。晶体的这种性质被称为压电效应。压电效应中因为产生的电荷量与所加压力成正比例关系，利用这种现象可以测定切削阻力。

（3）功率传感器：通过测定主轴电动机的电流和功率值，再换算成切削阻力的间接方法。虽然不能避免传动系统中因传动效率引起的损失，但它简单实用，可用于在线实时测定和切削加工系统的监测。

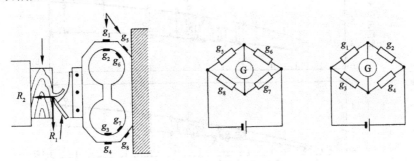

图3-5 电阻应变片传感器

3.2.2 被切削工件性质和切削阻力

影响切削阻力的被切削工件方面的因素主要有树种、密度、含水率、温度、材料力学强度、年轮宽度和节子缺陷等。

（1）树种与密度：使用锐利刀具和磨损刀具对多数树种进行端向切削，纵向切削和横向切削时的切削阻力（水平分力）与试件材种密度之间的关系如图3-6所示。无论是锐利刀具，还是磨损刀具，切削阻力都随树种密度的变化有很大的变化。一般而言，试材密度增加，切削阻力会呈线性增加。而且，端向切削时切削阻力增加率比纵向切削和横向切削增加得明显。

（2）含水率：一般情况下，随着被切削木材含水率的降低，切削阻力在纤维饱和点附近开始增加，在含水率为10%左右，切削阻力出现最大值。如果含水率继续减小，切削阻力基本不再变化，有时稍有降低（图3-7）。

（3）温度：一般情况下，木材温度升高，切削阻力呈降低的趋势。

（4）力学强度：上述密度、含水率，以及温度与切削阻力的关系同各因素和材料力学强度之间的关系类似。而且，切削阻力与材料力学强度有密切的关联。一般情况下，力学强度高的木材的切削阻力也较大。但是，木材的切削破坏中的横向拉伸变形、纵向压缩变形以及断裂变形不是在单纯应力作用下产生的，必须考虑复合应力。

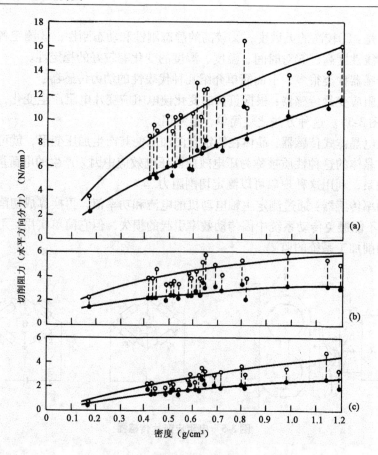

刀具后角 10°　切削角 55°　切削深度 0.1 mm

●——未磨损刀刃，○——磨损刀刃

图 3-6　木材密度与切削阻力之间的关系

（a）端向切削　（b）纵向切削　（c）横向切削

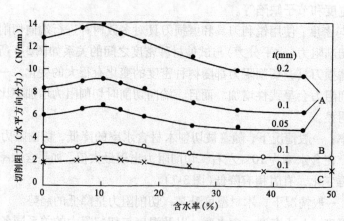

刀具后角 10°　切削角 55°

图 3-7　木材含水率与切削阻力的关系

A. 端向切削　B. 纵向切削　C. 横向切削　t. 切削深度

3.2.3 刀具参数和切削阻力

影响切削阻力的刀具参数主要有刀具材料、刀具角度、几何形状和尺寸等。刀具材料材质通常可作为一个间接的影响因素来考虑。

3.2.3.1 切削角

纵向切削与端向切削时的切削阻力与切削角（cutting angle）的关系如图 3-8 所示。随着切削角的增加，纵向切削时切屑从流线型向折断型和压缩型转变，端向切削时的切屑由剪切型向撕裂型转变，不管出现哪一种现象，切削阻力都会随切削角增加而增加。特别是切削角从 50°~60° 开始其切削阻力急增，在切削深度大时切削阻力增加的幅度很显著。其中，端向切削切削角在 30°~40° 时，切削阻力值最小。这是因为切削角太小，刀具的刚度和强度下降，导致实质的切削角和切削深度增加的缘故。即切削角小于 30° 时，随着切削角减小其振动加剧，切削阻力反而有所增大。切削角较小时，垂直分力作用于正的方向（被切削工件牵引刀具进入的方向），切削角大时作用于负的方向。大约 50° 是临界切削角（critical cutting angle）。

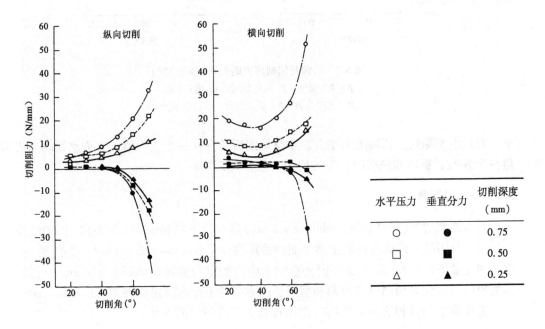

图 3-8 切削角与切削阻力的关系（红松）

3.2.3.2 后 角

后角（clearance angle）过小时，由于木材纤维的弹性恢复，使切削表面与刀刃后刀面产生摩擦加剧，导致切削阻力增加（图 3-9）。特别是在生成压缩型切屑时，刀具刃口变钝，逆纤维方向端向切削时，切削阻力增加显著。另一方面，后角过大，楔角必定减

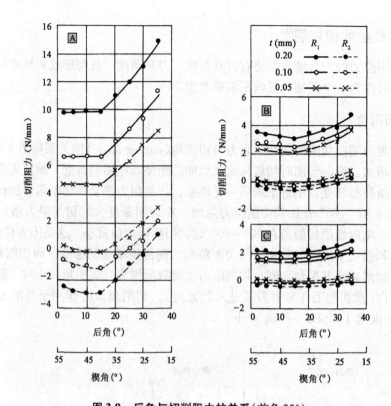

图 3-9　后角与切削阻力的关系（前角 35°）
A. 端向切削　B. 纵向切削　C. 横向切削
R_1. 水平分力　R_2. 垂直分力　t. 切削深度

小，刀具刚度降低，切削阻力增大。木材切削后角存在一个适当值，直刃刨切时刀刃后角在 5°左右，锯切和铣削时，刀刃后角一般要大 5°~8°。

3.2.3.3　刃倾角

刀刃斜倾切削（三维切削，oblique cutting）具有以下三种前角（图 3-10）：①法向前角（γ_n），与切削刀刃成直角的法向平面内测定的前角（normal rake angle）；②前角（γ_v），与切削速度平行的方向，与加工面垂直的平面内测定的前角（velocity rake angle）；③工作前角（γ_e），包含切削速度方向和切屑流出方向的平面内测定的前角（effective angle）。

工作前角（γ_e）和法向前角（γ_n）之间存在如下式所示的关系：

$$\sin\gamma_e = \cos\eta_c \sin\gamma_n \cos\lambda + \sin\eta_c \sin\lambda$$

式中：λ——刃倾角；

　　　η_c——切屑流出角（chip flow angle）。

刀刃倾斜切削时 $\eta_c \backsimeq \lambda$ 的 Stabler 法则在金属切削时成立，对于木材切削这个法则也被确认是成立的。

$$\sin\gamma_e = \sin^2\lambda + \cos^2\lambda \sin\gamma_n$$

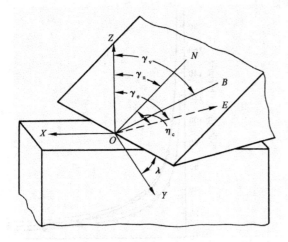

图3-10 三维切削时的前角和切屑流出角
ON. 垂直刃口方向 *OB.* 切削速度方向 *OE.* 切屑流出方向

刀刃倾斜切削时，随着刃倾角的增大，依据以上两公式所示，对刀具前角、切屑变形和切削力有如下影响：① 工作前角随刃倾角的增加而增加，切削刃可以锐利地作用于切削工件；② 因为刀具的前面倾斜，切屑在横方向也有变形，因此切削阻力增加；③ 相对切削刃的纤维排列方向发生变化。

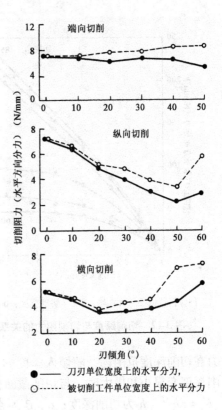

● —— 刀刃单位宽度上的水平分力，
○ ---- 被切削工件单位宽度上的水平分力

图3-11 刃倾角与切削阻力的关系

作为这种关系的结果，在常用的刃倾角0°~60°之间，随刃倾角的增加，端向切削时水平分力因为工作前角增加而降低；纵向切削时因为刃口纤维排列方向发生变化，横向切削要素占有很大比例，因而切削阻力降低（图3-11）。横向切削时，由于工作前角增加，开始切削阻力降低，但随着纵向切削比例的加大，切削力的水平分力又开始增加。其中，刃倾角再增加，刀具切削刃切削宽度增加，纵向切削力水平分力在开始显示最小值后再度增加。也有研究结果表明在切削深度变大、切削角较小的单板时，有与上述结论相反的情况。另一方面，随刃倾角增加，垂直分力稍稍有所增加，在切削平面内，垂直于切削速度的横向分力在任何情况下都呈增加趋势。

3.2.4 切削条件和切削阻力

3.2.4.1 切削深度

切削深度（depth of cut）增加，切削截面积随之增加，由于切屑生成状态由折断型向压缩型变化，因此切削阻力增大。此时切削角越大，切削深度对切削阻力影响越大，切削阻力开始时呈线性增加，以后呈渐变性增加（图3-12）。

设切削截面积为 A，切削阻力为 F_1，单位截面积上的切削阻力为 K_s，那么 $K_s = F_1 / A$。将其称为单位切削阻力（specific cutting resistance）。单位切削阻力是分析计算切削阻力的一个基准单位，它的数值与切下单位体积切屑所消耗的切削功相等。单位切削阻

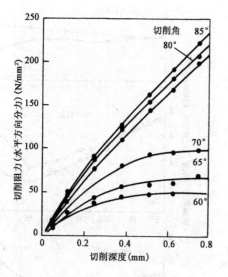

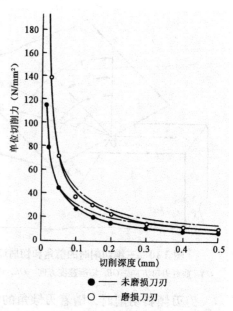

工件材料：糖松　含水率：8%　切削宽度：6.4 mm

图3-12　切削深度与切削阻力的关系

图3-13　切削深度与单位切削阻力的关系

力在切削深度范围内，随切入深度的增加，呈渐变减小的趋势（图3-13）。但是，当切削深度变很小和极大时，与切削截面积有关。两者的关系在对数坐标系上呈直线关系。（$K_s = \alpha h^{-\beta}$，h 为切削深度；α，β 为常数）。关于单位切削阻力的尺寸效应，在切削深度变得很小时，要考虑以下两点：①刃口圆弧的曲率半径变得不可忽视，实际前角减小；②后刀面与已加工表面的接触不可忽视，由此产生摩擦力，使切削阻力增加。

3.2.4.2　切削方向

切削方向相对于工件的纤维方向对切削阻力有很大的影响。随纤维倾角的变化，切削阻力在逆纹、纤维倾角为10°附近，达到最小值。随后纤维倾角从这个角度逐渐向逆纹增大，切削阻力急增。一般认为该最小值的得到是由于在该角度刀具切入容易，刃口不易向上滑动的结果。因此，达到端向切削前的逆纹切削阻力显示最大值（纤维倾角60°时），此时的逆纹切削产生的折断型切屑的弯曲破坏阻力大于纤维倾角90°时的破坏阻力（图3-14）。

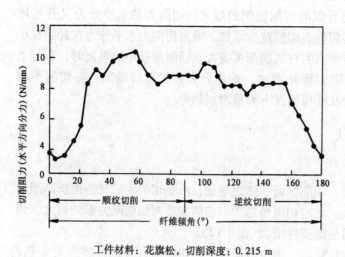

工件材料：花旗松，切削深度：0.215 m

切削角：60°，切削速度：11.8 m/s

图3-14　纤维倾角与切削阻力的关系

另一方面，对于顺纹切削，切削阻力随顺纹角度的增加而增加，在30°~40°附近，由于剪切型切屑的产生，使其增加率有所下降，然后接近端向切削时又再次增加。

从纵向切削向横向切削过渡时，切削阻力逐渐降低。与年轮接触呈0°的弦切面切削和90°的径切面切削时的切削阻力没有太大差异，在半弦切面内切削阻力显示最大值。

3.2.4.3 切削速度

切削速度和切削阻力的关系依切削方式和切削条件的不同而不同，随着切削速度的增加，有些场合切削阻力基本不变，有些场合切削阻力略有降低。根据直角自由切削的实验结果（图3-15），切削深度小或前角大时，切削阻力与切削速度无关，但切削深度大前角小时，切削阻力随切削速度的增加明显降低，尤其切削速度在0.5~1.0 m/s 范围内变化时，切削阻力有显著变化。切削速度变化引起切削阻力变化可以认为与切削时生成切屑的形态有密切关系。

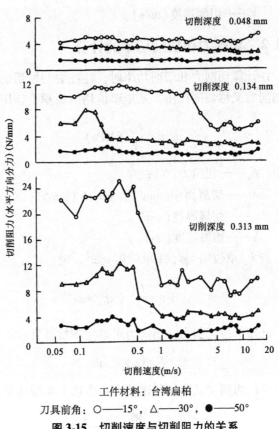

工件材料：台湾扁柏

刀具前角：○——15°，△——30°，●——50°

图3-15　切削速度与切削阻力的关系

3.3　切削力和切削功率计算

3.3.1　切削力和切削功率

切削力是木材切削过程中的主要物理现象之一，是切削层木材、切屑和被加工工件表面的木材，在刀具的作用下发生弹性和塑性变形的结果，正确地掌握木材切削力的大小是木工机床设计必要依据。

切削力可分解成为平行于切削速度的分力，即切向力 F_x，垂直于切削速度的分力，即法向力 F_y。

切削力与切削速度的乘积便是切削功率 P_c。

$$P_c = F_x V \quad (\text{kW})$$

式中：F_x——切向力（N）；

　　　V——切削速度（m/s）。

3.3.2　切削力和切削功率的计算

在计算切削力和切削功率时，往往要利用切削力和切削功率等物理量的单位值。单位切削力又称切削比压，是指单位切屑面积上作用的切向力。

$$p = \frac{F_x}{A} \quad (\text{MPa})$$

式中：F_x——切向力（N）；

　　　A——切屑面积（mm^2），$A = ab$（mm^2）；

　　　a——切屑厚度（mm）；

　　　b——切屑宽度（mm）。

若 F_x 单位用 kgf，A 单位用 mm^2，则

$$p = \frac{F_x}{A} \quad (\text{kgf/mm}^2)$$

已知单位切削力，切向力可以按下式计算：

$$F_x = pA = pab$$

单位切削功又称切削比功，是指切下单位体积切屑所消耗的功。

$$K = \frac{W}{O} \quad (\text{J/cm}^3)$$

式中：W——切削功（J），$W = F_x l$（$\text{N} \cdot \text{m} = \text{J}$）；

　　　l——一次切削切下的切屑长度（m）；

　　　O——一次切削切下的切屑体积（cm^3），$O = abl$（cm^3）。

若单位切削功 W 的单位用 kgf·m，则

$$K = \frac{W}{O} \quad (\text{kgf} \cdot \text{m/cm}^3)$$

已知单位切削功，切削功可以用下式计算：

$$W = KO \quad (\text{J})$$

单位切削功是切下单位体积切屑所消耗的功，单位是 J/cm^3 或 $\text{kgf} \cdot \text{m/cm}^3$。单位切削力是单位切屑面积上作用的切向力，用单位 MPa 或 kgf/mm^2 表示。虽然单位切削力和单位切削功的物理概念和因次均不相同，但如用上述规定之单位在数值上相等。

木材切削的过程是极其复杂的。在切削过程中，切屑的变形受到木材本身性质（木材纤维、年轮方向、早晚材、材种、含水率、温度）、刀具特性（角度、锐利程度）和切

削用量(切削深度、切削速度、进给速度)等因素的影响。所以,要建立一个把上述所有因素都包括进去的精确的切削力计算公式是不现实的。目前实际应用的切削力和切削功率计算方法有两种,一种为基于理论分析的计算方法;另一种为经验公式计算方法。因为理论计算方法主要是依据断裂力学的概念和计算方法,比较烦琐,牵涉的系数较多,所以在工程计算上多用经验公式,计算切削力和切削功率。它主要是利用切削力和切削功率的单位值,考虑各种影响因素后,在实验的基础上总结而成的。

计算切削力的经验公式是以单位切削力随切屑厚度变化的关系为基点,然后将影响切削力的一系列因素,如刀具变钝程度、刀具切削刃相对木材纤维的方向、切削角、切削速度、材种和含水率等,通过修正系数进行修正,经验公式换算,加以综合考虑;最后建立随不同因素变化的单位切削力的计算公式。

当切屑厚度 $a \geqslant 0.1$ mm 时:

主要切削方向

$$p_p = \frac{C_p f_p'}{a} + (A_p \delta + B_p V - C_p)$$

过渡切削方向

$$p_t = \frac{C_p f_t'}{a} + (A_t \delta + B_t V - C_t)$$

当切屑厚度 $a < 0.1$ mm 时:

主要切削方向

$$p_{\mu p} = \frac{(C_p - 0.8) f_p'}{a_\mu} + 8 f_p'(A_p \delta + B_p V - C_p)$$

过渡切削方向

$$p_{\mu t} = \frac{(C_p - 0.8) f_t'}{a_\mu} + 8 f_t'(A_t \delta + B_t V - C_t)$$

A,B,C,f' 见表 3-1 和表 3-2。

表 3-1　系数 A,f' 的值

树种	f' (×9.81 N/mm²)			A (×9.81 N/mm²)		
	端向	纵向	横向	端向	纵向	横向
松木	0.49	0.16	0.10	0.056	0.020	0.003
桦木	0.55	0.19	0.14	0.076	0.025	0.0045
栎木	0.64	0.21	0.172	0.082	0.028	0.006

表 3-2　系数 B，C 的值

树种	$B(\times 9.81 \text{ N/mm}^2)$			$C(\times 9.81 \text{ N/mm}^2)$		
	端向	纵向	横向	端向	纵向	横向
松木	0.020	0.007	0.006 ~ 0.007	2.00	0.55	0.066
桦木	0.024	0.008	0.007 ~ 0.010	2.30	0.70	0.085
栎木	0.027	0.009	0.085 ~ 0.012	2.56	0.76	0.006

切削力　　　　　　$F_x = pab \times 9.81$　（N）

切削功率　　　　　$P_c = phbU/(102 \times 60)$　（kW）

式中：h——切削厚度（mm）；

　　　b——切削宽度（mm）；

　　　U——进给速度（m/min）。

　　另一种计算单位切削力和单位切削功的经验公式是以某种条件下单位切削力和单位切削功为 1 的情况为基准，考虑各种影响因素的修正系数（表 3-3 ~ 表 3-10），综合而成的一种经验方法。

　　单位切削力 K 按以下经验公式计算：

$$K = K_\varphi a_s a_w a_\delta a_v a_h a_f a_t$$

　　K_φ 为在切削角 $\delta = 45°$、切削厚度 $h = 1$ mm、切削速度 $V < 10$ m/s 时；气干松木在刀刃与木纤维之间夹角为 φ 时的单位切削力。

表 3-3　木材不同方向的单位切削力

切削形式	切削简图	φ 角	K_φ
横向切削	 $\varphi_1 = 0$	0	0.5
横 – 端向切削	φ_1	15	0.7
		30	1.1
		45	1.5
		60	1.9
		75	2.1

（续）

切削形式	切削简图	φ 角	K_φ
端向切削		90	2.2
纵 - 端向切削		75	2.1
		60	1.9
		45	1.8
		30	1.3
		15	1.1
纵向切削		0	1.0
纵 - 横向切削		15	0.85
		30	0.75
		45	0.65
		60	0.55
		75	0.53
横向切削		90	0.5

表 3-4　木材树种修正系数值 a_s

树种（软）	a_s	树种（硬）	a_s
椴木	0.80	桦木	1.2 ~ 1.3
山杨	0.85	山毛榉	1.3 ~ 1.5
云杉	0.9 ~ 1.0	橡木	1.5 ~ 1.6
松木	1 ~ 1.05	白蜡	1.5 ~ 2.0
赤杨	1.1	水曲柳	1.4 ~ 1.5

表 3-5　木材含水率修正系数值 a_w

木材状态	含水率（%）	a_w	
		锯切	铣削
湿材	>70	1.15	0.85
新伐材	50 ~ 70	1.10	0.9
半干材	25 ~ 30	1.05	0.95
干材	10 ~ 15	1.0	1.0
绝干材	5 ~ 8	0.9	1.10

表 3-6　切削角修正系数值 a_δ

切削角度 $\delta(°)$		30	45	50	55	60	65	70	75	80	85	90
a_δ	端向	0.6	1	1.15	1.3	1.45	1.7	2	2.4	2.8	—	—
	纵向	0.7	1	1.1	1.2	1.3	1.5	1.7	2.0	2.4	2.8	—
	横向	0.9	1	1.03	1.06	1.09	1.12	1.15	1.18	1.22	1.26	1.3

表 3-7　切削速度修正系数值 a_v

切削速度（m/s）	10	20	30	40	50	60	70	80	90	100	110	120
a_v	1.0	1.02	1.04	1.05	1.1	1.15	1.2	1.25	1.35	1.4	1.45	1.5

表 3-8　切屑厚度修正系数值 a_h

平均切屑厚度 h（mm）		1.0	0.7	0.5	0.4	0.3	0.2	0.15	0.1	0.07	0.05	0.04	0.03	0.02	0.01
a_h	软材	1.0	1.1	1.2	1.3	1.4	1.7	1.9	2.2	2.6	2.9	3.1	3.3	3.6	4.2
	硬材	1.0	1.1	1.2	1.3	1.4	1.7	2.0	2.5	3.0	3.5	3.9	4.4	5.1	7.0

表 3-9　铣削时附加摩擦力修正系数值 a_f

切削厚度(mm)	2	3	5	8	10	15	20	25	30	35	40
a_f	1.05	1.15	1.3	1.5	1.7	2.1	2.5	2.9	3.3	3.7	4.1

表 3-10　刀具变钝修正系数值 a_t

工作时间(h)	0	1	2	3	4	5	6
刀齿顶端半径（μm）	2 ~ 20	21 ~ 35	36 ~ 40	41 ~ 45	46 ~ 50	51 ~ 55	56 ~ 60
a_t	1 ~ 1.1	1.2	1.3	1.4	1.5	1.6	1.7

根据以上各表查出的 K_φ 以及各种修正系数求得 K。

3.3.3　切削功率的可靠性计算

根据上述分析，切削功率应用单位比功和单位时间切下切屑体积的乘积来表示。由于木材切削的过程极其复杂，切削比功受木材材性、材种、切削方向、含水率、温度、刀具角度和磨损状况以及切削用量的影响，所以切削功率对应于不同的木材工件而不同，同时又和切削宽度、厚度、进给速度成正比。机床切削加工时，切削宽度、厚度是随工件的不同而变化的，根据加工条件的差异，进给速度也要作相应的变化。在给定的条件下，通过计算只能得到一个对应的切削功率值，或只可得出相应的极大值或极小值，如对给定的切削条件规定的切削加工范围作若干次相应的计算，即可得到一组切削功率的值。

在机床设计中，确定切削功率是一个比较复杂困难的工作，一定程度上一个确定的切削功率值很难完全适应在生产实际中由于木材的材性和几何尺寸的变化而引起的切削功率的变化，而实际生产中木材工件的性质以及几何尺寸总是在变化。为此切削功率有时配备为最大值，但是切削小尺寸和软材工件时，势必造成很大的浪费，如切削功率配备过小，则不能满足切削加工大尺寸和硬材工件的需要。因此，切削功率应该是既满足绝大多数工件切削加工的需要，而又不致于造成很大的浪费，如此只能是有极小部分的工件在切削时发生过载，所以这里有必要引入可靠性的概念。

3.3.3.1　可靠性

可靠性是指某种产品在规定的时间和条件下完成规定功能的能力。衡量可靠性的指标为可靠度，即完成规定功能的概率。

由于在某种特定的加工条件下或给定的范围内，切削加工的功率是多个或者说是一组数据。研究它的可靠性，就是研究数据组。这里需要研究数据两个重要的度量，即集中趋势和分散性的度量，一组数据如果从中选取具有代表性的数值时，为了某种目的可以选取最大值，也可以选取最小值，又可以选从大值一侧数起的第几个值。从前面的讨论中得知，它们都具有一定的不合理性，通常按数理统计的方法要以接近中心的值为代表值，即集中倾向强的值，称为均值。均值是把一组数据相加后再除以数据个数得到的算术平均值。

$$\bar{x} = \frac{1}{n}\sum_{i=1}^{n}x_i$$

以均值代表一组数据的平均性质，又以它作为衡量数据分散性的基准。分散性是指数据离开均值距离的远近程度。度量其大小的尺度一个是数据组中最大和最小值之差，另一个是标准差。

$$\sigma = \frac{\sqrt{\sum_{i=1}^{n}(x_i - \bar{x})^2}}{n}$$

在数理统计学中，标准正态分布的概率密度函数为

$$f(x) = \frac{1}{\sqrt{2\pi}\,\sigma}\,\mathrm{e}^{\frac{(x-\mu)^2}{2\sigma^2}}$$

3.3.3.2 切削功率的可靠性计算方法

通过切削功率数值计算和数值分布分析，在切削功率数值组中基本或近似符合标准正态分布，其曲线的形状如图3-16所示。此处研究的是切削功率问题，图中 $f(x)$ 表示切削功率分布曲线。如果切削功率为 x，取原动机输出的额定功率为 x_0，则 $x < x_0$ 时原动机可以满足要求，不发生过载；$x > x_0$ 时机床过载工作将产生破坏，曲线下阴影部分面积表示过载的概率。因为 $\int_{-\infty}^{+\infty}f(x)\mathrm{d}x = 1$，所以剩余的曲线下的面积部分表示功率满足要求的概率或不发生过载的概

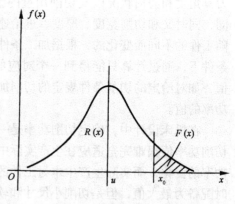

图3-16 可靠性计算原理

率 $P(\xi < x_0) = \int_{-\infty}^{x_0}f(x)\mathrm{d}x$，如此即解决了在限定条件下机床切削能满足要求不过载的概率，作为可靠度，计算出一个经济合理的切削功率的临界值。

实际上如给定 N 个规格尺寸不同的工件，在相同的加工条件下对任意给定或配备的切削功率值 P（即 x_0）时，如发生过载工件的数量为 $n(t)$，则切削功率满足要求的工件数量为 $N - n(t)$。以 $F(t)$ 表示切削功率发生过载的概率，$R(t)$ 表示切削功率满足要求不发生过载的概率，则可靠度 $R(t) = \dfrac{N - n(t)}{N} = 1 - F(t)$。由此可知，可靠度 $R(t)$ 是随切削功率变化而变化的。视实际计算所得数据符合正态分布，则概率密度函数为

$$f(x) = \frac{1}{\sqrt{2\pi}\,\sigma}\mathrm{e}^{\frac{(x-\mu)^2}{2\sigma^2}}$$

令 $u = \dfrac{x - \mu}{\sigma}$，则过载概率：

$$P(\xi > x_0) = 1 - \int_{-\infty}^{u_0} f(u)\,\mathrm{d}u$$

即

$$F(x) = 1 - \int_{u_0}^{+\infty} f(u)\,\mathrm{d}u$$

当 $F(x) = 0.1587$，即 $R = 84.13\%$ 时，$u_0 = 1.00$。

当 $F(x) = 0.0668$，即 $R = 93.32\%$ 时，$u_0 = 1.50$。

$$u_0 = 1.00 \quad x = \mu + 1.00\sigma$$
$$u_0 = 1.50 \quad x = \mu + 1.50\sigma$$

根据以上讨论，对工件的材种、材性和几何尺寸进行综合考虑的同时，可以得出一定条件下，在一定的过载概率下或切削功率在一定可靠度下的切削功率值。如选可靠度为90%时，即表明切削电机的功率在规定的条件下有90%的可能不会过载。而有10%的切削加工可能过载。

如下的计算示例可说明计算方法，铣削加工，切削宽度 50~400 mm，切削厚度 2~5 mm，进给速度 5~22 m/min，铣削加工的木材工件分别为软材松木和硬材水曲柳，切削比功，$K_{软} = 26.5$ N/mm^2(MPa)，$K_{硬} = 33.4$ N/mm^2(MPa)。将切削宽度和切削厚度组合相乘后可获得切削层截面积，将切削层截面积由小到大，进给速度由大到小按一定间隔排列对应相乘，获得单位时间内切下切屑的体积，分别代入 K 值，即可计算出一组切削功率的值(表3-11)。经数理统计方法得出它们的数学期望 $\mu(\bar{x})$ 和方差 $\sigma(s)$。

表 3-11　切削功率计算结果

按给定条件，切削功率按由大到小排列计算结果(kW)													
6.22	6.11	6.11	6.11	6.00	5.83	5.83	5.83	5.66	5.66	5.66	5.55	5.55	5.50
5.50	5.44	5.44	5.44	5.35	5.35	5.33	5.33	5.25	5.00	5.00	5.00	4.96	4.94
4.90	4.86	4.86	4.85	4.85	4.85	4.76	4.72	4.72	4.72	4.66	4.66	4.63	4.63
4.63	4.50	4.50	4.50	4.44	4.44	4.44	4.41	4.41	4.38	4.37	4.37	4.32	4.32
4.32	4.25	4.25	4.25	4.24	4.24	4.17	4.17	4.17	3.97	3.97	3.97	3.94	3.89
3.89	3.89	3.88	3.86	3.86	3.75	3.75	3.75	3.71	3.71	3.53	3.53	3.53	3.47
3.38	3.33	3.33	3.31	3.31	3.19	3.09	3.09	3.09	2.88	2.78	2.65	2.65	2.56
2.56	2.54	2.28	2.24	2.21	2.03	2.03	1.92	1.78	1.60	1.52	1.28	1.27	1.01

根据计算结果可得：$\mu(\bar{x}) = 4.1294$，$\sigma(s) = 1.1986$，取 $F(x) = 0.149$，$R(x) = 0.851$，依据数理统计方法查表，则 $x = \mu(\bar{x}) + 1.04\sigma(s) = 4.1294 + 1.04 \times 1.1986 \approx 5.37$，即 $P_0 = 5.37$kW。

按可靠度85%计算可得到此可靠度下的切削功率值是 5.37kW，即配备这样一个功率就可以满足85%的切削状况不过载。计算结果分布的直方图如图3-17。

按以上计算方法所得出的切削功率值，比切削比功、切削宽度、厚度和进给速度任

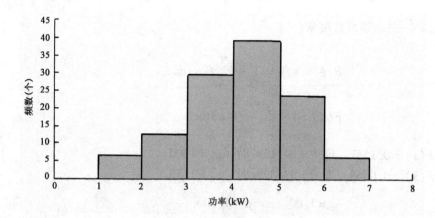

图 3-17　计算结果分布的直方图

意组合计算结果更接近实际情况。因此，所得的切削功率要小 2.45 倍，与取各参数最大值获得的最大切削功率小 4.3 倍，与取出现频数最高的切削功率作为代表的方法更具有代表性和广泛性。

第4章

锯与锯切加工

4.1 锯与锯齿的切削

4.1.1 锯(刀)

锯切是木材切削加工中应用历史最悠久、应用最广泛的加工方式。锯切主要用来把木材纵剖或截断成两部分。有时也用锯在制品上开槽。

锯的种类很多,绝大多数都是由锯身及在边缘上开出的锯齿所组成,如图4-1和图4-2所示。包括锯齿在内的整个锯身呈圆板形、无端带形或条形。锯身用厚度和宽度、长度或直径表示其尺寸参数。在锯切过程中,锯上直接切削木材的部分是锯齿。

锯齿按其切削木材时相对于木材纤维方向的不同,主要分为纵剖齿和横截齿。锯齿根据刃磨方式的不同分为直磨齿和斜磨齿。纵剖齿多数为直磨齿;横截齿基本为斜磨齿。下面通过带锯和横截圆锯的齿形分析,说明纵剖直磨齿和横截斜磨齿的齿形参数(图4-1和图4-2)。

(1)锯齿结构:

齿尖(1):纵剖齿为主刃,横截齿为刃尖。连接各齿尖,条形锯得齿尖线1-1-1,圆锯片得齿尖圆1-1-1。

前齿面(1-2):又称齿喉面,分平面和弧面。

齿腹面(2-3):系半径为 R 的齿根圆的圆弧面。

齿底(2):锯齿的最低部分。连接齿底各点可得齿底线3-3-3。

后齿面(3-4-1):或称齿背面,可分为平面、折面、弧面。齿腹面与后齿面之间有

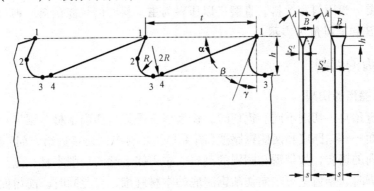

图 4-1　纵剖直磨齿

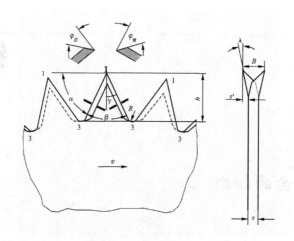

图 4-2　横截斜磨齿

时用一段半径为 2R 的弧面 3-4 过渡。

齿室：由前齿面、齿腹面、后齿面和齿顶围成的容屑空间，又称齿槽。

齿顶：锯齿的上半部。

齿根：锯齿的下半部。

（2）锯齿的主要尺寸：

齿距 t：相邻两齿沿齿顶线的距离。

齿高 h：齿顶和齿底之间最短的距离。

（3）锯齿的主要角度：

前角 γ：通过齿尖并与齿尖线垂直的直线（基面线）与锯齿前面线之间的夹角。规定图示中，从上述过齿尖的垂面或锯片径向线向前齿面顺时针量得的前角为"＋"，反之为"－"。

后角 α：锯齿的后齿面线（或后面线的切线）与齿尖线（或齿尖线的切线）之间的夹角。圆锯片的后角是通过齿尖的齿尖圆的切线与后齿面之间的夹角。若后齿面为弧面，则以通过齿尖弧形后齿面的切线作为后齿面。

楔角 β：是前齿面与后齿面之间的夹角。

锯料主要分为压料和拨料。直磨齿以压料为主，斜磨齿只能拨料。锯料量的大小用锯料的宽度 B 和锯料角 λ 表示。

4.1.2　锯齿的切削

4.1.2.1　纵锯齿的切削

锯切和直角自由切削不同。锯切时，锯齿以三条刃口切削木材，锯齿一次行程后完成三个切削面——锯路底和两侧锯路壁（图 4-3）。木材纵锯是指进给方向（锯路方向）平行于纤维方向的锯切，如带锯和圆锯的剖料。主刃接近端向切削木材，侧刃接近横向切削木材。纵锯时，锯齿主刃端向切断锯路底的木材纤维，与此同时，前齿面压缩与其接触的木材。随着锯齿深入木材，前齿面对木材的压力逐渐增大，当压力增加到足够大

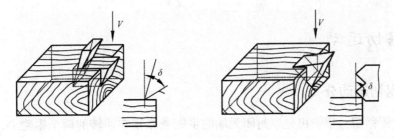

图4-3 纵锯齿的切削

时，受前齿面推压的一、二层木材，沿锯路两侧的纤维平面剪裂。剪裂后的木材层，像悬臂梁一样，在前齿面的压力下，弯断成为锯屑。锯屑一般沿主刃的切削轨迹破坏，有时主刃压到阻力大的晚材部分，木材层在断裂前被拉断，裂口向锯路底内延伸，形成长短不一的锯屑。

4.1.2.2 横锯齿的切削

横锯齿切削时（图4-4），进给方向（或锯路方向）垂直于纤维平面，如圆锯横截。若选用切削角大于90°的斜磨的横截锯齿切削木材，齿刃切入木材初始，类似用小刀在木材上切出刀痕，相邻两个锯齿先后在木材表面切出两条平行的齿痕，随着锯齿深入木材，前齿面对锯路内木材的作用力的合力在垂直锯路的方向上的分力 F_3，对两侧已被切开的锯路中间木材的挤压，使其沿锯路底顺纤维方向剪切。当锯齿切入木材的深度足够大时，分力 F_3 超过木材的顺纹抗剪极限时，锯路内的这部分木材被剪断而形成锯屑。

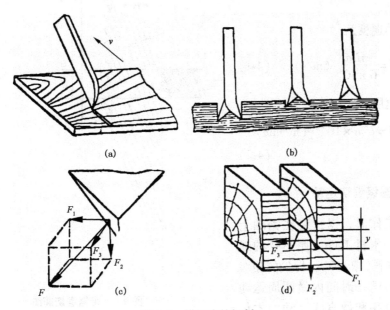

图4-4 横锯齿的切削

4.2　锯切运动

4.2.1　锯切运动分类

（1）带锯锯切：带锯机是以封闭无端的带锯条张紧在回转的两个锯轮上，使其沿一个方向连续匀速运动，而实现锯切木材的机床。

（2）圆锯锯切：圆锯机是以圆锯片为切削刀具，使其绕定轴做连续匀速回转运动，而实现锯切木材的机床。

（3）排锯锯切：排锯机是以张紧在锯框上的锯条为切削刀具，锯框做往复直线运动，从而实现锯切木材的机床。

4.2.2　锯切运动

4.2.2.1　带锯锯切运动

带锯锯切时，绕在上、下锯轮上，由下锯轮驱动的锯条利用其做直线运动的锯齿切削木材工件（图 4-5）。此时，锯条切削木材的主运动和垂直锯条方向的木材进料运动同时进行，两者均为等速直线运动。

主运动速度为

$$V = \frac{\pi D n}{6 \times 10^4} \quad (\text{m/s}) \qquad (4\text{-}1)$$

进料速度为

$$U = U_n n \times 10^{-3} \quad (\text{m/min}) \qquad (4\text{-}2)$$

4.2.2.2　圆锯锯切运动

圆锯工作时，锯片装在锯轴上等速回转，木材工件按照不变的速度向锯片进料（图 4-6）。齿尖的相对运动轨迹为同一时间内做圆周运动的齿尖的位移和做直线运动的木材位移的向量和。

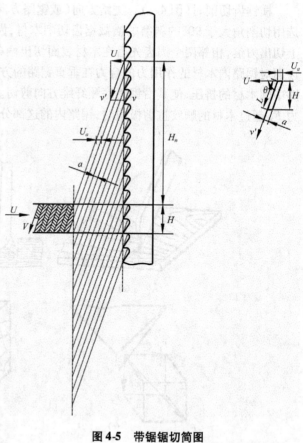

图 4-5　带锯锯切简图

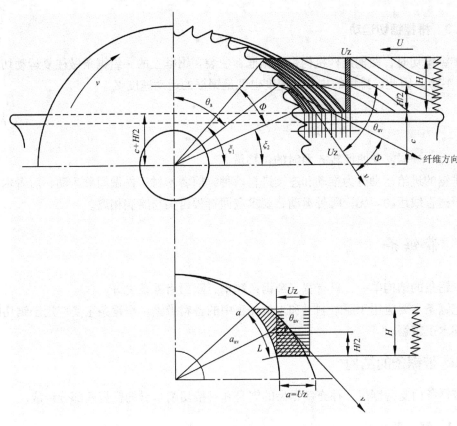

图 4-6 圆锯锯切简图

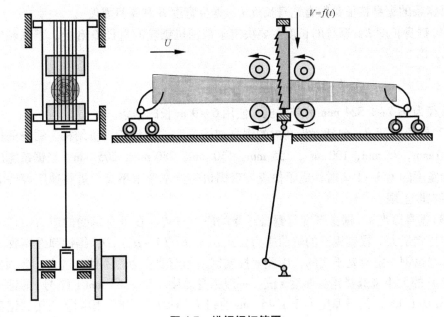

图 4-7 排锯锯切简图

4.2.2.3　排锯锯切运动

排锯锯切时，曲柄连杆机构带动锯框，使装在锯框上的一组锯条做往复运动切削木材（图 4-7）。因此，排锯的主运动速度也就是锯框的运动速度 V_α。

$$V_\alpha = \frac{\mathrm{d}S_\alpha}{\mathrm{d}t} \tag{4-3}$$

式中：S_α——锯框在曲柄转 α 角时的位移量。

排锯的进给运动分为推动和连续进料两种，前者木材工件做间歇运动，后者木材工件做等速直线运动。无论哪种运动，要求空回行程齿尖与路底相离。

4.3　带　锯　条

带锯条的结构单一，只有宽、窄锯条和单、双面齿锯条之分。

宽锯条主要应用于原木制材和木材加工中的备料带锯。窄锯条主要应用于锯切曲面线的细木工带锯。

4.3.1　带锯条的结构

带锯条由支持锯齿、补充新锯齿的锯身和直接切削木材的锯齿两部分组成。

4.3.1.1　锯　身

带锯条的锯身特征参数有锯身长度 L、锯身宽度 B 和锯身厚度 s。

（1）锯身长度 L：锯身的长度主要决定于带锯机锯轮的直径 D 和上、下锯轮轴线间距离 L，即

$$L = \pi D + 2l \tag{4-4}$$

锯轮直径为 914 ~ 1 524 mm 的带锯机，使用 6 ~ 9 m 长的锯条。

（2）锯身宽度 B：包括锯齿在内的锯身初始宽度 B 决定于锯机结构。锯身的标准宽度为 50 mm，75 mm，100 mm，125 mm，150 mm，180 mm，205 mm。当锯条宽度磨损到初始宽度的 1/3 ~ 1/2 时，应予报废。带锯机生产率要求不高，进料速度容许略为放慢时可以取上限。

（3）锯身厚度 s：锯身厚度与锯身承受的应力有关。在锯身承受的应力中，弯曲应力所占比例最大。根据锯身的弯曲应力公式 $\sigma = [Es/(1-\mu^2)]D$，锯钢弹性模数 E 和泊松比 μ 在锯钢一定时是不变的，因此要控制锯条的弯曲应力，不使其过大，必须根据锯轮直径 D 的大小来选择锯身厚度 s 值。一般锯身厚度小于 1.45 mm（17 号）的锯条，其厚度 $s \leqslant D/1\,000$；锯身厚度大于 1.45 mm 的锯条，$s \leqslant D/1\,200$。国际上通用的锯身厚度表示法主要有公制"mm"和英国伯明翰铁丝规格"B. W. G."两种。我国现在也采用公制和"B. W. G."表示方法。两种锯厚表示法的换算关系见表 4-1。

我国常用制材带锯条的厚度为 1.25 ~ 0.9 mm(18 ~ 20 号)。

表4-1 锯身厚度尺寸的换算

锯身厚度(mm)	锯身厚度(B. W. G.)	锯身厚度(mm)	锯身厚度(B. W. G.)	锯身厚度(mm)	锯身厚度(B. W. G.)
2.40	13	1.25	18	0.65	23
2.10	14	1.05	19	0.55	24
1.85	15	0.90	20	0.50	25
1.65	16	0.80	21	0.45	26
1.45	17	0.70	22	0.40	27

4.3.1.2 锯 齿

(1)尺寸参数:

齿距 t:是锯齿的主要尺寸参数。齿距决定后,齿高随之而定。齿距小,齿数多,在相同的切削条件下,每齿切削量小,锯齿坚固,材面光洁。但齿距变小后,齿室容量相应减少,排屑困难,摩擦热增加,锯齿易钝。小齿距通常用于切削速度大,进料速度小,锯路高度小,拨料齿的薄、窄锯条。齿距的具体值可参考表4-2 选择。

齿高 h:锯齿齿体增高,齿室的锯屑容量加大,排屑良好;但锯齿强度变弱,容易跑锯。一般锯硬材,或使用薄、窄锯条,齿高要小。

齿高与齿距是密切相关的。在选择齿高时应同时考虑齿距。齿高与齿距的比值可查表4-3。一般近似估计齿高时,可取 $h = 10s$(s 为锯身厚度)。

表4-2 带锯齿齿距 mm

锯身厚度	齿距		锯软(硬)材时,齿距增(减)量极限
	压 料	拨 料	
1.25(18 号)	38	32	
1.05(19 号)	35	28	6
0.90(20 号)	32	25	
0.80(21 号)	28	23	
0.70(22 号)	25	22	4
0.65(23 号)	22	20	
0.55(24 号)	20	19	
0.50(25 号)	19	17	2
0.45(26 号)	17	16	

表4-3 带锯齿齿高 h 与齿距 t 的比值

锯材种类	锯身厚度 1.25 ~ 0.90 mm 18 ~ 20 号	锯身厚度 0.80 ~ 0.65 mm 21 ~ 23 号	锯身厚度 0.55 ~ 0.45 mm 24 ~ 26 号
软 材	0.40 ~ 0.37	0.35 ~ 0.32	0.30 ~ 0.27
硬 材	0.35 ~ 0.32	0.30 ~ 0.27	0.25 ~ 0.22

（2）角度参数：

前角 γ：前角主要影响锯屑变形所消耗的力。前角大，下锯轻快，推料省力，锯齿切削锐度良好。前角过大，当后角一定时，楔角必然减少，造成齿体强度下降，容易跑锯。通常锯软材料，锯身厚，前角宜选大。锯软材时前角可取 25°～35°，锯硬材时前角可取 15°～25°。

后角 α：锯齿需要后角，是为了减少后齿面与锯路底木材的摩擦。后角值的大小要合适，否则当前角一定时后角过大，会降低楔角，削弱齿体。一般取 15°～25°。加工树脂较多的松木时，由于齿尖容易粘附树脂，使锯齿不锋利，可以适当加大后角。

楔角 β：前角和后角都是表示锯齿工作条件的角度，楔角则是反映锯齿本身强度和锐钝度的角度。显然楔角小，齿体虽然尖锐，但锯齿强度下降。通常在锯软材时楔角取 35°～45°。锯硬材时楔角取 45°～55°。

上述三种锯齿的基本角度是相互影响的，在确定各自大小时，应当在保证锯齿足够强度的前提下，尽可能加大前角和选择适当的后角。具体选择时，先确定能保证锯齿强度的楔角，而后定锯切时后齿面与木材摩擦最小的后角值，最后根据上述角度值推算出前角。一般条件下，锯软材时楔角取 35°～45°，锯硬材时楔角取 45°～55°；后角取 15°～25°。锯软材时前角取 25°～35°，锯硬材时前角取 15°～25°。

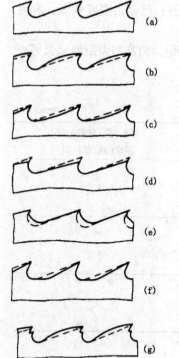

图 4-8　带锯齿齿形
（a）直背齿　（b）曲背齿
（c）凹背齿　（d）截背齿
（e）浅底齿　（f）长背齿
　　（g）双刃齿

4.3.1.3　齿　室

在确定了锯齿的主要尺寸和角度后，齿室的大小已基本确定。通过齿形的调整，齿室只能在小范围内改变其大小。

齿室的形状应保证锯屑在齿室内畅行无阻。为此，锯齿的前齿面、齿腹、齿底、后齿面等交接部分应平滑。另外，为了防止齿底因应力集中过大而开裂，齿底的圆弧半径应足够大，一般为 $R=0.15t$。

一般齿室的容积等于或略大于齿体的体积。直背齿［图 4-8（a）］的齿室容积大于齿体体积，曲背齿［图 4-8（b）］的齿室容积约等于齿体体积。锯条厚，锯路高度大，进料速度快，锯切湿材、软材、树脂材等，应加大齿室容量。

4.3.1.4　齿　形

已知齿距、齿高、前角、楔角等主要齿形参数以及齿室容量后，便能根据不同锯切要求，确定一种合适齿形。按照不同的齿形参数、齿室容量，可以组合成不同的齿形。

（1）直背齿：是一种常用的、典型的带锯齿形。其他齿形可以看做是以这种齿形为基础演变而成的。锯齿的切削锐度、锯齿的强度、锯齿的排屑能力均要求保持中等时，这种齿形较为合理。适宜锯切一般的软硬材。

齿距为齿高的 3 倍。前后齿面均为平面。易磨出整齐划一的齿形。一般角度值为 $\gamma = 25° \sim 32°$，$\beta = 41° \sim 45°$，$\alpha = 17° \sim 23°$。标准角度值为 $\gamma = 25°$，$\beta = 45°$，$\alpha = 20°$。

(2)曲背齿：后齿面呈弧形凸起，增加锯齿的抗弯强度。适宜用在粗加工和大带锯剖料。锯齿的切削锐度差，锯屑不易排除，后齿面与锯路底木材摩擦剧烈。标准角度值为 $\gamma = 30°$，$\beta = 44°$，$\alpha = 16°$。

(3)凹背齿：与曲背齿相反，后齿面弧形凹入。齿尖锐利，排屑性能好，但锯齿强度低。适宜加工杨木、杉木等软材。标准角度值为 $\gamma = 30°$，$\beta = 35°$，$\alpha = 25°$。

4.3.1.5 锯 料

带锯齿主要采用压料齿。小带锯特别是手工进料的锯机多采用拨料齿。

锯料的大小可用锯料宽度 B(或锯料量 s')和锯料高度 h'(或锯料角 λ)表示(图 4-9)。由于锯路壁木材有一定的弹性恢复，所以锯料宽度略大于锯路宽度。一般取锯料宽度等于锯路宽度。锯料高度 h' 通常为齿高的 $1/4 \sim 1/3$(薄锯取小值)。

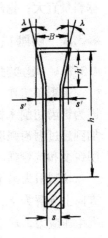

图 4-9 锯料参数

锯料角较小，难以测定。压料齿在前、后齿面的压料角不等。前齿面 $\lambda = 10°$，后齿面 $\lambda = 20°$。拨料齿后齿面的 λ 角比压料齿的小。锯软材时，拨料齿 $\lambda = 10° \sim 15°$，压料齿 $\lambda = 20° \sim 25°$。锯软材宜选择比锯硬材大的锯料角。

习惯上，锯料的大小用锯料宽度或锯料量表示。锯料宽度又可以用锯料宽度的绝对值或锯身厚度的倍数表示。一般采用锯料量表示锯料大小。

锯齿的锯料量在锯齿切削木材的过程中会逐渐变小。所以，比较锯的锯料量时，以初始锯料量为准。由于锯齿数多，锯料不易保证均匀，测定锯料量时应间隔一定齿数。先测定锯齿两侧的锯料量，然后求其平均值。

初始锯料量应选择合适。压料齿的锯料量如果过大，锯料两端易脱落；拨料齿当其锯料量超过锯身厚度 1 倍时，锯路中间会剩下一部分木材没有被锯齿切削，造成切削不良，锯切不稳定，锯到木节，齿尖还会被打弯、折断。锯料量不仅不能过小，偏大也不合适。锯料量大一些，虽然可以减少锯身修整工作量，而且加一次料后，锯料的保持时间也可以长一些，但却增加了木材和电力的消耗。所以，从节约原料和减少能量消耗角度看，应采取有效措施，尽可能选取小一些的锯料量。

锯料量可以在 $(0.2 \sim 0.45)s$ 范围内选取。厚锯条选小值，薄锯条选大值。折算成锯料宽度即为 $B = (1.4 \sim 1.9)s$。锯料量选择的一般原则是锯料宽度不能超过锯厚的 1 倍，即 $B \leq 2s$。为了减少木材的消耗，可选择表 4-4 中所列的较小的锯料量。如果锯切面修整不良，或锯条工作不平稳，或锯机振动较大，特别是锯齿没有整过料，表 4-4 中锯料量需要适当加大。

表 4-4　锯料量　　　　　　　　　　　　　　　　　mm

锯齿厚度		1.85	1.65	1.45	1.25	1.05	0.90	0.80	0.70	0.65	0.55	0.50
拨料	软材	0.34	0.33	0.32	0.31	0.30	0.29	0.28	0.27	0.26	0.25	0.24
	硬材	0.31	0.30	0.29	0.28	0.27	0.26	0.26	0.25	0.24	0.23	0.22
压料	软材	—	—	—	0.33	0.32	0.32	0.31	0.30	0.30	0.29	0.28
	硬材	—	—	—	0.30	0.29	0.28	0.27	0.26	0.26	0.25	0.24

为了防止夹锯，锯软材比锯硬材的锯料量要大。为了防止锯料过快损坏，拨料齿比压料齿、薄锯条比厚锯条的锯料量要小。锯剖湿材、树脂材、含胶质木纤维的木材时，锯料量宜大；锯剖特硬材、冰冻材时，锯料量宜小。

4.3.2　切削负荷对带锯条的影响

4.3.2.1　增加锯齿应力

带锯条工作一段时间后，锯齿中的一只齿或数只齿，可能开裂，也可能折断。这是因为锯齿切削木材时，锯齿内的应力受切削阻力的影响，由于锯条张紧后某一应力值增加到超过锯齿强度极限的最大应力值。因此，在选择、设计齿形时，除了要对锯齿的切削锐度和抗弯强度有所了解外，还需要知道锯齿在工作中应力分布情况。

切削阻力沿不同方向对锯齿的作用（图 4-10）。切削阻力 F'_x 可以在锯齿楔角等分线方向上分解为 F'_{x_1}，在垂直于锯齿楔角等分线方向分解为 F'_{x_2}。F'_{x_1} 使锯齿前面和后面均产生压应力，F'_{x_2} 使锯齿前面受拉，锯齿后面受压。锯齿内应力的分布情况决定于切削阻力的大小、方向。锯齿前面拉应力的增加，使锯齿齿底可能开裂。

通过锯齿的光弹性试验，可以看出在切削阻力和张紧力作用下锯齿内应力的分布情况（图 4-11）。如图 4-11 可见，锯轮上张紧的锯条，在切削阻力的作用下，齿底的最大

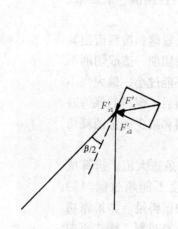

图 4-10　切削阻力沿不同方向
对锯齿的作用

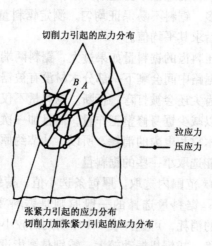

图 4-11　切削阻力和张紧力
引起的锯齿应力

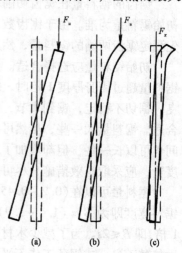

图 4-12　在切削阻力作用下
带锯条的变形

应力位置，略向锯齿前面移动。锯齿这部分齿底在刃磨时应保证足够的圆弧半径，并且刃磨允许留下微细裂纹，以防齿底因应力集中过大而开裂。

4.3.2.2　引起锯条弯曲

带锯条在切削木材时，分别受到主运动方向的切削阻力 F'_x 和进料方向的进料力 F_u 作用，其中 F_u 对锯身和锯齿的弯曲影响大。F_u 对锯条弯曲的影响，在不同的锯条张紧情况下不同。当锯条张紧力低时，在 F_u 的作用下，锯齿齿尖还未弯曲前，锯身就以其宽度的中心线为轴产生扭转，齿尖和锯背分别向相反方向等量转动[图 4-12(a)]。当锯身张紧力高时，由于锯身抗扭曲变形的能力强，因而齿尖的弯曲变形大，而锯身的扭曲变形小[图 4-12(b)]。

F'_x 对锯条的作用，在其作用方向上不易使锯身变形，所以即使锯条张紧力不大，锯身只是受到齿尖变形的影响而略有变形[图 4-12(c)]。

带锯条切削木材，锯身的弯曲除了受切削阻力 F_u 和 F'_x 的影响外，还受锯条张紧力、锯齿齿形等因素的影响。

因为锯条在进料方向的抗弯强度比切削方向的抗弯强度大很多，所以，虽然进料力小于切削阻力，但 F_u 仍是带锯条弯曲的主要原因。根据上述原因，为了防止跑锯，必须加大锯齿在进料方向的临界载荷 F_{ucri}，而 F_{ucri} 的增加，也相应增加了锯齿在切削阻力方向的临界载荷 F'_{ucri}。

F_{ucri} 跟齿形、锯厚、适张度、切削负荷分布的齿数有关。如图 4-13 所示为齿形、适张度与 F_{ucri} 的关系。如图 4-13 所示，随适张度的提高，F_{ucri} 增大。前角小、齿体结实的锯齿，其 F_{ucri} 亦大。

锯宽和锯厚跟锯齿在进料方向的 F_{ucri} 的关系表示如图 4-14。如图 4-14 所示，锯条越宽，锯齿在进料方向的 F_{ucri} 越大。厚锯条在进料方向的临界载荷要比薄锯条大。

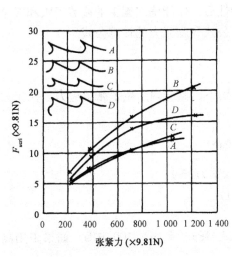

图 4-13　齿形与 F_{ucri} 的关系

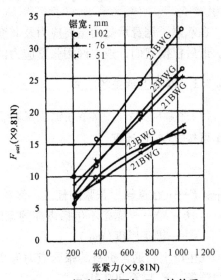

图 4-14　锯宽和锯厚与 F_{ucri} 的关系

锯条经适张处理，能提高锯齿在进料方向的临界载荷。锯齿抗弯强度的提高可以用临界载荷的增量 ΔF_{ucri} 等来表示。适张度与锯齿在进料方向的临界载荷增量的关系如图 4-15 所示，图中关系曲线表明：圆势量 γ 越大，即圆势圆弧的直径 D 越小，ΔF_{ucri} 越大。而经圆势、弯势双重处理的锯条，其 ΔF_{ucri} 值大于只有圆势处理的锯条。

锯齿切削木材，当切削阻力分布到比较多的锯齿上时，锯齿进料方向临界载荷也就增加。这一点从图 4-16 可以得到证实。

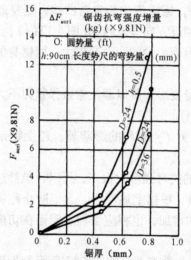

图 4-15 适张度与临界载荷增量 ΔF_{ucri} 的关系

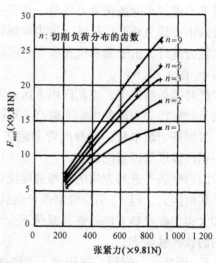

图 4-16 切削阻力分布齿数与 F_{ucri} 的关系

4.3.3 带锯条的受力与张紧

带锯制材时，希望木材能以较高的速度进料而锯条不致跑弯。为此应提高锯条的张紧力。

在掌握了锯身承受的主要应力及其变化特性后，便能确定锯钢的疲劳极限和安全系数。最后根据它们，建立许用张紧应力的计算公式和张紧力的计算公式。

4.3.3.1 锯身上承受的应力

(1)张紧应力 σ_1：锯条在锯机张紧装置作用下，锯身内产生了张紧应力。拉应力的大小可按式(4-5)计算：

$$\sigma_1 = F / [(B - h)s] \quad (MPa) \tag{4-5}$$

式中：F——在锯轮上张紧的任意一侧锯条的张紧力(N)；

$(B - h)$——锯条不包括齿高的宽度(mm)；

s——锯条厚度(mm)。

在生产上，通常锯身的张紧应力为 80 ~ 120 MPa，平均为 100 MPa。如果采用高张紧力锯条，σ_1 增至 200 MPa。

(2)弯曲应力 σ_w：绕在上、下锯轮上的锯条，在锯条每转动 1 周的过程中，总要交替经过两个直线和曲线区域。锯身进入曲线区域产生弯曲，此时锯身上除了继续承受张紧拉应力外，还在锯身外侧受拉应力作用，内侧受压应力作用。锯身弯曲后产生的弯曲应力按式(4-6)计算：

$$\sigma_w = Es/[(1-\mu^2)D] \quad (\text{MPa}) \tag{4-6}$$

式中：E——锯钢的弹性模数（GPa）；

$\quad\quad s$——钢条的厚度（mm）；

$\quad\quad \mu$——锯钢的泊松比；

$\quad\quad D$——锯轮的直径（mm）。

1 061～1 372 mm 带锯机的常用锯厚的锯条的弯曲应力 σ_w 为 150～230 MPa。

（3）切削应力 σ_m：切削阻力造成的切削应力在锯齿部分产生压应力，在锯背部分产生拉应力。应力的大小根据锯机的工作载荷变化，一般工作载荷的切削应力，锯齿为 12 MPa 压应力，锯背为 14 MPa 拉应力；重载工作条件的锯齿部分为 15 MPa 压应力，锯背为 18 MPa 拉应力。

（4）锯轮前倾应力 σ_1：为防止锯切时锯条在原木的作用下向后窜动，可以将上锯轮向前倾斜。由于锯条经适张度处理后，锯背伸长大于锯齿部分的伸长。所以，倘若锯轮的倾斜度按照锯身的适张度大小决定，那么，理论上不存在锯条因锯轮倾斜后要求锯背的伸长量。所以，在倾斜锯轮上安装的锯条，锯背仍然受拉应力作用，锯口受压应力作用。一般由此造成的应力不大，在两边很少超过 5 MPa。

（5）热应力 σ_t：在锯切过程中，锯屑在齿室内与锯路壁木材摩擦，锯身与导向装置和锯轮摩擦，均造成锯身温度上升。锯身的温度沿锯身宽度方向不均匀分布。锯身温度的变化引起锯身的温度应力不均匀地沿锯身宽度方向分布。

锯身温度应力的计算公式如下：

$$\sigma_t = E\alpha(t_s - t) \quad (\text{MPa}) \tag{4-7}$$

式中：E——锯钢的弹性模数（GPa）；

$\quad\quad \alpha$——锯钢的直线膨胀系数（1/℃）；

$\quad\quad t_s$——锯条的温度（℃）；

$\quad\quad t$——介质的温度（℃）。

普通工作条件下，锯身最热部分的热应力为 22～66 MPa，剧烈工作条件可达 132 MPa。

（6）适张应力 σ_R：锯身辊压后在锯身上残留的应力视辊压法不同而异。在既辊圆势又辊弯势时，锯轮直径 $D = 1\,000$ mm，锯轮宽度 $B = 200$ mm，锯轮倾角 $\lambda = 30'$；弯势为 0.5 mm 时，锯齿的适张应力达 106 MPa，锯背达 52 MPa。

（7）离心力应力 σ_c：锯条通过其弯曲区域时，锯身上增添了离心力，从而导致锯身承受离心力应力，其值可按式(4-8)计算：

$$\sigma_c = \rho v^2/g \quad (\text{MPa}) \tag{4-8}$$

式中：ρ——锯钢密度，约等于 8×10^{-6} kg/mm³；

v——锯条线速度(m/s);

g——重力加速度(m/s²);

当 $v = 30 \sim 50$ m/s 时, $\sigma_c = 6 \sim 20$ MPa。

锯身上除承受上述应力外,还有进料力和锯身侧向作用力对锯身造成的应力,锯身制造过程中残留的应力,锯条开齿时形成的应力等。但这些应力的值都比较小。

考虑到锯身因切削、锯轮倾斜和温度引起的应力被锯身辊压应力部分补偿,在具体确定锯条的极限应力时,可近似取张紧应力和弯曲应力代表整个锯身的承受应力。

当锯条被锯轮带动旋转时,锯身横截面外侧上任一点 A 的应力随时间变化的曲线如图 4-17 所示。从图上曲线变化可见,这种随时间作周期性变化的应力是不对称循环的交变应力。此时最小应力 σ_{min} 等于锯身的张紧应力 σ_1,最大应力 σ_{max} 为张紧应力 σ_1 与弯曲应力 σ_w 之和($\sigma_{max} = \sigma_1 + \sigma_w$),平均应力 $\sigma_m = (\sigma_{max} + \sigma_{min})/2$。

在交变应力的作用下,锯齿齿底应力较高的点,逐步形成了极其细微的裂纹。裂纹尖端的应力集中,又促使裂纹逐渐向锯身内延伸,造成锯身截面不断削弱,又因裂纹尖端的金属材料处于三向拉伸应力状态,这比单向拉伸更不易出现塑性变形。所以,当裂纹扩大到一定深度,在偶然的超载冲击下,锯身就会沿削弱了的截面突然脆性断裂。

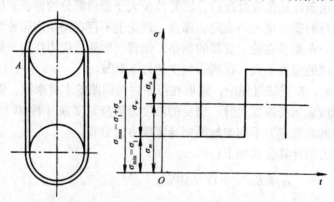

图 4-17　锯身外侧上任一点应力随时间变化的曲线

4.3.3.2　带锯条的许用张紧应力和张紧力

在建立带锯条的许用张紧应力计算公式之前,须先求出锯条的疲劳极限和安全系数。锯齿齿底的疲劳极限值可以通过疲劳极限线图(图 4-18)查出,也可以按公式计算。

如图 4-18 中斜直线 ABC 上各点,分别表示交变应力不同循环特征的疲劳极限值 σ_r,A 点的循环特征 $r = -1$,表示对称循环,其疲劳极限值 $\sigma_{-1} = 430$ MPa。C 点的 $r = 1$,表示静载荷,其强度极限 $\sigma_b = 1\,500$ MPa。ABC 直线和通过 0 点的纵坐标轴的交点,即代表 $r = 0$ 脉动循环下的疲劳极限值 σ_r。

直线 ABC 上各点的破坏应力没有考虑锯齿齿底应力集中影响。而实际计算锯条破坏强度时必须考虑这一点。一般锯钢静载荷下的应力集中可通过应力集中系数 α_k 修正。考虑到锯条在交变载荷下工作,所以应该以疲劳应力集中系数 β_k 代替 α_k 进行计算。一般 $\beta_k < \alpha_k$,可近似取 $\beta_k \approx \alpha_k$。β_k 一般取 $1.2 \sim 2.5$,平均取 1.6。如图 4-18 中平行 ABC 线

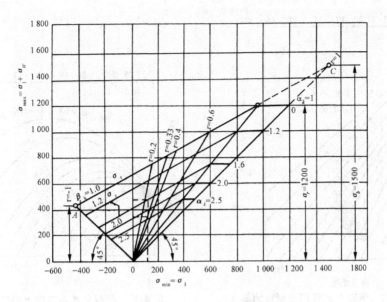

图 4-18 锯钢疲劳极限线图

的其他斜线分别代表 $\beta_k = 1.2, 1.6, 2.0, 2.5$ 时的锯齿齿底的疲劳极限 $\sigma_r'(\sigma_r' = \sigma_r/\beta_k)$。

因为根据不同的 σ_L 和 σ_W 算得 r 值后，再决定某一 β_k 值，便能在图 4-18 上查出考虑到齿底疲劳破坏的强度极限值 σ_r'。σ_r' 亦可通过式(4-9)计算：

$$\sigma_r' = \left[(\sigma_b - \sigma_{-1}) / (\sigma_b + \sigma_{-1}) \right] \sigma_{min} + 2\sigma_b\sigma_{-1} / \left[\beta_k(\sigma_b + \sigma_{-1}) \right]$$
$$= 0.555\sigma_{min} + 66.9/\beta_k \tag{4-9}$$

于是安全系数 n 便可求出：

$$n = \sigma_r'/\sigma_{max} = 0.555r + 66.9/(\beta_k\sigma_{max}) \tag{4-10}$$

安全系数值受锯条厚度的影响大，受锯条宽度的影响小。因为锯条越厚，弯曲应力越大，σ_{max} 相应增加，安全系数值就降低。而锯条宽度的增加，张紧力相对变化要小，从而 σ_{max} 和安全系数的变化亦小。可以取 $n = 1.6$ 作为基准安全系数。

将 σ_r' 的计算式(4-9)和 $\sigma_{max} = \sigma_1 + Es/\left[(1-\mu^2) \cdot D \right]$ 代入上述安全系数式(4-10)，整理后可得许用张紧应力 $[\sigma_1]$ 的计算式：

$$[\sigma_1] = \frac{1}{n - \dfrac{\sigma_b - \sigma_{-1}}{\sigma_b + \sigma_{-1}}} \left[\frac{2\sigma_b\sigma_{-1}}{\beta_k(\sigma_b + \sigma_{-1})} - n\frac{Es}{(1-\mu^2)D} \right] \tag{4-11}$$

当安全系数为 1.6 时，算出锯条合适的许用张紧力值为

$$[\sigma_1] = 40 - 35.3 \times 10^3 s/D \quad (\text{MPa}) \tag{4-12}$$

式中：s——锯条厚度(mm)；

D——锯轮直径(mm)。

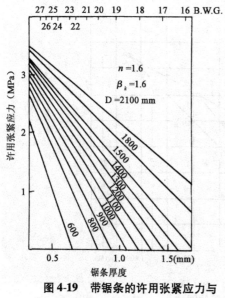

图 4-19 带锯条的许用张紧应力与
锯轮直径、锯条厚度的关系

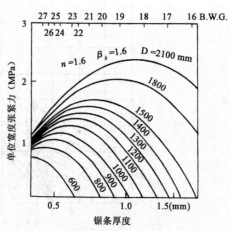

图 4-20 带锯条单位宽度上的张紧力
与锯轮直径、锯条厚度的关系

带锯条的许用张紧应力与锯轮直径和锯条厚度的关系如图 4-19 所示。

因为锯条的张紧力与锯条的宽度成正比关系，所以需要建立单位锯条宽度 B 上作用的张紧力 F_1 的计算公式：

$$\frac{F_1}{B} = 40 - 35.3 \times 10^3 \frac{s}{D}$$

$$\frac{F_1}{B} = 40s - 135.3 \times 10^3 \frac{s^2}{D} \tag{4-13}$$

带锯条单位锯宽上的张紧力（F_1/B）与锯轮直径和锯条厚度的关系如图 4-20 所示，呈抛物线。

在按上式算得单位锯条宽度上作用的张紧力后，乘以所选锯条宽度，便求出所需的锯条张紧力。

4.3.4 带锯锯身的适张度

带锯条切削木材，要保证锯路平直不跑锯，关键是锯齿所在的锯身部分在锯切过程中，张得足够紧。锯条由于其锯齿部分位于锯身一侧，当整个锯身张紧后，虽然锯齿部分的张紧应力和锯身中间部分的张紧应力相同，但是锯齿部分材料抵抗垂直锯身方向作用力的能力，却比锯身中间部分的材料差。这是锯齿工作稳定性的先天性不足。除此之外，锯齿在切削木材时，锯齿部分因发热而引起的锯条伸长也大于锯身其他部分，所以，这又增添了锯切过程中锯齿部分的不稳定因素。要想克服上述锯齿稳定性差的问题，可以提高整个锯身的张紧力或者局部加厚锯齿部分的锯身。前一种方法在一定的张紧力增加范围内有效，例如高张紧力的带锯条，但这毕竟受到锯身抗拉强度的限制。而不同厚度的锯身，在锯身的制造和使用上会带来很多问题。

目前解决锯齿工作稳定性最常用、最经济、最行之有效的办法就是辊压锯身，在锯身内引入一定的预应力，使锯身有齿侧预先具有适当的张紧度。

带锯条工作后，锯身直线区域承受的主要应力如图4-21所示。从图中可见，虽然锯条被拉紧后锯身内已具有 1 MPa 的张紧应力 σ_1，但是在倾斜安装锯轮和切削阻力及切削温度的影响下，锯身沿其宽度的拉应力下降，而锯齿部分的拉应力几乎消失。这意味着锯齿部分的锯身接近松套在锯轮上，当然用这种锯条是无法进行正常锯切工作的。

为此，可以辊压锯身，使锯身在装上锯轮张紧前预先获得拉应力，以补偿锯轮倾斜，特别是在切削温度造成锯齿部分的拉应力下降时。

辊压是锯身在辊压机辊子的压力下产生弹性变形和塑性变形的过程。在辊压处，锯身的金属材料被辊子挤压、延伸，这部分金属沿锯身长度和宽度方向发生微观变化。辊压带两侧的金属材料，受到张力作用。辊压后，这部分锯身内残留下内应力。

以上是就辊压带这一局部锯身来分析的应力、变形情况。如果就整个锯身来分析，锯身的后背或者中间部分，在反复的辊压后，产生了较大的塑性变形，使锯背部分或者锯身中部的长度比锯身其他部分要大。将经过辊压的锯条装上锯轮，再把锯身张紧变形最大的部分与锯轮轮缘面相接触，此时就在锯齿部分或锯齿、锯背部分产生预张紧应力，达到"齿紧、腰松、背弓"效果。

有三种辊压锯身的方法。

（1）辊弯势法[图4-22（a）]：最大辊压力在锯背[图4-22（a）上图]，从而锯背金属获得最大塑性变形。锯条张紧后，锯齿部分增大的预张紧应力[图4-22（a）中图]仍不足以补偿锯齿部分的应力下降[图4-15（a）下图]。

（2）辊圆势法[图4-22（b）]：在锯身中部施加大辊压力，相应这部分材料的塑性变形大于锯身两侧。因而锯条张紧后锯齿和锯背部分的辊压应力大于锯身中部。从图4-22

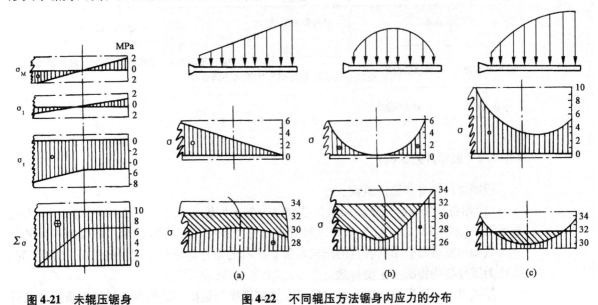

图4-21 未辊压锯身应力分布

图4-22 不同辊压方法锯身内应力的分布

（a）辊弯势 （b）辊圆势 （c）辊弯势和圆势

（b）中可见，这种辊压法在锯齿部分增加的应力，在锯条工作后仍无法保证锯齿的正常切削。此时锯背在工作后的应力增加，如数量过大，还会影响锯背的强度。

（3）辊弯势和圆势法［图 4-22（c）］：锯身中部和背部同时重压。这两部分锯身的变形亦相应大。当锯条张紧后产生的锯齿部分的预张紧应力补偿了锯条工作后锯齿部分应力的下降，从而保证了锯齿稳定地工作，同时锯背应力也不致过大。

锯身经过合理辊压，除了获得一定的适张度外，还消除、匀整了锯条在制造和开齿过程中产生的残余应力（锯条制造中产生的残余应力的大小及在锯身上的分布均无规律。锯身开齿产生的应力：锯齿部分为压应力 0.06 ~ 0.2 MPa，锯背部分为拉应力 0.03 ~ 0.18 MPa。经过辊压，锯身在横截面上的应力沿锯身全长将重新安排得均匀一致，这也是锯条均匀运转的必要条件之一。

4.4   圆锯片

圆锯片除了常用于锯剖、横截以外，还可用来开槽。

4.4.1   圆锯片的种类与结构

4.4.1.1   圆锯片的种类

圆锯片的种类繁多。圆锯片按其本身横截面的形状不同，可以分为平面锯身，内凹锯身和锥形锯身三类圆锯片；按锯片相对木材纤维的锯切方向不同，可以分为纵剖锯圆锯片，横截圆锯片和纵横锯圆锯片；锯片按锯齿与锯身的连接方法不同，可以分为整体圆锯片和镶齿圆锯片；锯片按其功能不同分为锯剖用圆锯片和变屑切削圆锯片及开槽锯片。锯剖用圆锯片的分类如下所示：

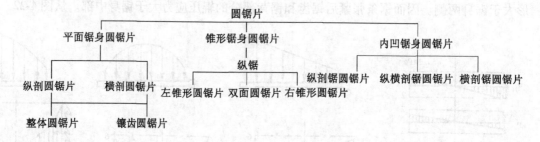

4.4.1.2   圆锯片的结构

圆锯片由锯身和锯齿组成。

（1）锯身：按锯身横截面形状的差别区分的平面锯身圆锯片［图 4-23（a）］、锥形锯身圆锯片［图 4-23（b）、（c）、（d）］和阶梯锯身［图 4-23（e）］圆锯片，可以用不同的尺寸参数和角度参数表示其各自的结构特征。所有的锯片都可以用锯片的外径、厚度和孔径作为锯身结构特征的主要参数。

外径 D：一般先根据被锯木材的最大锯路高度和锯机的结构参数计算出圆锯片的外

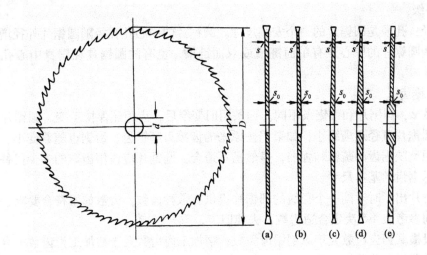

图 4-23　不同结构的圆锯片

(a)平面锯身锯片　(b)右锥形锯身锯片　(c)左锥形锯身锯片　(d)双面锥形锯身锯片　(e)阶梯锯身锯片

径，然后考虑锯片使用中多次刃磨后半径方向的磨损余量，而适当增加锯片的外径。硬质合金圆锯片则无需考虑后一因素。

在同一条件下工作，小直径圆锯片具有以下一系列的优点：减少动力遇角，而降低切削功率消耗；减少每齿进料量，而改善切削质量；缩小锯料量，而减少木材和能量消耗；提高圆锯片稳定性；便于圆锯片修磨等。所以，圆锯片的磨损余量不宜选大。

制材用圆锯片的直径，根据圆锯片厚度的不同，可以选取最大锯路高度的 2~3 倍。如果被锯原木需要超过 1.5 m 外径的圆锯片锯切，可考虑改选上、下一对小直径的圆锯片，以减少因圆锯片过厚而造成的木材、能源浪费。

我国生产的平面锯身圆锯片，外径为 150~1 500 mm，内凹锯身圆锯片的外径为200~500 mm，两种圆锯片都是每隔 50 mm 进一级。一般用于制材的圆锯片外径为700~1 200 mm,用于板材整理的圆锯片外径为 350~450 mm，用于实木制品、胶合板、纤维板、刨花板和木质层积塑料板锯切的圆锯片外径为 200~300 mm。

厚度 s：圆锯片的厚度可按式(4-14)计算：

$$s = KD^{1/2} \quad (\mathrm{mm}) \tag{4-14}$$

式中：D—— 锯片外径(mm)；

K—— 系数，$D=150$ mm 时 K 取 0.065，$D=650~1\ 200$ mm 时 K 取 0.075，$D=1\ 200~1\ 800$ mm 时 K 取 0.11，K 平均取 0.07。

同一直径的圆锯片中，有数种不同厚度的规格。如果圆锯片钢质好，或者锯切软材，可以选取同一径级圆锯片中的薄圆锯片。常用的圆锯片厚度在 0.9~4.2 mm 范围内变化，其中锯厚小于 1.1 mm 的圆锯片，每隔 0.1 mm 进一级；大于 1.1 mm 的圆锯片，每隔 0.2 mm 进一级。

内凹锯身圆锯片，比同一径级的普通圆锯片要厚，厚度为 1.8~3.2 mm，每隔 0.2

mm 进一级。

孔径：孔径是圆锯片的一个安装尺寸。圆锯片的中心孔孔径随圆锯片外径增加而增加。有些圆锯片的中心开有单面键槽或双面键槽，也有的圆锯片在锯身中心孔旁另开销孔。

（2）锯齿：

齿数 Z：圆锯片和带锯条不同。锯条用旧变窄后，齿距还保持不变。圆锯片重复使用后，圆锯片直径逐渐缩小，如果仍按原来的齿数刃磨锯齿，齿锯也随着变小。这时继续用齿距反映锯齿的疏密和强弱，显然已不适合。圆锯片应该用齿数的多少代替齿距的大小表示锯齿的基本尺寸。

圆锯片出厂时对同一个径级的圆锯片提供有数种齿数。齿数如不符合要求，可根据以下原则参考表 4-5 决定合适齿数，去掉旧齿，重开新齿。

一般横截锯齿齿数大于纵剖锯齿齿数；精加工齿齿数大于初加工齿齿数；直背齿齿数大于截背齿和曲背齿齿数；锯剖硬材的齿数大于锯剖软材的齿数；拨料齿齿数大于压料齿齿数。

齿高 h：纵剖锯圆锯齿齿高的选择原则同带锯齿。其齿高与齿距的比值可参考表 4-6 选取。

角度参数：圆锯片由于它加工的材种、锯切相对木纤维的方向等条件，不像带锯条那样单一，因而圆锯齿形状比较多，圆锯齿的角度参数相应也变化大。具体角度值可参照表 4-7 选取。

表 4-5　圆锯齿齿数

	直径（mm）	700~850	900~950	1 000	1 050	1 100~1 150	1 200
齿　数	纵　锯	70~72	72~74	72~74	74~76	74~76	78
	横　锯	80~120	80~110	80~100	80~90	—	—

表 4-6　纵锯圆锯齿齿高 h 与齿距 t 的比值

锯材种类	锯厚 2.10~1.85 mm 14~15 号	锯厚 1.65~1.45 mm 16~17 号	锯厚 1.25~1.05 mm 18~19 号
软　材	0.50~0.44	0.40~0.35	0.32~0.30
硬　材	0.45~0.40	0.35~0.30	0.27~0.25

纵剖锯木材的直磨齿，其前角、后角、楔角等角度值的选择原则和带锯齿类似。对于横截圆锯片的斜磨角，加工软材取 25°~20°，加工硬材取 10°~15°。

齿室。纵剖锯圆锯齿的齿室大小和形状，考虑原则同带锯齿。齿圆底的半径 $R = (0.10~0.15)t$。

齿形：圆锯片的齿形变化繁多，通常圆锯片按锯切方向相对纤维方向的不同，可分为纵剖锯齿、横截锯齿和组合齿三大类。

纵剖锯齿（表 4-7）和带锯的直背齿、曲背齿及截背齿相同，大部分是直磨的。也有的纵剖锯齿，斜磨齿背，变成斜磨的截背圆锯齿。虽然这种锯齿看上去像截背斜磨横截锯齿，但截背斜磨的纵剖锯齿的前角一定大于 0°。

表4-7 圆锯齿的角度参数

锯片类别		纵 剖 锯 齿			
	齿名	直背齿	截背齿	截背斜磨齿	曲背齿
	齿形				
木材加工圆锯片	用途	锯边	粗锯	再锯	粗锯
	齿喉角 γ(°)	20～26	30～35（硬材取最小值）	25	30～35
	齿尖角 β(°)	40～42	40～45	45	40～45
人造板加工圆锯片	用途	单板整修、刨花板铺装锯切和纤维板锯边	木质层积塑料锯切		硬材单板整修锯切
	齿喉角 γ(°)	10～20（锯纤维板取小值）	0～10		20～30
	齿尖角 β(°)	40～50	45～55		40～55

锯片类别		横 剖 锯 齿				
	齿名	等腰三角斜磨齿	不等腰三角斜磨齿	直背斜磨齿	截背斜磨齿	
	齿形			γ=0		γ=0
木材加工圆锯片	用途	软材原木截断	横锯	板材、板条横锯	硬材原木截断	板材、板条横锯
	齿喉角 γ(°)	−30～−25	−15	0	−20～−10	0
	齿尖角 β(°)	50～60	45	40	80～85	70
人造板加工圆锯片	用途		1. 单板整修锯切 2. 胶合板横向锯边或硬木胶合板纵横锯切	胶合板纵向锯边或软木胶合板纵横锯切		木质层积塑料锯切
	齿喉角 γ(°)		1. −20～−5 2. −30～−20	0		
	齿尖角 β(°)		1. 55～60 2. 45～55	45～50		45～55

　　横截锯齿（表4-7）的特征是锯齿前、后齿面斜磨，而且前角 $\gamma \le 0°$。横截锯圆锯齿中用的最早的齿形是斜磨的等腰三角齿和不等腰三角齿。不等腰三角齿的前角降到0°变成齿刃锋利的直背斜磨齿。硬材原木截断或木质层积塑料锯切，不仅做成负前角而且

做成截背的齿形。

组合齿(图 4-24)可以在纵向、横向和任意方向锯切木材。具备这种齿形的锯身，多数采用内凹形状。组合齿锯片的锯齿，成组出现。每组锯齿由 2 只或 4 只斜磨直背的横截锯齿——切齿和 1 只直背的纵剖锯齿构成。两种齿之间在锯片半径方向相差 0.3 ~ 0.5 mm。

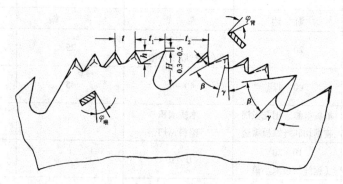

图 4-24   组合齿齿形

锯料：圆锯片常采用拨料齿加宽锯路，压料齿只限于用在平面圆锯片上。而拨料齿则在平面锯身圆锯片和锥形锯身圆锯片上都可采用。圆锯片还可以采取锯身阶梯和硬质合金齿尖局部加宽的方法防止夹锯。

圆锯片锯料量的大小与被锯材料的种类、木材的含水率、圆锯片旋转精度、锯片切削时抵抗侧向力的稳定性、锯机的精度、材料进给的正确性等因素有关。一般加工干材、硬材、冻材，锯片稳定性好，锯片旋转和材料进给精确时，锯料量可取小。

平面锯片的锯料量见表 4-8。

表 4-8   平面锯片的锯料量 s' mm

锯剖形式	锯片直径	软针叶材 s'			阔叶材 s'
		含水率 < 30%	含水率 > 30%	含水率 > 60%	
截　断	300 ~ 500	0.45 ~ 0.55	0.60 ~ 0.75	0.40 ~ 0.55	0.40 ~ 0.50
再　剖	500 ~ 800	0.55 ~ 0.65	0.65 ~ 0.80	0.50 ~ 0.65	0.40 ~ 0.50
板　条	300 ~ 800	0.45 ~ 0.55	0.60 ~ 0.75	0.40 ~ 0.55	0.40 ~ 0.50
枕　木	1 000 ~ 1 500	0.80 ~ 0.90	1.00 ~ 1.20	0.80 ~ 0.90	0.70 ~ 0.90
截　断	各种尺寸	0.30 ~ 0.50	0.40 ~ 0.55	0.30 ~ 0.50	0.35 ~ 0.45

4.4.2   硬质合金镶焊齿圆锯片

硬质合金圆锯片在木材制品加工中应用已非常广泛，其锯齿用硬质合金材料镶焊而成，因此其耐热和耐磨性很高，锯片使用寿命大大延长；锯切各种含树脂的人造板材，耐磨性可以提高近百倍；还可以用它锯切层积塑料板、铝合金和其他金属材料。

硬质合金镶焊齿圆锯片由锯身和锯齿两部分组成，如图 4-25 所示，锯片可以用外

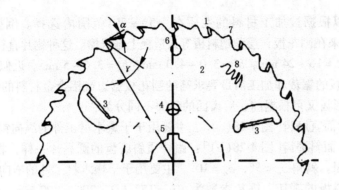

图 4-25　硬质合金镶焊齿圆锯片的结构

1. 锯齿　2. 锯身　3. 刮光刃　4. 定位孔　5. 键槽　6. 热膨胀槽　7. 限料齿　8. 消音缝

径、厚度和孔径作为锯身结构特征的主要参数。锯齿参数包括齿顶圆、齿底圆、齿数、齿宽、齿高、齿距、齿室等。锯齿角度参数包括锯齿的前角 γ、后角 α、楔角 β、前齿面锯料角 λ_γ、后齿面锯料角 λ_α、前齿面斜磨角 ε_γ、后齿面斜磨角 ε_α 等。前、后齿面斜磨角代替斜磨角表示锯齿前、后面斜磨的程度（图 4-26）。上述诸角度中，大部分角度变化很小。其中后角 α 一般取 $10°$，有时取 $13°$；锯料角 λ 为 $2°$；前面斜角 ε_γ 为 $5°$，后面斜角 ε_α 为 $5°$ 或 $10°$。

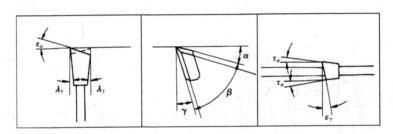

图 4-26　硬质合金锯齿齿形和角度参数

　　硬质合金镶焊齿圆锯片锯齿齿形变化繁多，按锯切方向不同，可分为纵剖锯齿、横截锯齿和组合锯齿三大类。纵锯齿是直背齿、曲背齿及截背齿，大部分是直磨齿背，也有斜磨齿背。横截锯齿的特征是锯齿前、后面斜磨，而且前角 γ 可以小于 $0°$。组合齿可以在纵向、横向和任意方向锯切木材。组合齿锯片的锯齿，成组出现。每组锯齿由二只或四只斜磨直背的横截锯齿和一只直背的纵剖锯齿构成。两种齿之间在锯片半径方向相差一定的距离。

　　硬质合金镶焊齿圆锯片锯齿材料为硬质合金，锯片片身为碳素工具钢，如 T8A，合金工具钢，如 65Mn，SK3，SK5 等。

　　硬质合金锯片的齿数比普通锯片少；木材横锯时一般 $z = 30 \sim 80$，加工质量要求高时，齿数更多。人造板锯方时 $z = 40 \sim 60$，木材再锯 $z = 80$。划线锯片因直径很小，要求锯路光滑，$z = 24$。

　　根据锯齿前面在基面上的投影形状不同，锯齿可分为内凹正梯形、倒梯形和近似梯形齿（图 4-27）。内凹正梯形齿［图 4-27（a）］应用最广泛，绝大多数纵剖锯片采用这种齿形。前角可以根据被加工材料的性质在 $-5° \sim 30°$ 范围内选择。倒梯形齿[图 4-27 (b)]的锯片用来在刨花板，层积塑料板等人造板上锯线槽。这种锯片直径较小 $D = 100 \sim 180$ mm，齿距 $t = 16 \sim 24$ mm，$b_1 = 3.0 \sim 4.0$ mm，$b_2 = 3.6 \sim 5$ mm。近似梯形齿[图 4-27 (c)]用于贴面板的锯裁和加工质量要求高的刨花板锯边或铝合金材料的锯切。

内凹正梯形齿又可根据前、后齿面的斜磨不同分为：

(1)前、后面直磨齿[图 4-28(a)]：主要用于干燥木材工件的纵向锯切和裁边。

(2)前、后面斜磨齿[图 4-28(b)]：跟普通斜磨齿的圆锯片一样，相邻两只锯齿交替斜磨前、后面。斜角 $\varepsilon_\gamma = 5°$，$\varepsilon_\alpha = 10°$。主要用于干燥木材工件的横向锯切，胶合板，单板和层积塑料板的锯切。锯片参数为：$\gamma = 15°$，$D = 200 \sim 400$ mm，$t = 19$ mm，$s = 1.3 \sim 1.9$ mm(极薄合金锯片)。

前面直磨、后面斜磨齿用于表面加工质量要求高的贴面装饰板的锯边，亦可用来开槽和截断。单板贴面板锯边时，为了保证锯边质量，在用普通合金锯片锯边以前，用带有上述锯齿的划线锯在板材底部锯出一条线槽。划线锯($D = 80 \sim 150$ mm，$t = 14$ mm)可采取顺向进料方式。

另外单向斜磨后面的锯齿还可用在要求加工质量良好的纤维板、刨花板锯切中($D = 225 \sim 450$ mm，$s = 2.6 \sim 3.6$ mm)。

上述两种后面斜磨的锯齿 $\varepsilon_\alpha = 10°$，$\gamma = 5°$。

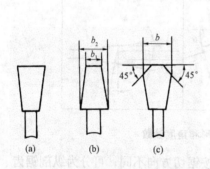

图 4-27　硬质合金锯齿前齿面形状
(a)内凹正梯形齿　(b)倒梯形齿　(c)近似梯形齿

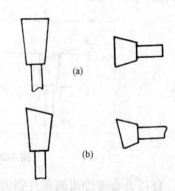

图 4-28　硬质合金锯齿面直、斜磨形状
(a)前、后面直磨齿　(b)前、后面斜磨齿

4.4.3　硬质合金圆锯片结构参数和选用

4.4.3.1　锯片选用时应关注的问题

在选择硬质合金镶焊齿圆锯片的结构，几何参数应注意以下几个问题：

(1)了解被锯切材料的性质，如实木的纵剖、横截，胶合板、细木工板锯切或刨花板、中密度纤维板锯切，以及装饰贴面人造板的锯切等。

(2)明确锯切加工工件的几何尺寸、形状位置精度和表面质量要求。

(3)了解装夹锯片机床的性能，如推台裁板锯、数控锯片往复裁板锯、多锯片圆锯机、纵剖圆锯、摇臂圆锯等。

(4)确定锯切加工工艺参数，如锯片转速，进给速度，工件装夹、进给方式等。

4.4.3.2 锯片外径选用

锯片外径由最大锯路高度和锯机的结构尺寸参数确定的，在同一工作条件下，小直径的圆锯片具有减少动力遇角，而降低切削功率消耗。减少每齿进料量，而改善切削质量，缩小锯料量，而减少木材和能量消耗，提高锯片的动态稳定性等一系列的优点。所以，从提高锯片稳定性和降低锯路损失方面考虑，在满足锯切厚度的要求下，锯片直径越小越好，即小直径锯片可以满足锯切厚度要求，不要无谓增大锯片的直径。

4.4.3.3 锯片齿数选用

锯片齿数是由被锯切加工工件最终的表面质量要求确定的，工件最终表面质量由锯片的每齿进给量决定（表4-9），在锯片转速，进给速度和外径一定的条件下，增加锯片齿数，可以减小锯片的每齿进给量，提高表面质量。但是同时也意味锯片齿槽容积减小，容屑能力下降，排屑困难，锯片边缘温度会迅速提升，锯片被热压曲而失去稳定性。所以，一味追求密齿锯片在某些情况下是错误的，特别薄锯

表4-9 推荐的每齿进给量 U_z

被锯切材料	推荐每齿进给量（mm）
热塑性树脂	0.05 ~ 0.08
铝合金	0.05 ~ 0.08
实木纵横锯切	0.10 ~ 0.20
刨花板和胶合板	0.05 ~ 0.25
中、高密度纤维板	0.03 ~ 0.08
单板浸渍层积板	0.03 ~ 0.10
防火板或浸渍贴面板	0.03 ~ 0.06

路、工件厚度较大的纵向锯剖，不但不能提高加工精度和表面质量，有时还会降低表面质量。所以，纵向锯剖的多片圆锯机，直线剖料圆锯机上，锯片外径为 300 ~ 350 mm时，一般选用48 ~ 72 个锯齿，此时，可以提高锯片转速或降低进给速度来减小每齿进给量，以提高表面光洁度。各种横截圆锯机上，当锯片外径为 300 ~ 350 mm 时，锯齿一般不超过108 个。锯切刨花板、中密度纤维板和胶合板的各种裁板锯上，当锯片外径为 300 ~ 350 mm 时，锯齿以 72 ~ 84 个为宜。根据加工材料和最终工件表面质量要求，通过公式 $U_z = 1\,000\,U/(nz)$，在已知锯片转速 $n(1/\text{min})$，进给速度（m/min）条件下，计算锯片的齿数。

4.4.3.4 锯片锯齿齿形和角度参数选用

硬质合金镶焊齿圆锯片锯齿角度参数包括锯齿的前角 γ、后角 α、楔角 β、前齿面锯料角 λ_γ、后齿面锯料角 λ_α、前齿面斜磨角 ε_γ、后齿面斜磨角 ε_α 等，它们与锯齿齿形、加工用途、锯机性能和锯切对象性质有关。锯齿齿形分类、适用的加工工艺和机械见表4-10。

表 4-10　木工硬质合金镶焊齿圆锯片齿形与用途

名　称	齿　形	齿形代号	主要用途和适用机械
平齿		P 或 FZ	实木纵剖或组合划线锯
后齿面交错斜磨齿		WZ	实木纵横锯切，细木工板、胶合板、刨花板索板锯切
后齿面单向斜磨齿		ES	裁边粉碎组合刀的锯片，封边条截断锯片
左右斜磨齿		$X_z X_y$	实木横向截断，铝合金、塑料型材锯切
左右斜磨齿、平齿组合		$X_z P X_y$	实木纵横锯切，贴面人造板锯切
梯形齿		T 或 TR	木材纵剖薄锯片
梯平齿		TP 或 FZ/TR	人造板或贴面人造板数控锯片往复裁板锯主锯片
锥形齿		ZH 或 KON	人造板或贴面人造板数控锯片往复裁板锯划线锯
后齿面斜磨的锥形齿		KON/ WZ	数控锯片往复裁板切划线锯，锯切 PVC、三聚氰胺贴面的人造板
圆弧齿		HZ	实木纵横锯切或胶合板、细木工板锯切
三角和圆弧齿组合		DZ/HZ	负前角用于无划线锯的立式裁板锯，正前角用于无划线锯的推台裁板锯
圆弧倒角齿		HZ/FA	用于无划线锯的锯机
斜磨倒角齿		WZ/FA	数控锯片往复裁板锯主锯片或后成型的划线锯

　　纵剖锯多采用平齿或梯形齿，对其要求是保证锯齿侧向受力均匀，减少锯路痕迹，这就要求木材纤维是被锯齿切削刃切断的，而不是被拉断的，以提高表面质量。因为后角影响锯齿后齿面与锯路底的摩擦和齿室容屑能力，又因为纵向锯切进给速度高，木材顺纤维方向的弹性恢复速度快，恢复量大，故纵剖锯齿的后角一般设定为12°~15°，甚至大到15°~18°。纵剖锯齿的主刃接近于端向切断木材纤维，主刃必须先于侧刃接触木材纤维，因此前角必须大于0°，前角越大，锯切阻力越小，因此在保证锯齿强度的条件下，锯切软材时，前角取20°~30°锯切硬材时，前角取15°~20°。为减小锯切表面锯痕高度前齿面锯料角λ_γ小于1°，甚至为0°。为减小锯齿侧面与锯路壁的摩擦后齿面锯料角λ_α一般为3°~5°，薄锯片取小值，普通锯片取大值，前齿面斜磨角ε_γ和后齿面斜磨角ε_α均为0°。

　　木材横截时，侧刃应先于主刃将木材纤维切断，为保证侧刃的锋利，侧刃前角应大于0°，因此锯齿前、后齿面左右交替斜磨（$X_z X_y$）。横截锯齿的后角一般12°~15°。为保证侧刃应先于主刃切断木材纤维，除与锯齿前角有关外，还与锯片上那部分锯齿参与锯切有关，当如图4-29所示锯片第一、三象限锯齿锯切时，锯齿前角为0°~5°，当锯片第二、四象限锯齿锯切时，锯齿前角应该为负3°~5°。前齿面锯料角λ_γ为0.5°，后齿面锯料角λ_α为5°，锯齿的前、后齿面必须斜磨，锯切软材时，前齿面斜磨角ε_γ为12°~20°，后齿面斜磨角ε_α为15°，锯切硬材时，前齿面斜磨角ε_γ为8°~12°，后齿面斜磨角ε_α为10°。

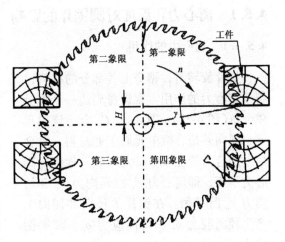

图4-29　加工工件处于锯片不同锯切位置

　　组合锯齿是前后齿面左右交替斜磨齿和平齿的组合，如图4-30、图4-31所示。用于实木工件的纵横锯切或人造板裁板，主要用于木材制品生产工艺中多功能圆锯机上，斜磨齿在半径方向上高出平齿0.2 mm，先于平齿割断木材纤维，以保证锯切表面的质量。平齿的前角18°，斜磨齿前角0°~5°，所有锯齿后角15°，锯切软材时，前齿面斜磨角ε_γ为12°~20°，后齿面斜磨角ε_α为15°，锯切硬材时，前齿面斜磨角ε_γ为8°~

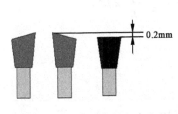

图4-30　组合锯齿径向高度差

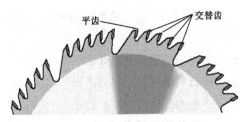

图4-31　组合锯齿

12°，后齿面斜磨角 ε_α 为 10°。

4.5　圆锯片的动态稳定性

　　圆锯片的动态工作稳定性是指圆锯片在锯切加工时，保持其固有形状和刚度的性质。圆锯片的工作稳定性较差，主要是因为圆锯片直径与厚度比很大，而且只依靠其中心固紧的夹持圆盘夹持在主轴上，并高速旋转；锯齿部分只是依靠锯身金属材料自身的结合力，才保持着一定的刚性。当圆锯片高速旋转时，在离心力的作用下，锯身齿缘部分开始松弛。另外，圆锯片锯切木材，锯身齿缘部分的温度急剧升高，锯身齿缘部分的体积膨胀，而圆锯片又受材料的限制不可能随意伸缩，圆锯片上发生的变形呈外部大而内部小的状态。此时锯片就会向两侧游动，呈"蛇行"状态，造成锯材材面上的波浪不平。

4.5.1　离心力和温度对圆锯片的影响

4.5.1.1　离心力的作用

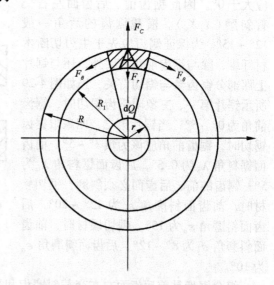

　　锯片旋转时，锯身上各部分的材料，都受离心力的作用。取锯身周边一个微分单元 A（图 4-32），离心力 F_c 力将该微单元材料向外拉，微单元周围的材料，靠金属的结合力拉住该微单元不放。他们与离心力平衡，即离心力 F_c 被径向力 F_r 和切向力 F_θ 所平衡。在锯片的径向和切向上产生径向应力 σ_r 和切向应力 σ_θ。其平衡式为

$$F_c = F_r + 2F_\theta \sin\left(\mathrm{d}\frac{\theta}{2}\right)$$

　　径向应力 σ_r 和切向应力 σ_θ 可分别用

图 4-32　锯身边缘一微单元上的作用力

下式计算：

$$\sigma_r = \frac{3+\mu}{8} \times \frac{\rho\omega}{g}\left(R^2 + r^2 - \frac{R^2 r^2}{R_1^2} - R_1^2\right)$$

$$\sigma_\theta = \frac{3+\mu}{8} \times \frac{\rho\omega}{g}\left(R^2 + r^2 - \frac{R^2 r^2}{R_1^2} - \frac{1+3\mu}{3+\mu} \times R_1^2\right)$$

式中：μ ——材料的泊松比，0.29 ~ 0.3；

　　　ρ ——材料的密度（$\mathrm{kg/cm^3}$）；

　　　g ——重力加速度（$\mathrm{m/s^2}$）；

　　　ω ——锯片旋转的角速度，$\omega = \pi \cdot n/30$（$\mathrm{r/s}$）；

　　　n ——锯片的转速（$\mathrm{r/min}$）；

R——锯片半径(mm);

R_1——微单元 A 所在圆的半径(mm);

r——轴孔半径(mm)。

4.5.1.2 切削热的影响及温度梯度引起的位移

锯片切削工作时，锯身齿缘部分的温度高于其他部分的温度，锯片上存在一个外高内低的温度场。据 Mote、Szymani 等科学家的研究结果，对于 1 mm 厚的锯片，当锯片沿半径方向上的温度差达到9℃时，锯片就会发生波浪形变形，也就加剧了锯片工作中的不稳定性。

以上述锯片和工作条件为例，计算锯身外边缘部分材料在径向和切向上的变形值，以分析锯片外边缘材料在径向和切向变形失调带来的锯身材料弹性不平衡。

4.5.1.3 圆锯切削时径向跳动和横向振动对加工质量的影响

圆锯片切削时，由于齿数多，切屑厚度仅为百分之几毫米，所以，相当小的径向偏差就会对切屑厚度有很大的影响。除了径向跳动影响外，横向振动对加工质量，特别是表面粗糙度有很大的影响（图4-33）。

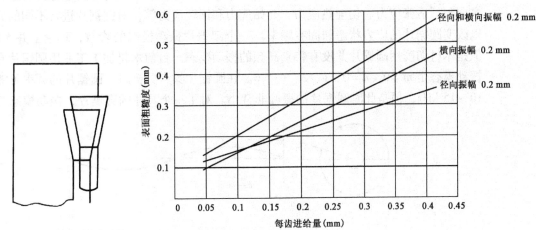

**图 4-33   圆锯切削时工件
表面形成示意图**

图 4-34   不同径向和横向振幅时表面粗糙度与每齿进给量之间的关系

在锯齿径向存在负偏差情况下，较低的齿对被加工工件表面质量的影响较小，随着偏差值增大，较低齿丧失其影响。在此情况下，后续的齿将承担起前面低齿的切削任务。在圆锯锯切时，如果只有一个齿较低，加工效果可能是只有一半的锯齿参与锯切加工，这样锯片上每个参与切削锯齿切屑厚度就会翻番。

根据德国黑瑟尔教授的研究结果，锯片的径向和端面跳动在 0～0.2 mm 内，不同的每齿进给量条件下，切削加工贴面刨花板，测量工件的表面粗糙度，结果证明圆锯片的锯齿误差使工件表面加工质量下降。显然，影响工件表面粗糙度的因素主要是每齿进给量、锯片的径向和横向的跳动，同时，每齿进给量也对锯片径向和横向的振动有很大的影响(图 4-34)。若锯片的径向和横向振动同时出现，工件表面的轮廓波峰值为两者的叠加：

$$\Delta X = \Delta X_{\Delta R} + \Delta X_{\Delta P}$$

式中：$\Delta X_{\Delta R}$——径向振幅引起的加工表面轮廓波峰值；

　　　　$\Delta X_{\Delta P}$——横向振幅引起的加工表面轮廓波峰值。

4.5.2　圆锯片稳定性机理

4.5.2.1　振动分析

　　圆锯片的振动是指圆锯片在其平衡位置附近的往复横向运动。振动是由外界干扰引起的，并总是表现为某种"等级"。锯片的振动在锯切过程中是无法补偿的，振动会增大锯路损失，降低锯切精度，提高噪声水平，缩短圆锯片使用寿命。

　　大多数普通圆锯片的振动都可以被看做是一些单独振动模态的总和。每一个单独的振动模态都具有一个特定的振形，并按一定的频率振动。每个振动模态都包含一个整数的波节圆数 m 和波节直径数 n。如图 4-35，每个特定模态下的振动频率被称之为固有频率 ω_{mn}，它与锯片的几何尺寸、夹持比、材料性质和圆锯片的应力状态有关。这些应力主要包括适张应力、切削热应力、初始应力和回转应力等，对圆锯片进行不同的处理可以改变圆锯片的应力状态和固有频率。一个圆锯片振动模态的阶数，理论上并无限制，但是木材切削用圆锯片并没有特别高频的振动模态。目前木材加工工业用圆锯片常见的振动模态是 $m=0$，$n=0$、1、2、…、6。在圆锯片噪声分析时，圆锯片的频率可能高达 $10 \sim 15$ kHz，但是此时圆锯片的振幅非常小。对于一个具体的圆锯片，振动模态阶次越

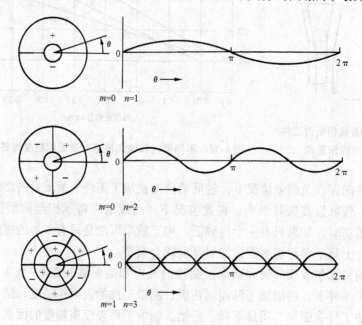

图 4-35　圆锯片的振动模态示意图

高，n 越大，对应的固有频率越高。每一个振动模态的振幅都小于圆锯片的厚度，是相对应振动模态振幅的代数和。切削加工时，可观察到的圆锯片振动的变化只是相对的振幅、节径方向和时间。这些因素也是由激振力的性质决定的。激振力主要来自于工件与圆锯片之间的相互作用，如锯齿上作用的空气动力、轴和锯片的不平衡、驱动电动机的振动。圆锯片对以上这些因素的响应决定了圆锯片的振动模态。

共振的概念在圆锯片振动问题中非常重要，简单地说是当激振力与圆锯片自身某一阶固有频率重合时，圆锯片即会发生共振。此时，圆锯片的振动变成以激振频率为振动频率的单一振动模态，振幅急剧增大。实际上激振力是变化的，有周期力，如锯齿受到的空气阻力，也有随机力，如锯片与工件作用产生的横向力等。激振力的频率分布可能覆盖圆锯片的整个频率范围，因此圆锯片各阶振动模态可能被激发。

改变圆锯片的振动模态或改变圆锯片的激振力都会改变圆锯片的振动状况，这些技术已经应用于目前的工业生产，如改变圆锯齿尺寸与构形、改变圆锯片温度场以改变其热应力状态，用不同的方法适张圆锯片，改变进料速度和回转速度等，但仍有很大的空间有待研究开发。总之，圆锯片振动模态的改变与外部环境条件相关。

4.5.2.2　稳定性的概念

圆锯片工作时总是存在着一定的振动，但不一定失稳。但在临界失稳条件下，即使非常小的一个横向力都会引起圆锯片非常大的横向位移，因锯片失稳加剧了锯片的振动，大量的研究成果证明了以上的结论。不稳定性理论是关于圆锯片振动研究中最重要的研究领域。

圆锯片的不稳定性理论揭示了圆锯片本身、使用条件与圆锯片稳定性之间的物理力学关系。目前已经证明的圆锯片的不稳定性机制有两种。第一种是静态弯曲失稳。当锯片静态失稳时，圆锯片上的高点与被切削加工的木材工件剧烈地摩擦发热，当摩擦发热的温度超过 250℃，圆锯片表面将产生如图 4-36 所示的蓝斑（烧痕）。锯片当其某阶固有频率 ω_{mn} 趋向零时，圆锯片即会发生弯曲。即：

$$\omega_{mn} \to 0 \qquad m, n = 0, 1, 2, 3, \cdots \tag{4-15}$$

式中：m，n——锯片振动模态的波节圆数和波节直径数。

第二种圆锯片的失稳机理是临界转速失稳。临界转速失稳是圆锯片一种特定的共振状态，此时圆锯片达到其临界转速。

$$\Omega_{\mathrm{crit}} = \min\left(\frac{\omega_{\min}}{n}\right) \qquad m, n = 0, 1, 2, 3, \cdots \tag{4-16}$$

一般圆锯片的最高运行转速应在其最低临界转速 85% 以下，否则，圆锯片将可能失稳。

$$\Omega_{\mathrm{rot}} \geqslant \Omega_{\mathrm{crit}} \tag{4-17}$$

圆锯片的临界转速失稳总是发生在静态弯曲失稳之前，因此临界转速失稳问题显得更为重要。

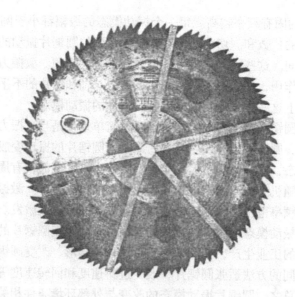

图 4-36　圆锯片切削加工时三节径弯曲模态在锯片上的蓝斑

4.5.2.3　临界转速理论

　　临界转速理论是由 Lapin 和 Dugdale 引入到圆锯片研究中的，在此之前这一理论主要应用在涡轮机研究设计中。1966 年以后这一理论得到很大的发展，可以通过理论计算一个圆锯片的临界转速，并以此来衡量该圆锯片的稳定性和锯切产品的加工精度。临界转速理论可以用波传播的原理来解释。首先，我们假定圆锯片处于静止状态，锯片每一个振动模态的响应包括两个在锯片上相反方向传递的波。这就像一根拉紧的琴弦，在弦的中间轻轻地敲打时，弦的响应，所不同的是弦上波的传播是直线型的，圆锯片上波是沿圆锯片的圆周呈相反方向传播，传播的速度是由模态固有频率决定的。如果圆锯片旋转，与圆锯片转动方向相同方向传播波的速度相对地面上观察的人而讲是增加了，被称之为"正向行波"。波传播速度的增加是由两个原因引起的：①波的传播方向与圆锯片的转向相同，即波的平移作用；②旋转离心应力提高了圆锯片的各阶固有频率。同样原理，向后传播的"反向行波"的传播速度下降也有两个方面因素的影响，并且第一个原因的影响比第二个的影响更大。对于地面的观察者而言，只能看见波走过或根本就看不见波，因为对于观察者只能根据波的传播速度去判断波的传播频率，每个向前和向后传播行波的传播速度不同，说明存在两个共振频率，一个高一个低，而相

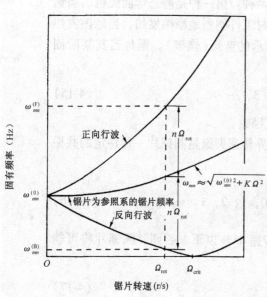

图 4-37　锯片正向行波、反向行波固有频率和临界转速与锯片转速的关系图

对圆锯片为参照物的观察者所看到的共振频率是相同的。高速车辆发出声音频率的多普勒转换就是这种现象的一个例子。单一模态临界转速的原理如图4-37所示。

圆锯片在转动状态时的固有频率 ω_{mn} 可以表示为如下公式：

$$\omega_{mn}^2 = (\omega_{mn}^{(0)})^2 + K\Omega_{rot}^2 \tag{4-18}$$

式中：$\omega_{mn}^{(0)}$ ——圆锯片静态固有频率(Hz)；

Ω_{rot} ——圆锯片转速(r/s)；

K ——圆锯片转动影响的刚化系数。

一般情况下 K 值不大，通常 Ω_{rot} 提高了圆锯片的静态固有频率，但在静态固有频率的基础上提高的幅度一般不会超过5%。站在地面上的人观察到相对应的单一模态的正向形波频率 $\omega_{mn}^{(F)}$ 和反向形波频率 $\omega_{mn}^{(B)}$，其公式如下：

$$\omega_{mn}^{(F)} = \omega_{mn} + n\Omega_{rot} \tag{4-19}$$

$$\omega_{mn}^{(B)} = \omega_{mn} - n\Omega_{rot} \tag{4-20}$$

模态 $(m，n)$ 可能通过频率 $\omega_{mn}^{(F)}$ 和 $\omega_{mn}^{(B)}$ 被激发，随着 Ω_{rot} 的增加，$\omega_{mn}^{(B)}$ 逐渐减小，当 $\omega_{mn}^{(B)} \to 0$ 时，一个静力即可以激发圆锯片的共振，这时圆锯片的转速即为临界转速。圆锯片切削时静力或低频的力总是存在的，因此圆锯片失稳的可能性总是存在的。

对所有模态而言，$\omega_{mn}^{(B)}$ 并不能同时接近零，当圆锯片转速由低到高增大时，$\omega_{mn}^{(B)}$ 最先等于零的模态称为最低临界转速模态，此时的转速被称为最低临界转速。当圆锯片转速继续增加时，更高阶的临界转速会依次出现。因此，一个圆锯片有多阶临界转速，使圆锯片的运行速度远离临界转速就可以提高圆锯片的锯切精度。

如果圆锯片的几何尺寸是接近轴对称的，那么圆锯片的任意直径都有可能是圆锯片振动模态的节径。节径在锯片上可以移动，共振临界转速模态的节径在空间上是固定的，振动波在空间上也是相对静止的，这就是驻波共振。如果圆锯片不是轴对称，那么圆锯片任意一个直径就不可能成为振动模态的节径，依据此条件的驻波共振就不能发生。共振和临界转速还会发生，但是锯片还会失稳，并不导致驻波共振，圆锯片振动响应的振幅也会相应地减小。这也是圆锯片周边开径向槽对于圆锯片减振最主要的贡献。这些槽使圆锯片产生了不对称，从而抑制了驻波共振的形成。

4.5.2.4 平面应力

圆锯片中的初始应力包括加工制造残留的应力、适张应力。圆锯片旋转切削时，又会加上回转应力、热应力和切削阻力引发的应力。所有这些应力均可视为平面应力。这些应力导致圆锯片的变形，其中包括圆锯片承受载荷时发生的横向位移和圆锯片刚度的改变等。圆锯片平面应力的作用可能提高圆锯片的刚度，也可能引起圆锯片刚度的下降，适张引入平面应力的目的是提高圆锯片的动态刚度，或者说在保持同等刚度时，可使用更薄的圆锯片。

如果圆锯片在径向应力 σ_r 和切向应力 σ_θ 的作用下，圆锯片的横向位移可通过式(4-21)给出：

$$U_m = \int_0^{2\pi} \int_a^b \sigma_r \left[\left(\frac{\partial w}{\partial r} \right)^2 + \sigma_\theta \left(\frac{1}{r} \frac{\partial w}{\partial \theta} \right)^2 \right] Hr \, dr \, d\theta \tag{4-21}$$

式中：a ——夹持盘半径；

　　　b ——圆锯片半径；

　　　H ——圆锯片厚度的 $1/2$；

　　　σ_θ ——切向应力；

　　　σ_r ——径向应力。

包括圆锯片弯曲引起的变形 U_b 在内，圆锯片总变形 U 为

$$U = U_b + U_m \tag{4-22}$$

如果圆锯片的应力状态已知，用公式（4-21）就可以估算相应的刚度随着平面应力的变化而变化的趋势。在线性问题中，总应力可以通过假定初始应力，回转应力和热应力来计算。这些应力也可以应用应力方程、复合变量法和有限元法来计算，所有圆锯片的平面应力都会引起圆锯片静态固有频率和临界转速的改变。

圆锯片内所有的应力应包括以下四种，如图 4-38 所示。

（1）适张应力：适张的目的是通过引入适当的应力使圆锯片的临界转速提高。适张并不是两个相互作用力产生的作用，而是通过圆锯片的局部塑性变形或局部加热引入适张应力，它可以提高圆锯片的动态刚度和临界转速大约 30%。适张对于薄锯片和大直径圆锯片尤为重要，因为这里平面应力的影响大于弯曲应力的影响。适张抵抗圆锯片边缘加载引起的弯曲和振动早在 1975 年就由 Carlin 等人做了深入的研究，并且给出他们优选的适张条件。适张应力在径向上是压应力，在圆周方向上由内向外，从压应力向拉应力过渡。初始拉伸状态与所加载荷之间的关系是适张研究中最重要的课题。

因为圆锯片的残余应力状态与圆锯片的运行环境有关，所以在优选适张条件时，首先要了解的是圆锯片的使用环境条件。目前还没有一种方法可以达到精确无损。

Pahlitzsch 和 Rowinski、木村志郎和安藤峰雪、Szymani 等人应用电阻应变片法测定了圆锯片径向和切向的适张应力。梅津二郎、野口昌巳等应用 X 射线衍射法测定了热处理后未适张圆锯片和适张后圆锯片的残余应力在径向和切向上的分布。梅津二郎、野口昌巳等还应用表面维氏硬度方法测量圆锯片的残余应力，作为 X 射线衍射法测出的残余应力的比较值。木村志郎、伊藤益成和浅野猪久夫在应用电阻应变片法测定圆锯片径向和切向适张应力的同时，还用两个电子测微器测量圆锯片辊压延伸部分厚度的减少量，提出了由辊压延伸部分厚度的减少量，用积分的方法计算切向残余拉应力的理论值。

目前只有两种间接的测量方法来确定圆锯片内的适张残余应力：一种是测量圆锯片的静态固有频率和临界转速；另一种是测量圆锯片的刚度。首先，应确定初始应力对圆锯片静态固有频率、临界转速或圆锯片的稳定性的影响。其次是确定初始应力对圆锯片刚度的影响。圆锯片的模态刚度可以近似地反映适张对圆锯片静态固有频率和临界转速的影响。

（2）回转应力：圆锯片的回转角速度仅仅引起圆锯片的平面拉应力，圆锯片的静态固有频率随着圆锯片转速的提高可从式（4-18）看出。很多人认为适张应力的引入是为抵

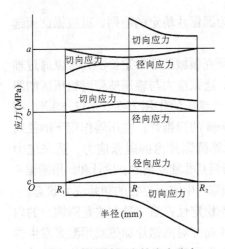

图4-38　圆锯片中的应力分布

a. 辊压适张应力　*b.* 回转应力　*c.* 热应力

$R_1.$ 中心孔半径　$R.$ 辊压带半径

$R_2.$ 锯片半径

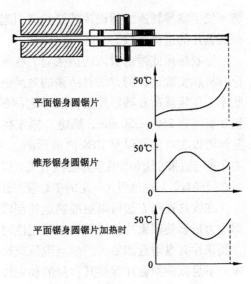

图4-39　圆锯片上典型的温度分布

消离心应力，这是一种错误的理解。回转应力可能导致圆锯片边缘松弛，但并不能导致圆锯片失稳。但是，圆锯片转速达到临界转速时，圆锯片即使受到一个很小的、频率为零的横向力，圆锯片也会失稳。

（3）热应力：圆锯片的热应力状态与圆锯片材料的热膨胀系数和圆锯片切削加工时引起的温度分布有关，如图4-39。当圆锯片上的温度已知时，热应力可以计算出来。这些应力是圆锯片失稳的主要原因，提高圆锯片边缘的温度可以提高$n=0$和$n=1$模态的静态固有频率，而降低$n \geq 2$模态的静态固有频率，与其相关是临界转速也随之下降，圆锯片更不稳定了；如果提高圆锯片中心部分的温度，结果和上述结论相反。虽然$n=0$和$n=1$模态时，圆锯片可能发生弯曲，但是此种处理方法不失为一种提高稳定性的有效方法。

（4）切削应力：圆锯片切削时，一般是同时有几个锯齿参与切削，而多数锯齿处于非切削状态。也就是说锯齿是轮流、交替地进入锯切的，因此锯片上因为切削引起的应力主要发生在参与锯切的几个锯齿附近。通过有限元分析和光弹性检测，发现锯片上因为切削力引起的切削应力在锯切的锯齿附近，以锯切锯齿受力点为中心呈不规则的圆形分布。应力的大小与切削力和锯齿的前角关系密切。切削期间锯片上的切削应力是不可避免的，切削应力会引起锯片变形，因此必须要减小热应力的影响，并引入一个合理、有利于保持锯片动态稳定性和刚度的应力分布。

4.5.3　提高圆锯片动态稳定性的方法

（1）适张：适张是通过辊压、锤击或局部加热等方法，在圆锯片上造成一定的塑性变形，有意地引入一定残余应力来提高圆锯片的稳定性。残余应力在加工圆锯片的热处理工段已经被引入了。所以，在锯片热处理工段应控制圆锯片热处理的工艺条件，使圆锯片中尽量引入轴对称的应力。对于给定的圆锯片的几何尺寸、转速和温度分布，如果将不发生临界转速或圆锯片外缘载荷引起的弯曲作为圆锯片稳定的准则，就应据此而选择圆锯片的适张参数。

控制辊压或锤击引入的适张应力在圆锯片适张研究领域是非常重要的，可以通过理论分析和实验比较的方法对适张的效果进行了测量。适张应力与辊压适张时辊压区的膨胀率、压辊载荷和圆锯片结构尺寸之间的关系，对于辊压的作用力在 5~12.5 kN，圆锯片直径在 250~550 mm，圆锯片厚度在 1.5~2.5 mm 的圆锯片，在压辊作用下的径向延伸可以在可信度误差 10% 内被预测，可以据此计算圆锯片内的适张应力。适张应力的分布与适张方法和塑性变形程度有关，弹塑性应力分析是非常复杂的。设计和使用圆锯片时必须要有针对性地引入一定的初始应力分布或确定圆锯片中实际存在的初始应力状态。

在线热适张方法可以更准确地控制圆锯片的动态稳定性：第一种方法是圆锯片的内部应力足够使圆锯片保持其动态稳定性时，在圆锯片局部对圆锯片加热或用激光发生器在圆锯片夹盘附近加热，产生与辊压或锤击相似的效果；第二种方法是圆锯片内的残余应力不足以使圆锯片保持其自身的稳定性，这时引入一定量的热应力，调节圆锯片的应力状态使圆锯片稳定。

（2）锯身开槽：锯身开槽或开孔的目的之一是为了减少由于圆锯片温度差而引起的圆周上的压应力，圆锯片上开的槽允许圆锯片膨胀而不增加圆锯片的内应力，圆锯片上开的孔可以起到散热的作用。锯身开槽或开孔的结构、位置、数量取决于圆锯片承受平面应力的几何平面刚度和圆锯片的弹性刚度。如果圆锯片开的槽孔对圆锯片的刚度有利，或将不利减少到最低的限度，则为合适的。作为刚度修正的结果，圆锯片频谱出现一个重要的频率，这个频率可以使圆锯片失稳的临界速度提高。

大多数情况下是在圆锯片边缘开 4~5 个径向槽，槽的长度是圆锯片半径的 1/6~1/5。Mote 已经就圆锯片上开槽和开孔后对圆锯片自身的影响做了系统的理论分析。Ellis 通过实验验证了这种理论分析。理论分析和实验验证表明，开了槽孔的圆锯片，几

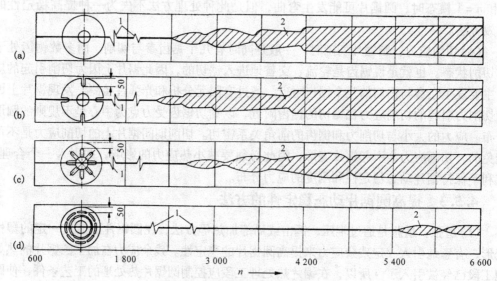

图 4-40   径向槽对圆锯片振幅的影响

何形状成为不对称,不能形成临界转速时的驻波,因为开槽引起的频率分离现象,共振频率数是两个,并且每一个频率都可以发生共振。在相同的激振条件下,开槽圆锯片发生共振时的振幅比不开槽对称圆锯片小(图4-40)。振幅减小的原因是因为圆锯片的响应能量在整个频谱内有更均匀的分布。

圆锯片在其边缘有很小热流的作用下就会丧失原有的平面状态而发生压曲,当圆锯片外边缘和夹持盘边缘的温度梯度为9℃时,1 mm厚、400 mm直径圆锯片的外边缘就会变成波浪形,两个波峰间的差值可达1.3 mm。圆锯片边缘切割了径向槽后,提高了圆锯片在受热后的稳定性,在相同的加热条件下,圆锯片的厚度和直径与上述的圆锯片相同。如果圆锯片的外边缘切割6个长70 mm、宽1.2 mm等间距的径向槽后,圆锯片发生热压曲的温度梯度就由9℃提高到57℃。R. C. YU和Mote从理论上分析了圆盘切割径向槽后的静态固有频率,认为振动模态和静态固有频率将发生分离。西尾悟、丸井悦男通过实验证明了静态固有频率分离现象,切割径向槽后圆锯片的不稳定转速范围变窄,并认为切割奇数槽好于切割偶数槽。有限元方法对开径向槽圆锯片进行的理论计算也证明了这一点。

总之,径向槽破坏了圆锯片的完全对称性,修正了圆锯片的热应力分布状况。非对称性阻止了驻波共振,对于由于运行环境引起的热应力的修正也是非常明显的。对提高圆锯片的动态稳定性是有利的,也有可能是不利的,主要表现在切割径向槽后圆锯片的静态刚度有所下降。所以,对于圆锯片上开槽和开孔的问题还需要做更深入的研究。

(3)导向:锯片的导向装置可以分为接触式和非接触式两种。导向锯首先出现在美国和加拿大,如图4-41所示。图4-41中前三种是接触式,只是减摩和冷却方式不同。小摩擦系数的巴氏合金制作的导向盘放置在锯片外边缘的两侧,水、空气和油的混合物被用来作为润滑剂以减小摩擦和磨损。对于大多数可以稳定运行的圆锯片而言,冷却系统可以要求,也可以不作要求。第四种导向装置是空气动压式导向系统,该系统中一个导向面固定,另一个导向面在压力大约为0.2 MPa流体的作用下浮动地夹紧锯片。

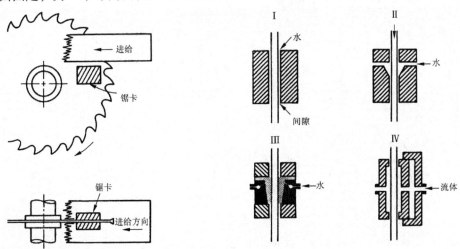

图4-41 浮动导向圆锯和导向装置的位置

接触式导向装置可以产生较大的导向力，但同时也产生热量，激发较大的振动。如果锯片自身的端跳大，很难将导向板调节到与锯片间距为 70 ~ 76 μm。非接触式导向装置克服了以上的问题，但提供的导向力是有限，也难以控制。随着导向装置加大和使用浮动花键轴，将前后导向板调节到一个平面上的难度降低了。根据已有的研究成果，导向装置的位置越接近切削区越好。同等条件下使用单个导向装置锯片是稳定的，多重导向装置反而可能会引发锯片的失稳。从理论上讲，选择好导向装置的位置，就可以允许锯片在临界转速以上运行，即超临界转速运行。使用一对导向装置并不能使锯片的临界转速提高。

在锯片振动的方向上通过电磁铁加一个与振幅相反的作用力，观察锯片锯切加工时的振动状况，400 ~ 500 mm 直径，2.5 ~ 3.5 mm 厚度锯片的振幅减小 56%，被加工工件的尺寸精度和表面质量都有显著提高。

(4)热应力控制：因为热应力是锯片失稳的主要原因，减小或修正热应力是最好的控制锯片振动的方法。要减少有害热应力的影响，就要对锯片加热或冷却。一些制材厂采用向锯片上直接喷水或用水作为导向装置的冷却润滑剂，但是冷却效果不能自动调节。锯片温度与锯片振幅间关系的研究表明，调控锯片冷却的速度，可以控制锯片的稳定性。实际上由于对木材工件的污染和锯屑运输等问题，水并不是理想的冷却介质。问题是控制锯片上的温度分布并不能得出这样的结论，即对锯片进行冷却是最好的途径；相反，冷却锯片和加热锯片一样也可能引起锯片失稳。锯切期间调节锯片的热应力，如通过对锯切期间的锯片施加一定的摩擦作用而产生热量对锯片进行热适张，并可以通过反馈控制方法，对锯片锯切期间的热应力进行调整。当锯片的振动幅值超过限定值，摩擦盘就自动贴近锯片，通过摩擦加热锯片的中心区而改变锯片的频谱，减小锯片振动幅值。与此相类似，也有通过感应加热方法对锯片进行在线温控适张的。锥形锯片也可以通过引入一定温度分布，影响锯片的稳定性而对锯片进行热适张。

第 5 章

铣削加工

铣削加工是应用很广的一种木材切削加工方法。铣削是以切削刃为母线绕定轴旋转，由切削刃对被切削工件进行切削加工，形成切削加工表面。铣削加工的特点是屑片厚度随切削刃切入工件的位置不同而变化。

在木材加工中，铣削用在各种以铣削方式工作的单机、组合机床或生产线上，如平刨、压刨、四面刨、铣床、开榫机、鼓式削片机、削片制材联合机等，用以加工平面、成型表面、榫头、榫眼及仿型雕刻等。铣削加工在人造板及制浆造纸工业中还被用来削制各种工艺木片。

在各种铣削形式中，直齿圆柱铣削是最基本、最简单，也是应用最广的一类铣削形式。本章将以这种铣削形式为主，介绍铣削的分类、铣削运动学以及影响铣削质量的主要因素。

5.1 铣削的分类

根据切削刃相对铣刀旋转轴线的位置以及切削刃工作时所形成的表面，可将铣削分为以下三种基本类型。

(1)圆柱铣削：切削刃平行于铣刀旋转轴线或与其成一定角度，切削刃工作时形成圆柱表面[图 5-1(a)]。

(2)圆锥(角度)铣削：切削刃与铣刀旋转轴线成一定角度，切削刃工作时形成圆锥表面[图 5-1(b)]。

(3)端面铣削：切削刃与铣刀旋转轴线垂直，切削刃工作时形成平面[图 5-1(c)]。

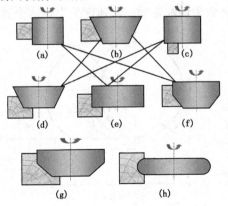

图 5-1　铣削加工类型图
(a)圆柱铣削　(b)圆锥铣削　(c)端面铣削
(d)~(h)组合铣削

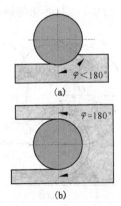

图 5-2　完全与不完全铣削
(a)不完全铣削　(b)完全铣削

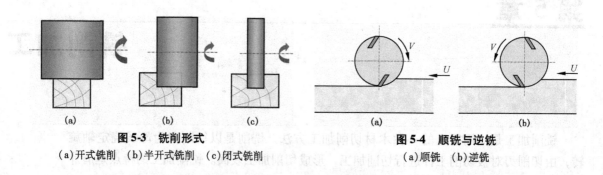

图 5-3 铣削形式
(a)开式铣削 (b)半开式铣削 (c)闭式铣削

图 5-4 顺铣与逆铣
(a)顺铣 (b)逆铣

由以上三种基本铣削类型，还可以组合成如图 5-1(d)~(h)所示的各种复杂铣削类型和成型铣削。而每一种铣削类型又可分为不完全铣削[图 5-2(a)]和完全铣削[图 5-2(b)]两类。在不完全铣削时，刀具与工件的接触角小于 180°；完全铣削时其接触角等于 180°。

根据铣削时刀具上有几面切削刃参加切削，可以把铣削分为开式铣削(一面切削刃参加切削)、半开式铣削(两面切削刃参加切削)和闭式铣削(三面切削刃参加切削)三种形式(图 5-3)。

另外，根据进给运动相对主运动的方向，还可以将铣削分为顺铣和逆铣两类。顺铣时进给方向和切削方向一致，逆铣时两者方向相对(图 5-4)。

5.2 铣削运动学

5.2.1 直齿圆柱铣削
5.2.1.1 运动轨迹

如图 5-5 为逆铣和顺铣时切削轨迹的简图。铣削时，刀具绕定轴 O' 以等速做旋转运动，称之为主运动，速度以 $V(\text{m/s})$ 表示；工件相对铣刀的运动称之为进给运动，速度以 $U(\text{m/min})$ 表示。主运动与进给运动合成为切削运动，其速度为上述两个速度的向量

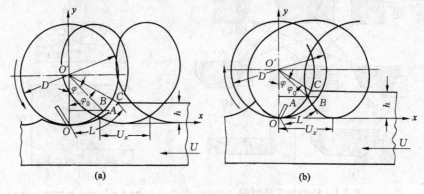

图 5-5 圆柱铣削时的切削轨迹
(a)逆铣 (b)顺铣

和，即：$\vec{V}' = \vec{V} + \vec{U}\,(\text{m/s})$。当进给运动为等速直线运动时，切削运动的轨迹为摆线。

在图 5-5 所示的直角坐标系中，切削轨迹上任意点 A 的方程为

$$x_A = \frac{D}{2}\sin\varphi \pm \frac{U_z}{\varepsilon}\varphi$$

$$y_A = \frac{D}{2}(1 - \cos\varphi) \tag{5-1}$$

式中：D——切削圆直径（mm）；

φ——刀齿的瞬时转角（°）；

U_z——每齿进给量（mm）；

ε——相邻两个刀齿所夹的中心角（°）。

其中，"±"用法：逆铣取"+"，顺铣取"-"。

因为 V 较 U 大得多（通常 $V/U = 30 \sim 100$），粗略计算时可以用主运动速度 $\vec{V}$ 来代替切削运动速度 $\vec{V}'$；以圆弧来代替摆线作为切削运动的轨迹。

5.2.1.2 铣削要素

（1）切削速度 V：切削速度 V 可用下式表示：

$$V = \frac{\pi D n}{6 \times 10^4} \quad (\text{m/s}) \tag{5-2}$$

式中：n——铣刀转速（r/min），其他参数同式（5-1）。

（2）进给速度 U：铣削时的进给速度 U 是指每分进给量，单位为 m/min。此外还用每转进给量 U_n 和每齿进给量 U_z 来表示进给速度，它们之间的关系为

$$U_n = \frac{1\,000U}{n} \quad (\text{mm})$$

$$U_z = \frac{1\,000U}{n \cdot z} \quad (\text{mm}) \tag{5-3}$$

式中：U——进给速度（m/min）；

z——铣刀齿数。

（3）铣削深度 h：已加工表面和待加工表面之间的垂直距离称为铣削深度 h，单位为 mm。

（4）铣削宽度 B：垂直于走刀方向度量的已加工表面的尺寸为铣削宽度 B，单位为 mm。在开式直齿圆柱铣削时，铣削宽度和屑片宽度相等。

（5）接触弧长 l 和接触角 φ_0：铣削时铣刀与工件在主截面内接触的圆弧称为接触弧，接触弧长 l，单位为 mm。接触弧所对的中心角称为接触角 φ_0，单位为度（°）。

$$l = \pi D \frac{\varphi_0}{360°}$$

$$\cos\varphi_0 = 1 - \frac{h}{D} \tag{5-4}$$

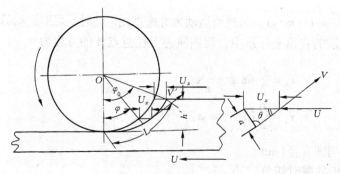

图 5-6   切屑的几何形状

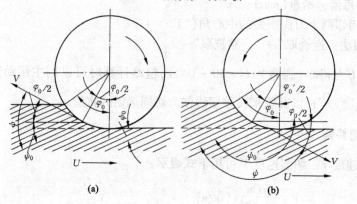

图 5-7   动力遇角的计算简图

(a)逆铣   (b)顺铣

（6）运动遇角 θ 和动力遇角 ψ：切削速度与进给速度方向所夹的锐角称为运动遇角 θ（图 5-6）。切削速度与木材纤维方向（指切削平面以下纤维方向，该方向与基本切削时的纤维方向相反）之间的夹角为动力遇角 ψ（图 5-7）。

因为铣削时切削速度的方向在变化，故计算时以接触弧中点的切削速度方向作为计算依据。在这种情况下运动遇角 θ 等于该点的瞬时转角 φ。动力遇角 ψ 可用下式计算：

$$\psi = \psi_0 \pm \frac{\varphi_0}{2} \ (°) \tag{5-5}$$

式中：ψ_0——木纤维与已加工表面之夹角，称初始遇角（°）；

φ_0——接触角（°），逆铣为"＋"，顺铣为"－"。

（7）切屑厚度 a：切屑厚度为两相邻切削轨迹间的垂直距离，单位为 mm。从图 5-6 可见，铣削时随着刀齿切入工件的位置不同，切屑厚度是变化的。逆铣时，刀齿刚接触木材时，$a=0$，而刀齿离开木材的瞬间，切屑厚度为 a_{max}。顺铣时正好相反。瞬时切屑厚度可按下式计算：

$$a = U_x \sin \varphi \tag{5-6}$$

以接触弧中点作为平均计算点，则切屑的平均厚度为

$$a_{av} = U_x \sin\varphi_{av} = U_x \sin\frac{\varphi_0}{2} = U_x \sqrt{\frac{h}{D}} \quad (\text{mm}) \tag{5-7}$$

切屑的最大厚度为

$$a_{\max} = U_x \sin\varphi_0 \tag{5-8}$$

切屑的平均厚度也可以由下式求出：

$$a_{av}l = U_x h \tag{5-9}$$

式中：a_{av}——屑片的平均厚度（mm）；

　　　φ_{av}——平均转角（°）；

　　　φ_0——接触角（°）；

　　　h——切削深度（mm）；

　　　l——接触弧长（mm）。

（8）切屑横断面积 A：因为切屑厚度是变化的，所以切屑横断面积 $A(\text{mm}^2)$ 也是变化的。其计算公式如下：

$$A = ab = U_z \sin\varphi b \tag{5-10}$$

式中：a——切屑厚度（mm）；

　　　b——切屑宽度（mm）。

5.2.2　螺旋齿圆柱铣削

螺旋齿圆柱铣削时，除了切削厚度按直齿圆柱铣削同样的规律变化外，切削宽度 b 也是变化的：刀齿刚切入工件时，b 很小，以后逐渐增大；切出时 b 又逐渐减小（图5-8）。

对于一个刀齿，切屑宽度为

$$b = \frac{D(\varphi_1 - \varphi_2)}{2\sin\omega} = \frac{D\varphi_x}{2\sin\omega} \tag{5-11}$$

式中：φ_1，φ_2——分别为刀齿切入和离开工件时的转角（°）；

　　　ω——刀齿螺旋角（°）。

对于无限小单元，刀齿长度所切下的切屑的横断面积 $\mathrm{d}A$，可表示为

$$\mathrm{d}A = \frac{DU_z}{2\sin\omega} \cdot \sin\varphi_x \mathrm{d}\varphi_x \tag{5-12}$$

一个刀齿所切下的切屑横断面积 A 为

$$A = \int_{\varphi_1}^{\varphi_2} \frac{DU_z}{2\sin\omega}\sin\varphi_x \mathrm{d}\varphi_x = \frac{DU_z}{2\sin\omega}(\cos\varphi_1 - \cos\varphi_2) \quad (\text{mm}^2) \tag{5-13}$$

如果在接触弧上同时有 m 个刀齿参加切削，则 m 个刀齿切下屑片的横断面积 A_w 为

$$A_w = \frac{DU_z}{2\sin\omega} \sum_1^m \left(\cos\varphi_1 - \cos\varphi_2\right)\ (\text{mm}^2) \tag{5-14}$$

同时参加切削的齿数越多，切削越平稳。当任一切削时间内切下的切屑横断面积不变时，就达到了"均衡"切削，这时切削最平稳，切削力的变化幅度最小。要想达到"均衡"切削，只有当铣削宽度 B 等于铣刀的轴向齿距 t_0 或它的整数倍时才有可能(图 5-9)，即

$$B = Kt_0 \tag{5-15}$$

式中：K——正整数；

　　　t_0——轴向齿距。

$$t_0 = \frac{\pi D}{Z}\cot\omega = \frac{S}{Z} \tag{5-16}$$

式中：S——螺旋齿的导程；

　　　ω——刀齿的螺旋角；

　　　Z——铣刀齿数。

因此，"均衡"切削的条件可以表示为

$$\frac{BZ}{S} = K \tag{5-17}$$

用螺旋齿铣刀铣削，不但平稳，振动小，而且可以提高加工质量，减小噪声。

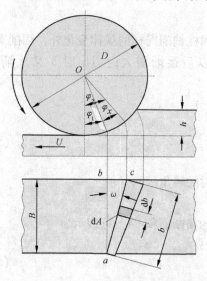

图 5-8　确定切屑横截面积的简图

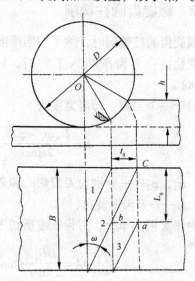

图 5-9　均衡铣削时刀齿的配置

5.3　影响铣削加工工件表面粗糙度的主要因素

工件经铣削后的表面，不可避免地仍具有一定的表面粗糙度。表面粗糙度包括下列各种不平度：由于切削刃和刃磨表面的不平整在加工表面上留下的刀痕；由于运动轨迹所产生的运动不平度（波纹）；由于加工表面木纤维被撕裂、崩掉、劈裂、搓起等所引起的破坏性不平度；由于刀具-工件-机床系统的振动所引起的振动性不平度；由于木材年轮等各处质地不同所引起的弹性恢复不平度；由于木材本身的多孔性构造等所引起的构造性不平度等。

上述各种类型的不平度往往重叠交错出现。除构造性不平度和弹性恢复不平度外，其他不平度都可以通过改进机床、刀具的设计和使用，改变或合理选用加工条件等降低或消除。

5.3.1　铣刀转速、直径、刀齿数和进给速度对运动不平度的影响

圆柱铣削时，由于切削轨迹为摆线，所以，即使所有切削刃都在同一切削圆柱上，也会在加工表面留下规则的波纹。波纹高度可由图5-10求得。

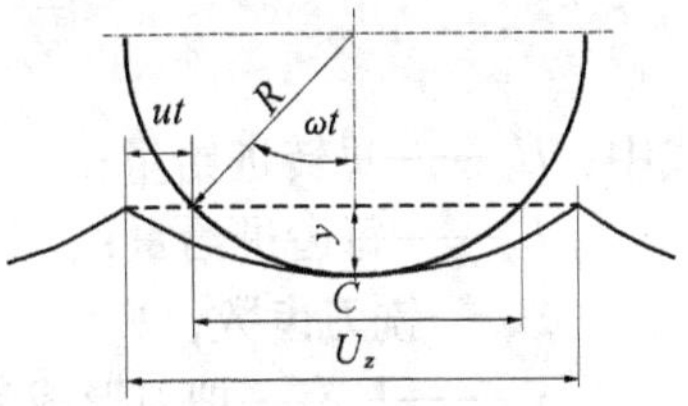

在图5-10中，R 为铣刀半径；ω 为铣刀切削的角速度；t 为刀齿转过 ωt 角所需的时间；U_z 为每齿进给量（此处等于波纹长度）；C 为波长所对应的弦长。考虑到 $U_z \approx C$，ωt 很小，图5–10中波纹高度（运动不平度的高度值）可用下式表示：

图5-10　波纹高度计算简图

$$y \approx \frac{U_z^2}{8R} = \frac{U_z^2}{4D} \text{ （mm）} \tag{5-18}$$

或

$$y = 250\,\frac{U_z^2}{D} \text{ （μm）}$$

由式(5-18)可见：增大 D 或降低 U_z 都可以降低运动不平度。而 $U_z = \dfrac{1\,000U}{nz}$，因此，要降低 U_z，当铣刀转速 n 和刀齿数 z 一定时，需降低进给速度 U。而 U 一定时，则可增加 n 和 z。

5.3.2　切削刃的位置精度和运动精度对表面不平度的影响

无论是整体铣刀还是装配式铣刀，刀尖都不可能绝对精确地位于同一切削圆上。即使刀尖都能位于同一圆周上，因为刀轴的制造精度及安装精度所限，铣刀在旋转时总会有径向圆跳动。由于刀齿的径向圆跳动而使每一刀齿在工作时切下的切屑厚度不等。理论计算证明，切屑厚度差的最大值 Δa_{max} 可用下式表示：

$$\Delta a_{max} = 2e\sin\frac{180°}{z} \text{ （mm）} \tag{5-19}$$

式中：e——铣刀的偏心量（mm）；

　　　z——铣刀齿数。

图 5-11 为根据式（5-19）做出的曲线图，可见，偏心量 e 对齿数少的铣刀影响更大。当 $z = 2$ 时，$\Delta a_{max} = 2e$。

切屑厚度的变化量越大，加工表面的破坏性不平度也越大。

由运动轨迹分析可知，当铣刀的径向圆跳动量为零时，所有刀齿都同等参加切削，波纹长度为 U_z，波纹高度 y 最小。当铣刀的径向圆跳动量大于 $\dfrac{U_n^2}{4D}$ 时，只有最突出的一个刀齿

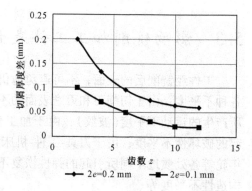

图 5-11　偏心量对表面不平度的影响

形成波纹，波纹长度为每转进给量 U_n，运动不平度的高度值最大。后者与前者不平度的高度值的比为：

$$\frac{y_1}{y_2} = \frac{U_n^2}{U_z^2} = \frac{(U_z z)^2}{U_z^2} = z^2 \tag{5-20}$$

式中：U_n——每转进给量；

　　　U_z——每齿进给量；

　　　z——铣刀齿数；

　　　y_1——只有一把刀形成波纹时的波纹高度；

　　　y_2——所有刀同时参加切削时的波纹高度。

由式（5-20）可见，从刀具制造、安装等方面，应尽量提高切削刃的位置精度，降低径向圆跳动量。这对提高加工质量意义很大。

5.3.3　每齿进给量 U_z 和刃倾角 ω 对破坏性不平度的影响

在纵向逆铣时（$\psi_0 < 90°$），U_z 的大小直接影响到破坏性不平度，图 5-12 为在各种初始遇角下，破坏性不平度 y_{max} 与 U_z 的关系。

由图 5-12 可见，在各种遇角下，y_{max} 都随 U_z 的增大而增加。

如图 5-13 所示的曲线，为在不同 U_z 下，当 $0 < \psi_0 < 90°$ 时，y_{max} 与 ψ_0 的关系。

由图 5-13 可见：对于所有的 U_z 值，在 $\psi_0 = 30°$ 左右时，y_{max} 都为最大值。随着 U_z 的降低，y_{max} 也降低，当 U_z 减小到 0.12 mm 时，破坏性不平度几乎消失。这是因为当 U_z 很小时，切下的切屑为厚度很薄的连续带状切屑，切屑的形成是在没有超前劈裂的情况下发生的，切削质量几乎不受纤维方向的影响。

在没有压紧支持器情况下端向铣削木材时，工件末端的开裂是最主要的破坏性不平度（开裂深度）。如图 5-14 所示为末端开裂深度与 U_z 的关系，可见，末端开裂深度值随 U_z 很快地增加，甚至在 $U_z = 0.1$ mm 时，末端开裂也不可避免。这是因为当 U_z 很小时，切下的屑片虽然很薄，但后刀面的摩擦力大大增加了，而后刀面的摩擦力是造成末端开裂的重要原因之一。

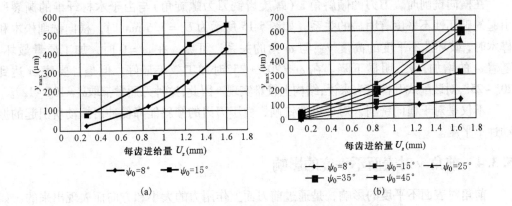

(a)   (b)

图 5-12 纵向铣削时破坏性不平度与每齿进给量的关系

(a)桦木   (b)松木

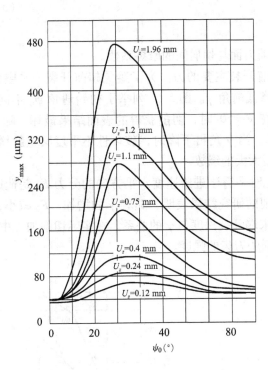

图 5-13 在 U_z 不同时 y_{max} 与 ψ_0 的关系

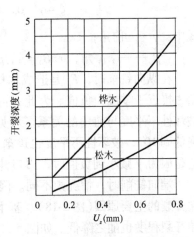

图 5-14 端向铣削时末端开裂深度
与每齿进给量的关系

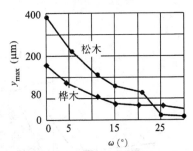

图 5-15 横向铣削时表面不平度
与刀刃倾角的关系

在横向铣削时，刀刃的倾斜角 ω（螺旋齿铣刀为螺旋角）与由于木材纤维的撕裂所引起的破坏性不平度有明显的关系。如图 5-15 所示为 $U_z = 1.6$ mm 时，横向铣削松木和桦木时，破坏性不平度的高度 $y_{\max}$ 与 ω 角的关系，可见，在 $\omega = 0$ 时，加工质量最坏。随着 ω 的增加，$y_{\max}$ 明显下降。在 $\omega = 20° \sim 25°$ 时加工效果最好。但是，要使 ω 达到 $20° \sim 25°$，对装配式开榫刀头来说，结构上较难实现。因此，这种刀通常都取 $\omega = 10° \sim 12°$。

不仅是对于横向铣削，对于纵向铣削，由于刀刃的倾斜能降低冲击振动所引起的振动性不平度。

5.3.4 前角 γ 对表面不平度的影响

前角对表面不平度的影响，是通过前刀面上作用力的大小和方向而表现出来的。如图 5-16 为前刀面的各作用力，其中：F_n 为法向力；F_f 为切屑与前刀面的摩擦力；F_R 为 F_n 与 F_f 的合力；F_x 与 F_y 为 F_R 沿切削速度与垂直切削速度方向的分力。

合力 F_R 与切削方向之间的夹角 ξ 称为作用角。作用角 ξ 可表示如式 5-21：

$$\xi = \gamma - \beta_0 \quad (°) \tag{5-21}$$

式中：γ——前角；

$\quad\quad \beta_0$——摩擦角，$\tan\beta_0 = \mu$，μ 为前刀面与切屑间的摩擦系数。

在纵向铣削时，F_y 是造成木材超前开裂主要的力。为了避免超前开裂，希望作用角 ξ 接近于零或为负值。为此，可以降低前角 γ。图 5-17 列举了初始遇角 ψ_0 不同时，破坏性不平度与前角的关系。可见，在 $\gamma = 50°$ 时，切削获得的表面结果最坏，随着 γ 降低到 $10°$，破坏性不平度也逐渐下降，当 γ 角再下降时，破坏性不平度又重新增加。这是因为 γ 减小到负值时，刃口钝半径太大的缘故。

端向铣削时，情况则不同。因为此时平行于进给速度水平方向的分力 F_x 是造成末端开裂的主要原因（图 5-18）。基本切削的研究结果表明，随着 γ 的增加，F_x 减小，末端开裂程度也随之降低。如图 5-19 为末端开裂深度与 γ 的关系。在实际切削加工中，γ 只用到 $30° \sim 50°$，这是因为 γ 太大会削弱刀齿的强度。

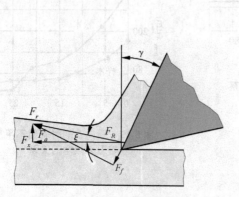

图 5-16 刀齿前刀面的各作用力

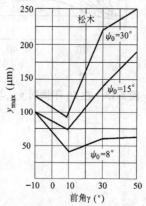

图 5-17 破坏性不平度与前角的关系

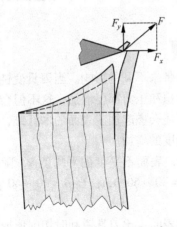

图 5-18 端向铣削末端开裂示意图

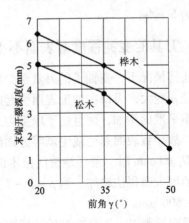

图 5-19 末端开裂深度与前角的关系

5.3.5 切削速度 V 对表面不平度的影响

现有的试验研究表明，木材铣削时，切削速度对表面不平度没有明显的影响。图 5-20(a)是铣削速度为 14 m/s，19 m/s，28 m/s，38 m/s，铣削深度为 2 mm，$\gamma=35°$，$\beta=35°$，木材含水率为 10%，刀齿锐利时($\rho=5$ μm)，顺纹维铣削松木和桦木所得表面不平度的结果。结果表明，切削速度在这个范围内时，切削速度对表面不平度的影响很小。在图 5-20(b)和图 5-20(c)所示的纵向铣削中($U_z=1.25$ mm，$\gamma=35°$，$\alpha=20°$，$D=120$ mm，$t=2$ mm，$V=25$ m/s 和 50 m/s)，表面不平度的数值只随切削方向改变而变化，切削速度的影响也很不明显。另据报道，即使切削速度达到 100 m/s 或更大，理论计算也没有证明会对表面不平度的影响更为有利。但是从另一方面讲，当铣刀的直径 D、齿数 z 一定时，增大转速，也就意味着是提高切削速度，理论上讲这可以降低每齿进给量 U_z，而 U_z 的降低会使表面不平度值下降。但是转速的提高受到刀具耐磨性、刀齿及刀体材料强度、刀具的平衡性、机床的耐磨性、噪声等因素的限制。不考虑这些因素而盲目提高主轴转速，效果会适得其反。现代木工机床，在铣削木材时，切

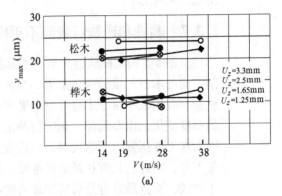

(a)

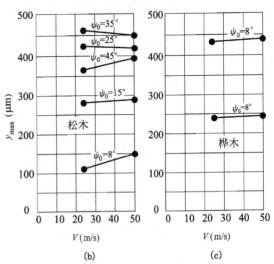

(b)   (c)

图 5-20 切削速度对表面不平度的影响

(a)顺纤维铣削 (b)、(c)纵向铣削

削速度的上限一般为 90 m/s；铣削胶合木质材料时，上限为 50 m/s；小直径的柄铣刀，上限则为 5 m/s。

5.3.6 刀具的变钝程度对表面不平度的影响

在任何情况下，变钝了的刀具都会对加工质量带来不利的影响。当刀具变钝时，刃口钝半径 ρ 变大，刃口在加工表面引起的变形区面积和压力都要增加，这不但会引起弹性恢复不平度的增加，而且由于摩擦力大大增加，还会搓起加工表面的木纤维，但又不切断它，故导致表面起毛或毛刺等方面破坏性不平度的增加。

在 $U_z = 1$ mm 时，顺纤维铣削松木的试验表明，表面不平度的平均值 y，随着刃口钝半径的增大而很快增加。当 $\rho = 5 \sim 7$ μm 时，$y = 30 \sim 60$ μm；当 $\rho = 30 \sim 40$ μm 时，$y = 300 \sim 600$ μm。

在横向铣削时，刀具变钝后的切削形成的工件表面，比刀具锐利时切削形成的工件表面不平度，其高度值增加 1.5 ~ 2 倍；在端向切削时，二者比较，不平度的高度值要增加 2 ~ 3 倍。

5.3.7 顺铣和逆铣对表面不平度的影响

从图 5-5 的切削轨迹来看，在其他条件相同时，顺铣比逆铣的波纹高度要高。从切削方向与木材纤维的遇角来看，当纵向铣削时，逆铣 $\psi < 90°$，顺铣 $\psi > 90°$，因此，顺铣能有效地减小由于木材纤维的劈裂等所引起的破坏性不平度。但是由于顺铣时，切削的厚度变化是由厚到薄，切削时冲击大，刀具易于磨损，而且冲击会引起工件的振动，因而在工件压紧力不够大时，会造成刀具不能完全切去应该切去的一层木材，使切削质量下降。因此，只有在纤维的劈裂、崩掉等破坏性不平度成为主要矛盾时，才用顺铣加工方式，而且最好有足够的压紧力的机械进给的铣床。

第 6 章

铣 刀

6.1 铣刀的结构与用途

6.1.1 概 述

铣刀是木材切削加工刀具中种类最多，应用最广的一类刀具，它被广泛应用于以铣削方式切削加工的各类机床上。

铣刀分类见表6-1。

表6-1 铣刀的分类

分 类	铣刀名称
按装夹方式分类	套装铣刀、柄铣刀
按结构形式分类	整体铣刀、装配铣刀、组合铣刀
按铣刀齿背形式分类	铲齿铣刀、尖齿铣刀、非铲齿铣刀
按加工用途分类	平面铣刀、开槽铣刀、成型铣刀
按铣刀外形分类	圆柱铣刀、圆锥铣刀、圆盘铣刀、柄铣刀

6.1.2 铣刀的结构和用途

6.1.2.1 整体焊接式铣刀

在木制品加工工艺中，近年来广泛采用各种人造板及各种木材改性材料作为基材。为了适应这些材料的切削加工要求，采用了高硬度、高耐热性的刀具材料，其中也包括表面强化处理的刀片或用焊接方式将刀齿焊接在刀体上而构成的整体铣刀，如图6-1所示。

由于这种铣刀需要重磨，为了刃磨后不改变（或尽量小的改变）铣刀原有设计形状和尺寸，在专业生产刀片的厂家，精制成各种形状和规格的硬质合金刀片，刀具生产厂商将其焊接在刀体上，以构成整体焊接式铣刀。

为防止刃磨刀片所用的金刚石砂轮与铁族材料（刀体）的亲和作用而堵塞砂轮，减少修磨工时。一般情况下，焊接刀片均突出刀体1～1.5 mm。为使刀片切削时的切削用量均匀，切削运动平稳，提高加工表面质量，一般将刀齿刃磨成后角为10°～15°，前

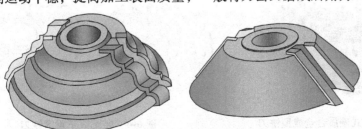

图6-1 整体焊接式铣刀

角为 25°~35°，楔角为 40°~55°的斜面。

整体焊接式硬质合金铣刀另一种新结构，具有每齿切削用量限制器，它位于刀齿前面，轮廓形状和刀齿一样，但低于齿尖刃 0.5~1.0 mm。如果每齿进给量大于此值时，限制器就会碰到工件。这种铣刀的特点是切削力变化小，工作平稳安全，特别适合手动进给机床使用，如图 6-2 所示。

6.1.2.2　组合式硬质合金成型铣刀

如图 6-3 所示，为方便成型硬质合金刀片的加工制造，可用几个结构形状简单的硬质合金刀片来代替复杂轮廓形状的硬质合金刀片，但它只适于直线形状组合而成的铣削加工，将复杂工件轮廓形状分解，制成几个简单的盘铣刀，套装在特制套筒上即可组合成一个整体组合铣刀。为了安装调整和排屑的方便，一般刀片交错安放，由键、销或其他机构固定其相互位置。刃磨时，分别刃磨每一片铣刀刀齿后面，若有损坏可单独更换，非常方便。

6.1.2.3　装配式不重磨硬质合金或高速钢铣刀

在切削木材或复合木质材料时，硬质合金镶焊刀齿铣刀的损坏往往不是由于刀齿磨损，而是由于高温焊接或刃磨时磨削热所带来的弊病。因此，近年来国外广泛采用装配式不重磨硬质合金或高速钢铣刀（切削软材往往采用高速钢刀片）。此种铣刀的刀片一般做成正多边形，常见的为等边三角形和正方形，直接用螺钉安装在刀体上，并可转位

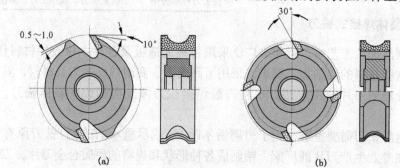

图 6-2　整体焊接式硬质合金铣刀

（a）有限制器的整体焊接铣刀　（b）整体焊接铣刀

图 6-3　组合式硬质合金成型铣刀

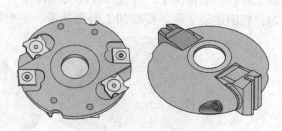

图 6-4　装配式不重磨铣刀

使用。刀片每一边或一个角均为一个切削刀刃，磨损后只要松开螺钉，把刀片转到另一个刃，即可继续使用。另一种类型的转位铣刀，除了刀片可以转位使用外，刀片连同夹持的刀体部分也可以在套筒上转动一定的角度，以适应不同角度加工的需要，如图6-4所示。

不重磨硬质合金铣刀除了能避免焊接式硬质合金铣刀的缺点外，还减少了砂轮消耗和刃磨工时，刀片转位使用，又节约了换刀和调整刀具的辅助工时，刀具寿命比焊接结构要长，磨钝后可以集中回收。

除了一般铣刀外，近年来在木工平刨床和压刨床上开始使用高速钢的装配式不重磨铣刀轴。这种铣刀轴的夹紧方式与一般铣刀轴相同，但刀片不必重磨。刀尖的位置精度靠刀片在刀体上的齿形定位以及刀片自身的制造精度来保证。与一般铣刀轴相比，它的优点是无须调刀、装换方便。

有些装配式不重磨铣刀还可以组合成组合铣刀。有些装配式铣刀经过适当调换组合可以加工出不同的型面。如加工企口榫槽所用的组合铣刀，如图6-5所示。

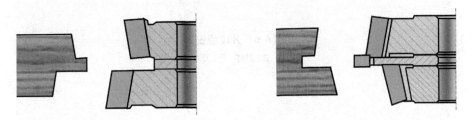

图6-5　企口地板榫槽专用的组合铣刀

6.1.2.4　螺旋铣刀轴

在木工平刨和压刨上，目前常用的切削机构大都是由装配在刀轴上的2~4片直刃刀片组成的。这种刀轴在高速切削条件下，会产生较大的噪声和冲击，影响表面加工质量。螺旋刃铣刀能克服上述缺点，可降低噪声15~20 dB。但螺旋刃铣刀的加工制造和刃磨难度较大，所以，在实际应用中多以分段齿铣刀来替代。如图6-6所示，将铣刀轴分成若干段，在长度方向上刀齿依次错开，做成不连续的、近似螺旋形的阶梯形铣刀轴，但其降噪效果比螺旋刃铣刀差，刀轴刚性也有所降低。

6.1.2.5　不重磨组合式榫槽铣刀

如图6-7所示，该铣刀的特点是由多把圆盘铣刀组合而成，有多个切削刃、不必重磨，提高了加工效率，节省大量辅助工作时间。圆盘铣刀和刀齿的数量可按需要进行不同的组合。

6.1.2.6　指榫铣刀

指榫纵向接长是充分利用木材原料的一种方法，被广泛用于建筑木制品、门窗、地

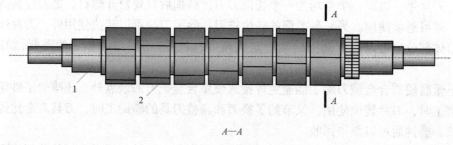

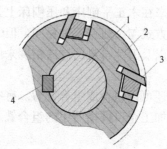

图 6-6　分段齿铣刀

1. 刀轴　2. 刀体　3. 刀片　4. 键

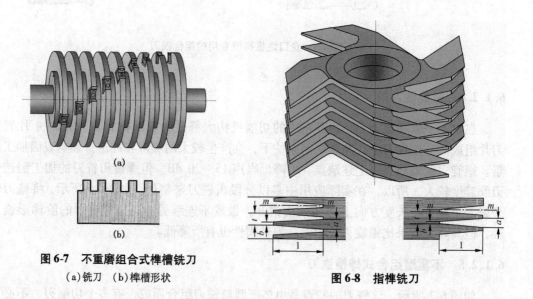

(a)

(b)

图 6-7　不重磨组合式榫槽铣刀

（a）铣刀　（b）榫槽形状

图 6-8　指榫铣刀

板和家具的板件、框架等。指榫铣刀（图 6-8）有单片组合和多刀组合（有四刃或六刃）两种，刀片镶焊高速钢或硬质合金。按照齿形的结构和尺寸，指榫铣刀可分为微型指榫铣刀和巨型指榫铣刀两种。

6.1.2.7 复合榫头铣刀

复合榫头铣刀(图6-9)是在圆柱形铣刀上套装一个可移动调节的锯片。根据加工需要，可以在圆柱铣刀上移动锯片位置，以获得所需木制品榫头的长度尺寸。

6.1.2.8 铲齿成型铣刀

对于铲齿成型铣刀(图6-10)要求在多次重磨后，仍能保持切削加工工件的截面的轮廓尺寸和形状不变和原设计的角度参数不变或者变化很小。铲齿成型铣刀由于其每一个齿都是在铲齿车床上用同一把成型车刀按照同一曲线铲制而成，所以这种铣刀只要按照原来的前角去重磨就能满足上述要求。

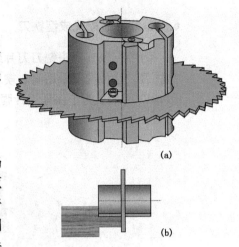

图 6-9 复合榫头铣刀
(a)铣刀 (b)加工位置

6.1.2.9 双齿榫槽铣刀

在铣床上开直角箱榫，广泛采用双齿钩形(S形)铣刀或双齿榫槽铣刀，如图6-11所示。这种铣刀制造简单，节省材料。切削直径为140～250 mm；刃口宽度取决于加工要求，一般为4～12 mm。角度参数取决于被加工材料，其值在下列范围内：后角 $\alpha = 15° \sim 20°$；前角 $\gamma = 25° \sim 30°$；楔角 $\beta = 60° \sim 65°$。

在铣床上成排加工直角箱榫时，为了使各齿依次进入切削，减少切削的冲击和振动，应把各个刀齿相互错开，呈螺旋状排列在机床主轴上。

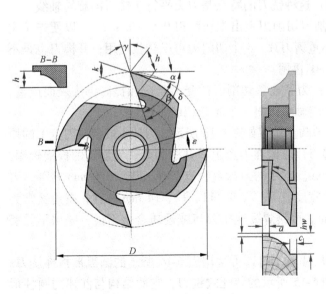

图 6-10 铲齿成型铣刀

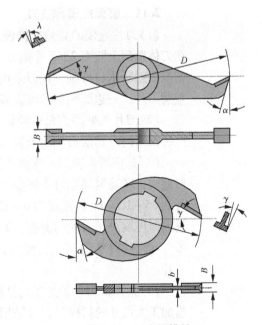

图 6-11 双齿榫槽铣刀

6.1.2.10 装配式成型铣刀

为了克服方刀头铣刀刀片装夹强度差，安全性能差的缺点，现多采用圆柱装配式成型铣刀。这种铣刀采用离心楔块压紧的方法紧固刀片，使之装夹强度更加牢固可靠，如图 6-12 所示。为了保证刃片强度，刀尖伸出量和刀片厚度应有一定比例（表 6-2）。

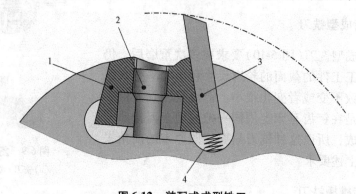

图 6-12 装配式成型铣刀
1. 压紧块 2. 紧固螺钉 3. 刀片 4. 弹簧

表 6-2 刀尖伸出量 h 和刀片厚度 s 值   mm

刀尖伸出量 h	5	10	15	20	30	40	50
刀片厚度 s	3	4	5	6	7	8	10

6.1.2.11 装配式槽榫铣刀

（1）刀片直装的直角框榫铣刀：这种铣刀的特点是刀刃平行于铣刀的旋转轴线，并在刀体端面上装有 2～3 片割刀，割刀切削刃突出主切削刃 0.5～0.8 mm，以便先于主切削刃割断木材纤维。割刀采用不重磨刀片，4 个切削刃可以转位使用；开榫刀也是不重磨刀片，一边磨钝后，可调转 180°再用。

（2）刀片斜装的直角框榫铣刀：为了改善切削时的受力状况和提高榫头表面质量，这种铣刀的主切削刃相对于铣刀旋转轴线倾斜一个 λ 角（10°～15°）。

（3）开槽圆盘铣刀：常见的开槽圆盘铣刀如图 6-13 所示。刀片 4 嵌装在刀盘 1 的楔形槽内，转动紧固螺钉 3 使楔块将刀片压紧在刀盘上。开槽圆盘铣刀加工的榫槽较深，可达 35～100 mm，宽度为 6～12 mm。常用的刀盘直径有 250、300、350 mm 几种，刀盘的厚度取决于刀片的宽度，刀片宽度有 5、7、9、11、12、14 mm 几种；楔角通常为40°。齿侧斜铲1°～4°，刃磨后刀面。可镶焊高速钢刀齿或硬质合金刀齿，或用不重磨刀片。

（4）指榫铣刀：当加工的指榫尺寸较小时，可采用图 6-14 所示的圆弧形指榫铣刀。当加工大尺寸的指榫时，可采用图 6-15 所示的装配式铣刀，它的结构与前述的圆柱形铣刀相同，刀片用高速钢制造。

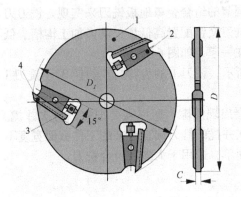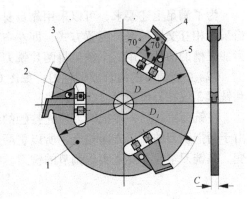

图 6-13 开槽圆盘铣刀

1. 刀盘 2. 压紧块 3. 紧固螺钉 4. 刀片 5. 调位螺钉

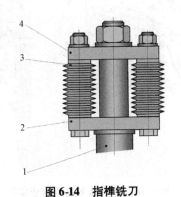

图 6-14 指榫铣刀

1. 刀轴 2. 支座 3. 刀片 4. 压块

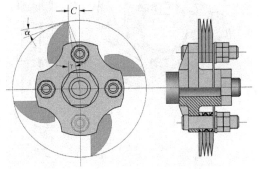

图 6-15 装配式指榫铣刀

6.1.2.12 装配式仿型铣刀

如图 6-16 所示，这种铣刀主要用在仿型铣床上，加工类似衣柜弯脚、椅子腿之类的实木异型工件。这种铣刀加工时主要是做横向切削，而且吃刀量很不均匀，为提高加工表面质量，其铣刀前角较大，刃口磨得很锋利。

6.1.2.13 可调式组合铣刀

当被加工的工件截面形状较复杂，用整体成型铣刀加工难度较大时，需要采用组合铣刀。组合铣刀是由两个或两个以上的铣刀组合而成的。为了保证重磨后被加

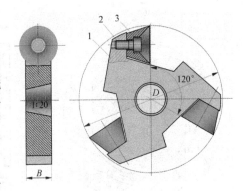

图 6-16 装配式仿型铣刀

1. 刀体 2. 紧固螺钉 3. 刀片

工工件的截面形状不变，组合铣刀一般设计成可调式的，以补偿刀齿轮廓形状重磨后的变化。常用的调节方法有自身并拢调节、螺纹套筒调节、垫圈调节等。

（1）并拢调节的组合企口地板铣刀：木制品中经常会遇到使用企口连接的方式，因此要求企口具有一定的尺寸精度，而且在刀具重磨后加工的企口尺寸不变。该种铣刀在大批量生产，且互换性要求高时，应用广泛。

　　为了满足上述要求，可以采用靠自身并拢调节的组合企口地板铣刀来实现。铣刀刀齿采用相互交错的嵌合配置方式，即左右两片铣刀交错配置高低齿，高齿加工沟槽、低齿加工槽的两肩。用三个销钉将两片铣刀组装在一起，如图6-17所示。

　　（2）并拢调节的组合成型铣刀：如图6-18所示，铣刀1的齿背向左斜铲3°，铣刀1和铣刀2仅在刀齿前面以线接触。

　　在铣刀重磨后，两把铣刀原先接触的地方会出现间隙，所以需要把它们再次并拢。由于两把铣刀的斜铲方向相反，所以重磨后再次并拢的铣刀加工出来的工件截面宽度不变。靠铣刀本身并拢来实现调节的铣刀，结构简单，适用于大多数组合铣刀。

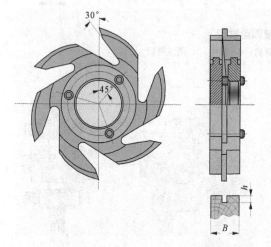

图6-17　并拢调节的组合企口地板铣刀

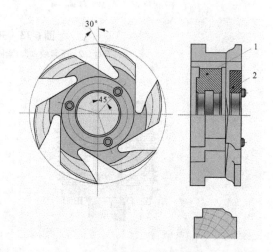

图6-18　并拢调节的组合成型铣刀

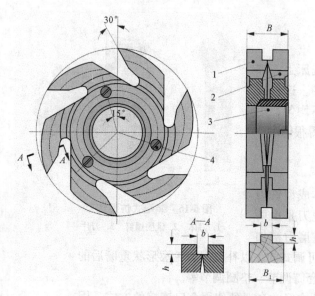

图6-19　螺纹套筒调节的组合开榫铣刀
1. 左铣刀　2. 右铣刀　3. 螺纹套筒　4. 连接螺钉

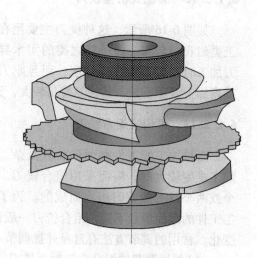

图6-20　复合刀具

（3）螺纹套筒调节的组合开榫铣刀：如图 6-19 所示，这种铣刀的结构，左右两把铣刀 1、2 各自按相反方向斜铲 2°~3°，用三个连接螺钉 4 连接，重磨后的间隙靠螺纹套筒 3 来调节补偿。螺纹套筒拧在右边的铣刀上，套筒一端顶在左边铣刀的凹槽内，另一端有刻度。在装配时，调节筒上的刻度应对准 0。

（4）复合刀具：为了加工截面形状更加复杂的工件，常采用由几把不同刀具组和而成的复合刀具，如图 6-20 所示。

6.1.2.14 圆柱铣刀

这里所说圆柱铣刀是指木工平刨、压刨等机床上加工平面用的铣刀。由于加工的平面一般都较宽，且需经常重磨刀具，所以这类铣刀通常都做成装配式的，而且往往把刀体与机床主轴做成一体，称为刀轴。

刀轴的结构取决于机床的结构、用途以及刀片在刀体上的装夹方式。现代木工刨床多采用圆柱形刀轴，刀片的装夹方法合理、可靠，转动时空气动力性噪声小，允许的转速高（如压刨可达 4 500~6 000 r/min），刀片伸出量的调节方便。

刀片常见形式有薄型、厚型两种，楔角 β 为 30°~40°，软材取 30°，硬材取 40°；后角 α 一般为 10°~20°。薄型刀片的结构有全钢和镶钢两种，全钢薄型刀片大部分是由 65Mn、GCr15、T8 等钢材制作；而镶钢薄型薄刀片多采用高速钢（W18Cr4V 或 W6Mo5Cr4V 等）做刃口，45 钢做刀体。厚型刀片几乎全部是复合制造。常见刀片形式，如图 6-21 所示。

刀片在刀轴上安装是否正确，不但影响到加工质量，而且关系到操作者的安全，以及刀具和机床磨损情况。具体要求是：①所有刀片的切削刃应在同一圆柱面上；②刀片的装夹应当牢固可靠，定位要好；③刀片的伸出量不应过多，加工平面时，圆柱形铣刀刀片的伸出量一般不超过 1~1.5 mm，并应对刀轴进行动平衡检验。

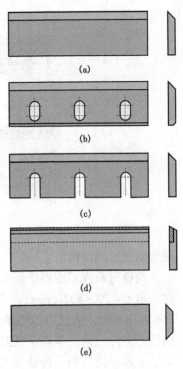

图 6-21 常见刀片形式

6.1.2.15 柄铣刀

柄铣刀主要用于开槽、加工榫眼、仿型铣削、雕刻以及加工工件的侧面或周边。柄铣刀的侧面和端部都有切削刃，如图 6-22 所示。侧面的切削刃称为主刃或侧刃，端面的切削刃称为端刃。

根据铣刀的形状，可分为圆柱形柄铣刀、梯形柄铣刀（燕尾形）和成型柄铣刀，并有直柄柄铣刀、锥柄柄铣刀和直齿、螺旋齿柄铣刀之分。

柄铣刀直径 $D = 3~26$ mm，当 $D = 3~15$ mm 时，直径级差为 1 mm；当 $D > 15$ mm 时，直径级差为 2 mm。燕尾形柄铣刀的直径通常为 $D = 12~17$ mm。图 6-23 所示为燕

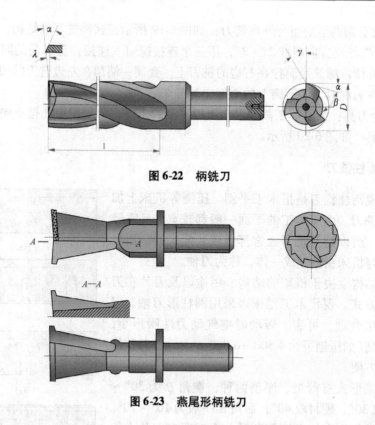

图 6-22　柄铣刀

图 6-23　燕尾形柄铣刀

尾形柄铣刀的结构。

　　柄铣刀长度 L 主要依据刀体的刚度和加工槽深度 h 来确定。考虑柄铣刀刀体刚度时，取 $L = (3 \sim 8)D(\mathrm{mm})$；考虑加工槽深度 h 时，取 $L = h + (10 \sim 15)(\mathrm{mm})$。当直径 $D < 10$ mm 时，柄铣刀多为单齿；$D = 10 \sim 15$ mm 柄铣刀多为双齿；当 $D > 15$ mm 时，柄铣刀多为三齿。单齿柄铣刀的齿背可以是圆心偏移的圆弧曲线，也可以是直线柄铣刀、双齿柄铣刀和三齿柄铣刀，为了刃磨和制造方便，齿背一般均做成直线，齿槽为圆弧。

　　目前，柄铣刀刀片的材料已由高速钢发展为硬质合金或金刚石，另外，在碳化钨基体表面沉积聚晶金刚石的聚晶金刚石复合晶粒薄膜（SYNDITE）技术也已经得到了越来越广泛的应用。

6.2　铣刀设计

　　木材切削所用的成型铣刀，有整体铣刀和装配铣刀两大类，无论是哪类铣刀，都要求铣刀经多次刃磨后，刀齿切削的廓形不变，和原设计的角度参数不变或变化很小。铲齿成型铣刀，由于其每个刀齿都是在铲齿车床上用同一把铲齿车刀按照同一曲线铲制出来的，所以这种铣刀只要按照原有的前角去刃磨前刀面，就能满足上述对成型铣刀的要求。

6.2.1 铲齿成型铣刀的结构和设计原理

图 6-24 为铲齿成型铣刀的一般结构。

铲齿成型铣刀的齿背曲线一般都做成阿基米德螺旋线或圆心与铣刀中心偏移的圆弧曲线，以保证铣刀齿背在多次重磨后后角的改变量很小。阿基米德螺旋线在极坐标中的方程为

$$R = C\theta$$

式中：R——向径；

$\quad\quad\ C$——常数；

$\quad\quad\ \theta$——极角。

阿基米德螺旋线齿背上任意一点的后角可按下式计算：

$$\tan\alpha = \frac{R'}{R} = \frac{\mathrm{d}R/\mathrm{d}\theta}{R} = \frac{1}{\theta}$$

$$\alpha = \arctan\frac{1}{\theta}$$

式中：R——齿背任意一点的向径；

$\quad\quad\ R'$——齿背任意一点向径的一阶导数；

$\quad\quad\ \theta$——齿背任意一点的极角。

由上式可见，α 随 θ 而改变。由于 θ 本身的数值较大（接近 2π），而其变化范围较小（小于 $\varepsilon = \dfrac{2\pi}{Z}$），所以 α 的改变量很小。根据计算，在一般情况下，α 的改变不超过 $1°30'$。因此，实际上可以不考虑后角的变化。当采用圆心偏移的圆弧曲线做齿背曲线时，虽然后角 α 的改变要大些，但仍能满足铣刀的要求。

铣刀后角 α 在工作图上通常都是用铲齿量 K 来进行标注的。铲齿量又叫齿背曲线下降量，它是指齿背曲线在一个刀齿中心角（$\varepsilon = \dfrac{2\pi}{Z}$）的范围内，距离外圆圆周的下降量。由图 6-25 可见：

$$K = R_A - R_B = C(\theta_A - \theta_B) = \varepsilon\frac{R_A}{\theta_A} = \frac{2\pi}{Z} \times \frac{D/2}{1/\tan\alpha} = \frac{\pi D}{Z}\tan\alpha$$

式中：K——齿背曲线下降量；

$\quad\quad\ R_A$，R_B——分别是齿背上 A，B 两点的向径；

$\quad\quad\ \theta_A$，θ_B——分别是齿背上 A，B 两点的极角；

$\quad\quad\ C$——该阿基米德螺旋线的常数；

$\quad\quad\ D$——铣刀直径；

$\quad\quad\ Z$——铣刀齿数；

$\quad\quad\ \alpha$——铣刀齿顶点 A 的后角。

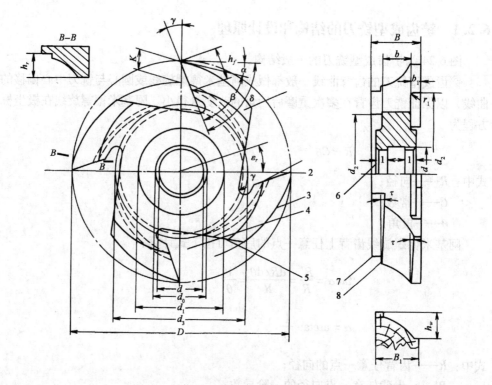

图 6-24 铲齿成型铣刀的结构及各部名称

1. 刀齿 2. 刀齿前面 3. 刀齿后面 4. 齿槽 5. 齿槽后面 6. 夹持端面 7. 主刃 8. 侧刃
γ. 前角 α. 后角 δ. 切削角 τ. 斜铲角 K. 铲齿量 D. 铣刀直径 d. 中心孔径 r. 齿槽
圆弧半径 B. 刀齿宽度 B_1. 工件截形宽度 ε_r. 退刀角 h_w. 工件截形高度 h_r. 刀齿轴向
剖面截形高度 h_f. 刀齿前刀面高度

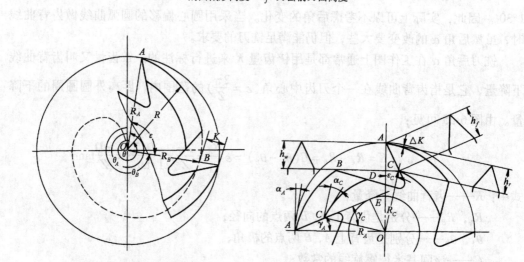

图 6-25 按阿基米德螺旋线
铲齿背成型铣刀的几何要素

图 6-26 刀齿外形角及刀齿外形的纵坐标

在设计成型铣刀时，还必须明确刀齿廓形上不同点的外形角随其半径（向径）的不同而不同。外形后角和前角的变化规律可由图 6-26 导出。

根据阿基米德螺旋线的性质：

$$\tan\alpha_A = \frac{R'_A}{R_A} \quad \tan\alpha_C = \frac{R'_C}{R_C}$$

因为 $\qquad\qquad R'_A = R'_C = C$

所以 $\qquad\qquad \tan\alpha_A R_A = \tan\alpha_C R_C$

即 $\qquad\qquad \tan\alpha_C = \frac{R_A}{R_C}\tan\alpha_A$

上式说明刀齿廓形上各点的后角与其向径成反比。

刀齿廓形上不同点的前角可按下式计算：

$$\sin\gamma_C = \frac{R_A}{R_C}\sin\gamma_A$$

式中：R_A，R_C——分别为 A，C 两点的半径；

$\qquad\gamma_A$，γ_C——分别为 A，C 两点的前角。

显然刀齿廓形上各点的前角也与其向径成反比。

在设计成型铣刀，尤其是廓形较深的铣刀时（$h_w > 20 \text{ mm}$），需计算刀齿廓形最低点的楔角，使之不致太小（一般不小于 30°），以保证刃口的强度。

另外，由于木工铣刀都有较大的前角，所以刀齿前面的廓形高度不同于工件的截形高度，也不同于刀齿轴向剖面的截形高度。从图 6-26 可以看出：

$$h_f = AC = AE - CE = R_A\cos\gamma_A - R_C\cos\gamma_C$$
$$h_w = R_A - R_C$$
$$h_r = h_w - \Delta K = h_w - \frac{K\varepsilon Z}{360°}$$

式中：h_f——刀齿前面的廓形高度；

$\qquad h_w$——工件截形高度；

$\qquad h_r$——刀齿轴向剖面的截形高度；

$\qquad K$——齿背曲线的下降量；

$\qquad\varepsilon$——一个刀齿所对的中心角；

$\qquad R_A$，R_C——分别为刀齿廓形最高点 A 和最低点 C 的半径；

$\qquad\gamma_A$，γ_C——分别为刀齿廓形最高点 A 和最低点 C 的前角；

$\qquad Z$——铣刀齿数。

比较 h_f，h_w 和 h_r 可见：$h_f > h_w > h_r$。

在铲齿车床上用成型铲齿车刀铲制铣刀时，必须使成型铲刀的廓形符合铣刀轴向剖面的廓形。

上述成型铣刀外形角都是在铣刀轴向剖面内（垂直于铣刀轴线的剖面）度量的，当成型铣刀的刀齿廓形上具有倾斜角 λ 的侧刃时，在垂直于侧刃的法面内度量的法向后角 α_N 对铣刀的工作有很大的影响。侧刃的法面后角 α_N 可以从图 6-27 中导出。图中虚线表示铣刀切削刃经铲削后刀齿后面倾斜的程度。在直角三角形 CXe 中，$Ce = K$ 为齿背曲线下降量，即径向铲齿量，$CX = K_N$，即法向铲齿量。

$$K_N = K\sin\lambda$$

而

$$K = \frac{2\pi R_x}{Z}\tan\alpha_x$$

所以

$$K_N = \frac{\pi D_x}{Z}\tan\alpha_x \sin\lambda$$

$$\frac{K_N Z}{\pi D_x} = \tan\alpha_x \sin\lambda$$

但是

$$\frac{K_N Z}{\pi D_x} = \tan\alpha_{XN}$$

所以

$$\tan\alpha_{XN} = \tan\alpha_x \sin\lambda$$

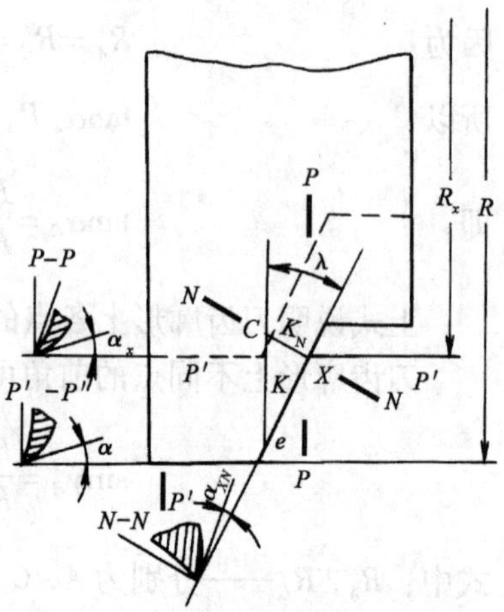

图 6-27　刀齿侧刃的法向后角

$$\tan\alpha_{XN} = \frac{R}{R_x}\tan\alpha \sin\lambda$$

式中：K_N——法向铲齿量；

　　　K——径向铲齿量；

　　　Z——铣刀齿数；

　　　α_x——X 点的后角（轴向剖面后角）；

　　　α_{XN}——点法面后角；

　　　α——齿顶后角；

　　　λ——侧刃上 X 点的倾斜角；

　　　R,R_x——分别为铣刀外圆半径和侧刃上 X 点的半径。

由上式可以看出，在其他参数一定时，侧刃上任意一点的法面后角 α_{XN} 随 λ 角的增大而增大。当 $\lambda = 90°$ 时，刀刃平行于铣刀轴线，任意一点的法向后角 $\alpha_{XN} = \alpha_X$，而当 $\lambda = 0$ 时，$\alpha_{XN} = 0°$，这说明这段刀刃的工作条件最坏，摩擦力很大。

为了增大倾斜刀刃上法面后角 α_{XN} 以改善切削条件，设计铣刀时往往采用如下几种办法：

（1）适当修改工件形状，如图 6-28 所示。

（2）采用斜向铲齿，如图 6-29 所示，或其他减少刀齿侧面与工件摩擦面积的方法。

（3）斜置工件，如图 6-30 所示。

切削加工图 6-28（a）所示，工件的圆弧成型铣刀，其两端侧刃的 $\lambda = 0$，$\alpha_{XN} = 0$。工件廓形经适当修改后［图 6-29（b）］，铣刀两端的侧刃 $\lambda = 10°$。这种修改虽然使工件的形状略有改变，但对铣刀工作条件大有改善。这一实例说明，设计工件截形要考虑到加

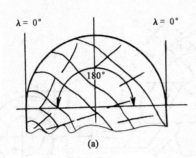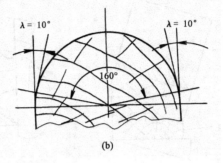

图 6-28 修改工件形状

(a)原来工件形状 (b)修改后工件形状

工工艺和机床刀具情况。

在未加说明的情况下，铲齿都是指径向铲齿，这时铲刀的运动方向与铣刀轴线垂直。为了增大侧刃的法面后角 α_{XN}，可用斜向铲齿。用斜向铲齿时，铲齿方向与径向偏斜一个斜铲角 τ。τ 值可根据下式计算：

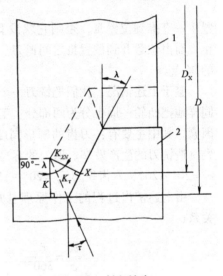

图 6-29 斜向铲齿

1. 刀齿 2. 工件

$$\tan\tau = \left(\frac{K_{XN}}{K} - \sin\lambda\right)\sec\lambda$$

式中：K_{XN}——法向铲齿量，$K_{XN} = \dfrac{\pi D_X}{Z}\tan\alpha_{XN}$；

K——径向铲齿量，$K = \dfrac{\pi D}{Z}\tan\alpha$；

α——顶刃后角；

λ——侧刃的倾斜角。

按上式计算斜铲角 τ 比较烦琐，生产中往往根据经验进行选取。木材加工铣刀一般取 $\tau = 2° \sim 4°$，也可以取得较大。τ 值越大，虽然 α_{XN} 增大较多，但在重磨后刀刃宽度的改变也越大。这一点对图 6-29 所示开式铣削没有什么影响，因为改变的仅仅是左右两边刀刃的宽度；但不适用于闭式铣削，如开槽。斜向铲齿只适合于刀齿廓形为单面非对称的情况。

为了增大侧刃的法向后角 α_{XN}，在有些情况下可以把工件斜置（图 6-30）。工件斜置 β 角以后，侧刃的倾角可由原来的 λ 增加到 $\lambda + \beta$。这种方法省事又经济，但并非所有的工件都可以采用这种方法，如开槽就不可以。

为了合理地设计铲齿铣刀，还必须了解铣刀的铲制过程（图 6-31）。在铲齿车床上，凸轮随着铣刀均匀地转动，从而推动刀架带着铲刀向铣刀中心均匀地进给。铲齿量即为铣刀转过一个中心角 ε 或凸轮转过一转后铲刀的推进距离，因此铣刀从位置 I 转到位置 III 时，铲刀的推进量为 K，凸轮在转动 360° 后的升量也应为 K。实际上铲刀不可能从位

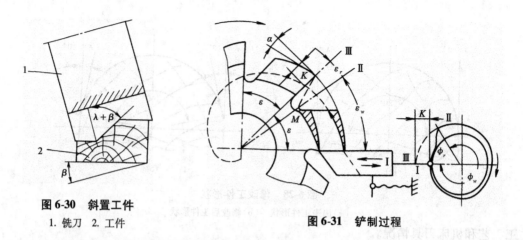

图 6-30 斜置工件
1. 铣刀 2. 工件

图 6-31 铲制过程

置Ⅰ一直推到位置Ⅲ，否则它就没有退刀时间，因此，铲刀的推进应该在位置Ⅱ就终止，而由位置Ⅱ到位置Ⅲ之间退刀。开始退刀的位置Ⅱ，应该是在把齿面完全铲完以后的 M 点。

鉴于上述情况，我们把铣刀一个刀齿中心角 ε 分为两部分：工作角 ε_w 和退刀角 ε_r。同样地把凸轮一周也分为两部分：工作角 ϕ_w 和退刀角 ϕ_r。铣刀上退刀角 ε_r 取决于许多因素，其中主要有：刀齿的廓形高度、刀齿数、铲齿方法等。另外，ε_r 的大小会影响到制造铣刀的生产效率、退刀的容易程度以及刀齿强度等。根据经验，四齿铣刀通常取 $\varepsilon_r = 30° \sim 20°$，六齿铣刀 $\varepsilon_r = 20° \sim 15°$，在铣刀廓形很深时取 $\varepsilon_r = (0.11 \sim 0.17)\varepsilon$。

由上述铲齿过程的工作原理可知，ε_r，ε，ϕ_r 和凸轮回转一周之间有如下的比例关系：

$$\frac{\varepsilon_r}{\varepsilon} = \frac{\phi_r}{360°}$$

$\phi_r \div 360°$ 是选用和设计铲齿凸轮的一个重要参数。例如，一般铲齿车床上配有 $\phi_r \div 360° = 1/8$、$1/6$ 和 $1/4$ 三种凸轮，当选用的 $\varepsilon_r \div \varepsilon$ 不符合这些比例时，则需要设计新凸轮。

在对上述基本原理有了了解以后，还必须分析工件截形的复杂程度对铣刀结构的影响，并决定简化措施。当工件的截形两边对称，而且没有 $\lambda = 0°$ 的直线区域时，铣刀可以做成整体的且只需径向铲齿[图 6-32(a)]。当工件的截形上有对称的半圆弧时，只要对其做适当修改[图 6-32(b)]，仍然可以做成简单径向铲齿的整体铣刀。当工件截形为单面非对称且具有 $\lambda = 0°$ 的直线区段时，铣刀可以做成整体的，但需要斜铲[图 6-32(c)]。当截形两边都有 $\lambda = 0°$ 的直线区段的矩形槽时[图 6-32(d)]，因为不能同时两面斜铲齿，为了保证刀齿重磨后加工出工件的槽宽度不变，此时必须要把铣刀做成两把分别斜铲齿的单个铣刀组成的组合铣刀。当截形两边都有 $\lambda = 0°$ 的直线区段[图 6-32(e)]，且中间还有槽或簧时，需设计成三把铣刀组成的组合铣刀才为合理。

为了简化刀具结构、降低制造成本，木制品工件的截形应尽可能标准化，这样成型铣刀才有可能标准化。

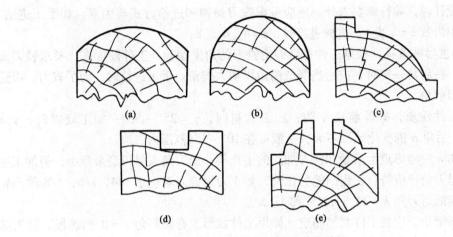

图 6-32 几种不同类型的工件截形
(a)对称且没有 λ=0°的区段 　(b)对称的半圆弧 　(c)非对称且有 λ=0°的区段
(d)要求槽或簧宽度不变的截形 　(e)两面对称且有 λ=0°的区段

6.2.2 整体铲齿成型铣刀设计

6.2.2.1 基本参数的确定

铣刀基本参数包括外径 D、中心孔径 d、齿数 z、前角 γ、后角 α、斜铲角 τ 等。

(1)铣刀直径 D 与中心孔径 d：铣刀直径 D 可根据下式初算：

$$D=\frac{6\times10^4 V}{\pi n}\ （\text{mm}）$$

式中：V——铣刀的切削速度；

　　　n——铣刀主轴转速。

按切削速度进行铣刀直径初算时，切削速度一般不应低于 30 m/s，一般情况下，D 应大于 $4d$，并应圆整到直径标准尺寸系列：$D=80$、100、125、(140)、160、(180)、200 mm。

铣刀中心孔径 d 应根据铣刀装夹方式而定。对于直接套装者，d 的名义尺寸应与刀轴的名义直径相等。考虑装卸方便并应保证一定精度，可选用小间隙精密配合，例如 H7/h6 或 G7/h6。如目前国内木工铣床主轴轴径标准直径为 40 mm。

(2)铣刀齿数 z：根据铣刀的每齿进给量确定铣刀齿数，在确定了铣刀的转速、进给速度和工件表面质量要求后，铣刀的齿数按下式初算：

$$z=\frac{1\,000\,U}{nU_z}$$

式中：U——进给速度；

　　　U_z——每齿进给量；

　　　n——铣刀转速。

实际设计时，除特殊要求外，还应考虑铣刀结构和进给方式等因素，如手工进给，宜选用较小齿数 $z = 2$ 或 4；机械进给时，$z = 4$，6 或 8。

（3）角度参数选择：根据工件材性确定铣刀的角度参数，工件硬度高，要求铣刀刃口强度高，在后角一定时，应适当降低前角以增大楔角。手工进给时，为了省力，可适当增大铣刀前角。

根据工件性质，推荐前角 γ 为：加工软材时，$\gamma = 25° \sim 35°$；加工硬材时，$\gamma = 10° \sim 25°$。后角 α 的变化范围不大，一般可在 $10° \sim 15°$ 范围内选取。

退刀角 ε 应考虑重磨余量和铣刀加工的生产率，退刀角大时刃磨余量小，但加工生产率高。退刀角还应符合铲齿凸轮的比例，如 4 刀齿铣刀对应于 1/4，1/6，1/8 的凸轮比例，相应的退刀角 $\varepsilon = 22.5°$，$15°$ 和 $11.5°$。

铣刀斜铲角 τ 应视工件截形而定。如果工件截形上有倾斜角 $\lambda = 0°$ 的区段，铣刀必须要斜铲。斜铲角按下式计算：

$$\tan\tau = \left(\frac{K_{XN}}{K} - \sin\lambda \right) \frac{1}{\cos\lambda}$$

式中：K——铲齿量；

λ——倾斜刀刃的倾斜角；

K_{XN}——倾斜刀刃的法向铲齿量。

K_{XN} 按下式计算：

$$K_{XN} = \frac{\pi D_X}{z} \tan\alpha_{XN}$$

式中：D_X——所取刀刃区段计算点的直径；

z——齿数；

α_{XN}——倾斜刀刃的法向后角，可在 $3° \sim 5°$ 范围内选取。

（4）铲齿量：铲齿量 K 可根据所选后角 α（齿顶后角），按以下公式进行初算：

$$K = \frac{\pi D}{z} \tan\alpha$$

初算后，应将其圆整到标准凸轮升量系列，例如，初算的 $K = 17.3$ mm，将其圆整到标准凸轮升量系列。如凸轮升量的系列为 10、12、14、16、18 mm，则可将其圆整到 16 或 18 mm。虽然这时后角可能不是整数，但是没有关系，因为图上只标铲齿量 K，不标后角 α。

6.2.2.2 结构设计

铣刀工作图的视图选择要能清楚完整地表达铣刀各部结构，必要时可选局部视图，也可局部剖视。要注明全部必要的加工尺寸，有尺寸精度和形位精度要求的尺寸（如中心孔径、铣刀直径、夹持端面）要标注公差，如径向圆跳动、端面圆跳动等。具体作图（图6-33、图6-34）时可参考以下步骤：

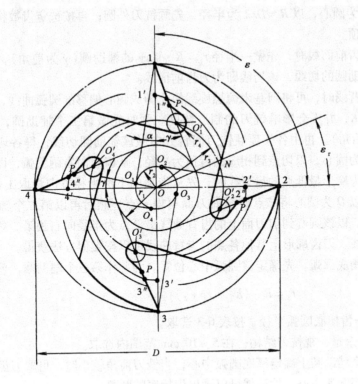

图 6-33 小前角铣刀作图方法

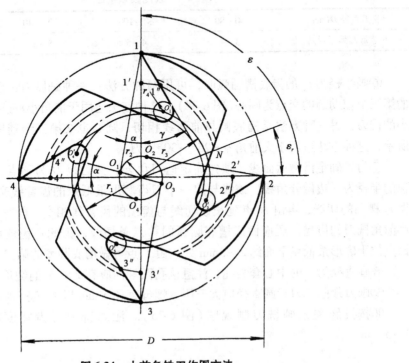

图 6-34 大前角铣刀作图方法

①以 O 为圆心，以 $R = D/2$ 为半径，先画铣刀外圆；再按选定齿数将外圆分为 Z 等份，标出齿顶。

②画刀齿前面线时，先做一半径 $r_1 = R \cdot \sin\gamma$ 的辅助圆（γ 为前角），再由各齿顶顺时针做该辅助圆的切线，该切线即为刀齿前面线。

③画齿背线时，可将阿基米德螺旋线简化画成圆心偏移的圆弧曲线，只要标注你选定的铲齿量 K，并不会影响铣刀的制造精度。画时先做第二个辅助圆，该圆半径 $r_2 = R\sin\alpha$（α 为后角）。再由各齿顶顺铣刀回转方向做该辅助圆切线，得各切点。然后分别以这些切点为圆心，以切点到相应的齿顶为半径，从齿顶向右画圆弧，即为齿背线。

④画刀齿廓形最低点的齿背线时，先从齿顶向下沿半径方向量取工件截形高 h_w 得一点，然后以 O 为圆心将该点转至前刀面再得一点，然后再以第二个辅助圆上的相应切点为圆心，以该圆心到前刀面上的齿背曲线最低点为半径向右画第二条圆弧，即为最低的齿背曲线。刀齿廓形上其他各点的齿背曲线可以按类似方法获得。

⑤画齿槽底圆弧。先确定该圆弧中心位置。为此作第三个辅助圆，该圆半径为：

$$r_3 = R - (h_工 + r_4 + y)$$

式中：r_4——齿槽底圆弧半径，按表6-3选取；

y——余量，视铣刀结构，在 $5 \sim 10$ mm 范围内选取。

在第三个辅助圆上确定槽底圆弧中心，当铣刀前角较小时，可取刀齿前面线与该圆的交点为槽底圆弧中心，然后就可以画出齿槽底的圆弧。

表6-3　齿底圆弧半径

铣刀直径 D(mm)	60~80	80~100	120~140	160~180
齿底圆弧半径 r_4	3~4	4~5	5~6	6~8

⑥画半径为 r_4 的齿底槽圆弧时，可用两种方法：一种是以刀齿前面线和半径为 r_3 的第三个辅助圆的交点为圆心（图6-34），这种方法适用于前角小（$\gamma = 20° \sim 25°$）、直径小的铣刀；另一种方法是槽底圆与前面线相切，圆心也在第三个辅助圆上，如图6-34所示，这种方法适用于大前角 $\gamma = 25° \sim 30°$ 铣刀。

⑦为了确定齿槽后面线，须先确定退刀角 ε_r，然后以 O 为顶点，以通过下一个齿顶的半径为一边做分角线，该线与前一个刀齿廓形最低点的齿背线交于 M 点。由该点做 r_4 槽圆的切线，再由 M 点延长该切线与齿顶的齿背线相交，便得到了齿槽后面线。小前角铣刀的齿槽，还应做齿槽底圆弧的第二条切线，为此在齿前面线上量取 P 点，该点位于廓形最低点下面约 $2 \sim 3$mm 处。由 P 点可做槽底圆弧的第二条切线。

⑧画直径为 d 的中心套装孔，注意该孔两端面应有 $1 \times 45°$ 的倒角。

⑨画刀毂圆。刀毂圆直径应大于压紧螺母直径 5 mm 以上（表6-4）。

⑩按投影关系画铣刀侧视图（图6-35）。注意铣刀刀齿宽度应大于工件宽度 $3 \sim 5$ mm。

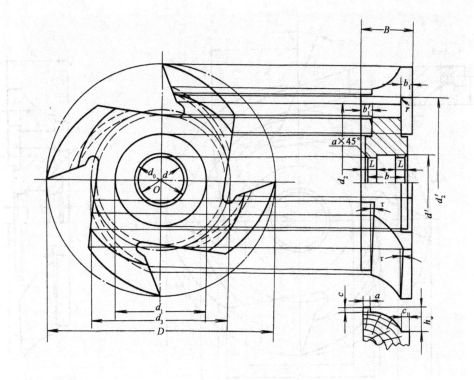

图 6-35 铣刀侧视图的画法

表 6-4 刀毂宽度

铣刀宽度(mm)	20 以下	25	30	35	40	60
刀毂宽度(mm)	与铣刀同宽	20	20～30	25～30	30～36	40～48

6.2.2.3 刀具材料

根据设计任务、考虑加工量大小及制造成本等因素，选择刀具材料。批量小的整体铣刀可选合金工具钢或高速钢，批量大时刀齿部分可选硬质合金，刀体部分可选 45 号钢，做成焊齿结构。

6.2.2.4 技术要求

当铣刀材料为工具钢时，刀齿需经热处理，并须标注热处理硬度，如合金工具钢热处理硬度须达 HRC60 等。铣刀为硬质合金焊齿结构时，刀体钢材须经调质处理。

刀齿前后面、套装孔、夹持端面等重要加工表面都应标注表面粗糙度，如刀齿前后面、套装孔表面 $Ra = 0.8$，夹持端面 $Ra = 1.6$，其他非重要加工面 $Ra = 3.2$ 等。

铣刀两夹持端面应互相平行并与铣刀的回转轴线垂直。在工作图(图 6-36)上可分别用两夹持端面相对回转轴线的端面圆跳动量表示，其值根据铣刀直径选取。当铣刀直径 125 mm 以下时，圆跳动不大于 0.05 mm；直径 140～180 mm 时，不大于 0.8 mm。径向跳动量应控制所有刀齿回转时应在同一圆周上，对于一般铣刀应不大于 0.01 mm。

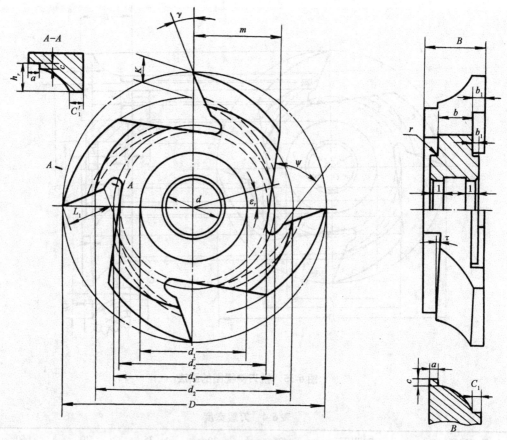

图 6-36 铣刀工作图

铣刀采用静平衡还是动平衡，取决于工作转数 n 和铣刀的宽度与直径比 η。根据有关资料，当 $n = 4\,500$ r/min、$\eta = 0.2 \sim 0.5$ 时可进行静平衡也可进行动平衡，最好进行动平衡，在铣刀技术要求中要写明铣刀许用不平衡力矩值。

6.2.2.5 刀齿廓形设计

为了设计加工成型铣刀的铲齿车刀和检验样板，还应画出刀齿轴向剖面的截形，这称为刀齿廓形设计。下面介绍图解方法的刀齿廓形设计(图 6-37，图 6-38)：

①以放大的比例，以 O 为圆心作铣刀局部外圆，如图 6-37 所示。

②做任意半径 oa，并以 a 为一个齿顶，做一个刀齿的外轮廓图。为了做阿基米德螺旋线，将一个刀齿中心角($\varepsilon = 360°/z$) n 等分，分别作径向线 oa，ob，oc，…，on。再将齿背曲线下降量 K 也 n 等分，然后由 b 点起在 ob 线上量取下降量 $1k/n$ 得 b' 点，由 c 点量取下降量 $2k/n$ 得点 c'，如此类推得 d'，e'，…，n' 等。圆滑连接这些点即得阿基米德螺旋线齿背。

③在铣刀外圆的下方，垂直于铅垂线作铣刀外圆的切线，在切线左方画出工件截形，使工件截形下界点位于切线之上。在工件截形上标出特性点 1，2，3 等。

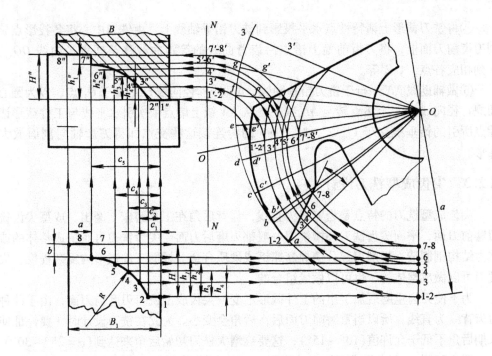

图6-37 齿背为阿基米德螺旋线铣刀的刀齿廓形设计

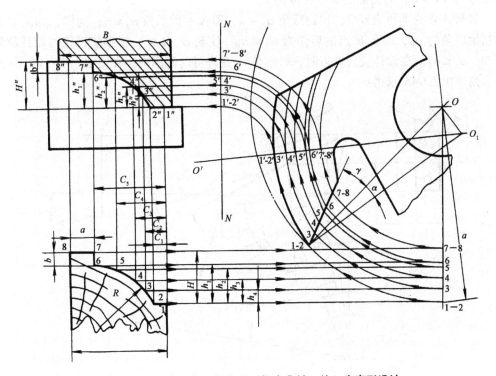

图6-38 齿背为圆心偏移圆弧做齿背铣刀的刀齿廓形设计

④将铣刀截形上诸特性点水平投影到铣刀铅垂轴线上,由铣刀中心将各投影点旋转到刀齿前刀面上,将刀齿前面上诸点沿齿背曲线的等距曲线移至任意径向线 OO_1 上,得到相应各点 $1'$, $2'$ 等。

⑤做辅助线 NN 平行于铣刀铅垂轴线,NN 线和径向线 OO_1 交于 O_1 点,以为圆心用圆规将径向线 OO_1 上诸点转至 NN 线上,从 NN 线上诸点依次引水平线与工件截形诸特性点所引的铅垂线交于 $1''$, $2''$, $3''$,$\cdots$,圆滑连接这些交点即得刀齿轴向剖面放大的廓形。

6.2.3　尖齿成型铣刀设计

尖齿成型铣刀的特点是齿背线为直线,齿背后角在工具磨床上磨出。成型尖齿铣刀刃磨前刀面,平面尖齿铣刀和槽铣刀一般都刃磨后刀面。尖齿铣刀可制造成整体的或刀体由结构钢制造、切削刃部分镶焊高速钢或硬质合金。根据工件截形的复杂程度,尖齿铣刀可以做成整体的,也可以做成组合的。

为了使刀齿重磨后加工出的工件截形不变,尖齿成型铣刀刃磨前刀面,由于此种铣刀齿背线为直线,所以当重磨前刀面后,后角会变小。为此在铣刀设计时,要保证使用末期后角不低于允许值($10°\sim15°$),这要靠增大铣刀初始后角来达到($\alpha=25°\sim30°$)。

图 6-39 为一个尖齿成型铣刀的齿形,刀齿上镶焊有高速钢的成型刀片,刀片的有效部分为 $AA'B'B$,后刀面的有效长度为 L。

如果 A 点的半径为 $D/2$,初始后角 $\alpha_A=\alpha$,那么 A' 的后角 $\alpha_A'\leqslant\alpha$;同样,如果 B 点的初始后角为 α_B,那么 B' 点的后角为 $\alpha_B'\leqslant\alpha_B$。比较 α_A' 和 α_B',根据铲齿铣刀设计原理可知:$\alpha_A'\leqslant\alpha_B'$。在设计尖齿铣刀时,必须使 α_A' 在许可的范围内。在给定 l 和 R 时,A 点的后角可由 $\triangle OAA'$ 求得:

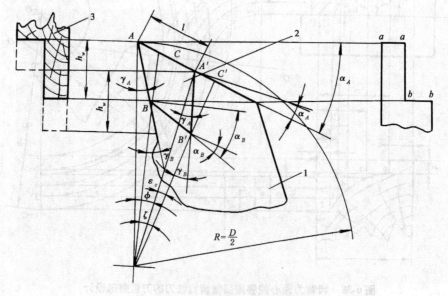

图 6-39　尖齿成型铣刀的齿形设计
1. 刀齿　2. 刀齿的有效部分　3. 工作截形

$$\alpha \approx \alpha_A' + \arcsin \frac{l\cos\alpha_A'}{R}$$

将求得的 α 圆整到接近标准值，然后再按下式计算 α_A'：

$$\alpha_A' = \alpha - \arcsin \frac{l\cos\alpha}{\sqrt{R^2 + l^2 - 2Rl\sin\alpha}}$$

式中：α——齿顶 A 点的初始后角；

$\quad\alpha_A'$——A' 点的后角；

$\quad l$——刀齿有效部分的齿背长度；

$\quad R$——铣刀的初始半径。

A 点的初始后角 $\alpha(=\alpha_A)$ 取决于 l 及 D 的值，可达 $25° \sim 30°$。在这样大的后角下，A 点的前角 $\gamma(=\gamma_A)$ 较之铲齿铣刀要更小些。A 点的前角 $\gamma_A = \gamma$ 可根据下式预先假定：

$$\gamma = 90° - \alpha - (46° \sim 50°)$$

最终的 γ 值根据刀齿廓形最低点 B 的 α_B 和 γ_B 的计算结果确定。使 B 点的楔角 $\beta_B > 35°$ 对保证刀齿强度是必要的。B 点的前角 γ_B 按下式计算：

$$\gamma_B = \arcsin \frac{R}{R - h_w}\sin\gamma$$

式中：R——铣刀的初始半径；

$\quad\gamma$——刀齿顶点 A 的初始前角；

$\quad\alpha$——刀齿顶点 A 的初始后角；

$\quad h_w$——工件截形高度。

B 点的后角 α_B 可按下式计算：

$$\alpha_B \approx \arctan \frac{R}{R - h_w}\tan\alpha$$

式中：α——刀齿顶点的初始后角；

$\quad\alpha_B$——刀齿 B 点的后角。

根据 B 点的后角 α_B 和前角 γ_B，B 点的楔角 β_B 可按下式计算：

$$\beta_B = 90° - (\alpha_B + \gamma_B)$$

式中：α_B，γ_B——B 点的后角和前角。

在求 B' 的前角 γ_B' 和后角 α_B' 时，必须注意 A' 的前角应等于 A 点的前角 γ。这样才能保证重磨到使用末期工件的截形也保持不变。这一点靠重磨时保证前角 γ 不变来达到。B' 的前角按下式计算：

$$\gamma_B' = \arcsin \frac{R_A'}{R_A' - h_w}\sin\gamma$$

式中：R_A'——刀具使用末期 A' 的半径。

$$R_A' = \sqrt{R^2 + l^2 - 2Rl\sin\alpha}$$

B' 的后角 α_B' 按下式计算：

$$\alpha_B' \approx \arctan \frac{R_A'}{R_A' - h_w} \tan\alpha_A'$$

由 B' 的前角 γ_B' 和后角 α_B' 的计算式可见：$\gamma_B' > \gamma_A'$，$\alpha_B' > \alpha_A'$。但 B' 的楔角 $\beta_B' > \beta_B$，因此，$\beta_B' > 35°$。

由图 6-41 可见，刀齿前刀面的廓形高为 $h_f = AB$

$$h_f = R\cos\gamma - (R - h_w)\cos\gamma_B$$

使用末期前刀面的截形高 $h_f' = A'B'$ 应保持不变（即等于 AB）并可写成如下公式：

$$h_f' = R_A'\cos\gamma - (R_A' - h_w)\cos\gamma_B'$$

使用中前刀面的廓形高应满足如下条件：

$$\frac{R\cos\gamma - (R - h_w)\cos\gamma_B}{R_A'\cos\gamma - (R_A' - h_w)\cos\gamma_B'} = 1$$

从图 6-42 可见，沿齿背上不同点的轴向剖面上廓形高是不同的，通过 B 点的轴向剖面的截形高 $h_0 = BC$：

$$h_0 = h_f \frac{\cos(\alpha + \gamma)}{\cos(\alpha + \gamma - \gamma_B)}$$

通过 B' 的轴向剖面的截形高为 h_0'：

$$h_0' = h_f \frac{\cos(\alpha_A' + \gamma)}{\cos(\alpha_A' + \gamma - \gamma_B')}$$

比较 h_0 和 h_0' 可见，$h_0' > h_0$。刀齿廓形最低点沿后刀面的长度 BB' 可由 $\triangle OBB'$ 求得：

$$BB' = \sqrt{(R - h_w)^2 + (R_A' - h_w)^2 - 2(R - h_w)(R_A' - h_w)\cos\xi}$$

式中：R——铣刀半径；

　　　h_w——工件截形高度；

　　　R_A'——A' 点的半径；

　　　ξ——通过两点的半径所夹的中心角。

$$\xi = \arcsin \frac{l\cos\alpha}{R_A'} + \gamma_B' - \gamma_B$$

式中：l——刀齿的有效齿背长度；

　　　α——A 点的后角；

　　　γ_B'——B' 点的前角；

　　　γ_B——B 点的前角。

尖齿成型铣刀不能平行前刀面重磨，而要保持原有前角刃磨，否则，前角会不断增大，工件的截形高度会改变。

6.2.4 机夹式尖齿平面铣刀设计

6.2.4.1 确定基本参数

切削圆直径 D 按切削速度要求初算，并圆整到整数。此时应考虑刀尖伸出量并使后续计算的刀体直径 D_1 符合标准直径系列。

齿数 Z 一般选 4 或 3，齿数太多，结构太复杂，加工工艺也随之变得复杂。

前角在推荐范围内取大值（如 25°），后角在 10°～15°范围内选取。

6.2.4.2 确定刀片类型与尺寸

装配铣刀多采用平刀片，螺钉、压块侧向压紧。此时刀片的长度 L 稍大于工件宽度（余量为 1～2 mm）；刀片宽度 B 除满足夹装要求外，应留有刃磨余量；刀片厚度 a 根据伸出量决定：见下节铣刀选用中铣刀安全性选择的内容，伸出量大时刀片应足够厚才能保证刀齿强度。对平面铣刀，因伸出量很小，刀片厚度不用太大，厚度在 3 或 4 mm 即可。

6.2.4.3 确定压块尺寸

压块要有一定尺寸，才能具有足够质量，这样在转动时由离心惯性力产生的压紧力才能压紧刀片（图 6-40）。一般令其厚度 b 稍大于高度 h。b 按下列公式计算：

$$b = 4.22 \sqrt{\frac{aB\sin\varphi\cos\varphi_1}{\sin(\varphi + \gamma)(2\tan\varphi - 1)}}$$

式中：a——刀片厚度；

   B——刀片宽度；

   γ——前角；

   φ——压块楔角；

   φ_1——通过刀片质量中心的半径与铣刀竖轴线的夹角。

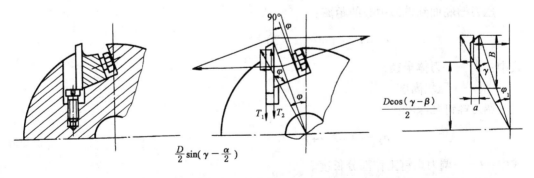

图 6-40　装配铣刀的刀片装夹方式和离心力分析

$$\tan\varphi_1 = \frac{D\sin\gamma - a}{D\cos\gamma - B}$$

式中：D——铣刀切削圆直径；

   a——刀片厚；

   B——刀片宽。

6.2.4.4　铣刀结构设计

按下列经验公式计算刀体结构尺寸：

刀体直径：

$$D_1 = D - 2h'$$

式中：D——铣刀切削圆直径；

   h'——刀尖伸出量，$h' = a/\tan\beta$；

   a——刀片厚；

   β——刀片楔角。

铣刀水平或竖直轴线到刀槽背部的垂直距离：

$$C_1 = R\sin\gamma + a + (1 \sim 2)$$

式中：R——切削圆半径。

刀槽背面到调刀螺钉中心孔轴线的距离：

$$C_2 = (d_t/2) - 2$$

式中：d_t——调刀螺钉头直径。

刀槽宽度： $C_3 = a + 2$

压刀槽宽度： $C_4 = b(1 - \sin\gamma) + H + (2 \sim 4)$

式中：H——压紧螺钉头厚度。

铣刀轴线到刀槽底的距离：

$$a_3 = R\cos\gamma - [B + K + (2 \sim 3)]$$

式中：K——调刀螺钉头厚度。

压刀槽底面到铣刀中心的距离：

$$a_1 = R_1 - [b + (2 \sim 3)]$$

式中：R_1——刀体半径；

   b——压块高度。

调刀螺钉孔深度：

$$a_2 = l + (2 \sim 4)$$

式中：l——调刀螺钉工作部分长度。

压块上螺纹孔中心距端面的距离：

$$l_1 = (0.1 \sim 0.2)L$$

式中：L——压块长度。

6.3 铣刀的选用

6.3.1 选用铣刀的依据

6.3.1.1 被切削材料的性质

木材切削的对象是实木和木质复合材料。实木又可划分为软材、硬材和改性处理的木材等；木质复合材料包括胶合板、单板层积材、刨花板、定向刨花板、大片刨花板、石膏刨花板、水泥刨花板、硬质纤维板、中密度纤维板、高密度纤维板、细木工板、胶合成材等。有些木材或木质复合材料工件还要经过单面或双面贴面装饰处理。

木材是一种自然生长的、由木纤维按一定方式排列组成的高分子天然材料，木材最显著的一个性质就是各向异性，因此实木切削加工时存在纵、横、端向和过渡切削的区分。木质复合材料是木材单体，如单板、刨花或纤维等，通过胶黏剂在一定的温度和压力下复合而成的复合材料，其性质由木材单体、排列方式和胶黏剂的性质而定。切削加工性质也因为其结构和添加剂的比例与性质而不同。如中密度纤维板接近各向同性，在一张板材各处的切削阻力几乎相等；刨花板由于铺装密度不均，板材表面与内部结构的差异，各处切削阻力差异比较大；细木工板是由实木板条胶合而成，板条间纹理方向又存在差异，所以切削加工时显示与实木既相同又不同的性质。

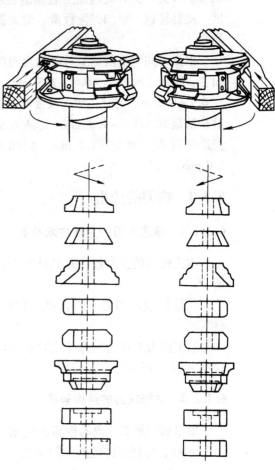

6.3.1.2 切削方向

实木切削时，根据刀刃相对木材纤维的方向将木材切削分为纵、横、端向和纵端向、纵横向和横端向切削。

6.3.1.3 刀具回转方向和进给方向

依据机床刀轴的回转方向和木材工件进给的方向，确定刀具上刀刃的倾斜方向（图6-41）。

图 6-41 铣刀的回转方向和结构配置

6.3.1.4 刀具与工件稳定性

刀具与工件在切削加工过程中的稳定性包括几个方面的内容，工件的稳定性是指木材工件在切削加工中平稳进给而不发生跳动。加强工件稳定性采取的措施主要有降低工件重心和增大接触面积。因此，对于垂直安装的成型铣刀，大直径铣刀在上的安装形式有利于提高工件加工的稳定，但此时刀具的稳定性有所下降。提高刀具稳定性除要求刀具具有良好的动平衡外，还要求刀具的结构、安装尺寸和质量要符合稳定性标准的要求，如刀具回转频率应与刀具的固有频率相隔一定的数值，不同材质刀具的悬臂安装尺寸要有所限制。

6.3.1.5 加工表面质量要求

木材工件表面质量包括表面粗糙度、几何尺寸和形状位置精度。铣削加工表面质量与铣刀的几何参数和形状位置精度、铣刀的装配精度、铣刀的稳定性、机床的运动精度和振动有关，铣刀铣削加工表面的波纹高度与铣刀每齿进给量相关，因此降低进给速度、提高转速、增加刀齿数量、增大铣刀直径都可以降低铣削表面波纹高度，提高表面质量。

根据不同的铣削加工对象和表面质量要求，一般每齿进给量推荐值对于木制品加工而言，粗加工时，$U_z = 0.8 \sim 1.5$ mm，精加工时，$U_z = 0.4 \sim 0.8$ mm，如果每齿进给量在 0.1~0.3 mm 内时，加工表面有被烧焦的可能。对于所有的木材制品，常用的每齿进给量是 $U_z = 0.3 \sim 1.5$ mm。光洁表面的每齿进给量 $U_z = 0.3 \sim 0.8$ mm，中等表面的每齿进给量 $U_z = 0.8 \sim 2.5$ mm，粗糙或对表面质量无要求时每齿进给量 $U_z = 2.5 \sim 5.0$ mm。

6.3.2 铣刀的选用

6.3.2.1 确定铣刀的主要技术参数

木工铣刀的主参数：刀具外径(ϕD)、加工厚度(B)、中心孔径(ϕd)，如图6-42所示。

其他的技术参数：刀齿数、回转方向、回转速度、进给速度、夹持方式、刀齿材料。

装配铣刀刀片的标准形式如图6-43所示，其主参数包括切削宽度（刀片长度）、刀片宽度和刀片厚度。

6.3.2.2 选择铣刀的结构形式

根据切削加工对象的性质和要求，从技术和经济两个方面综合考虑选择整体铣刀（图6-44）、焊接整体铣刀（图6-45）、装配铣刀（图6-46）和组合铣刀。

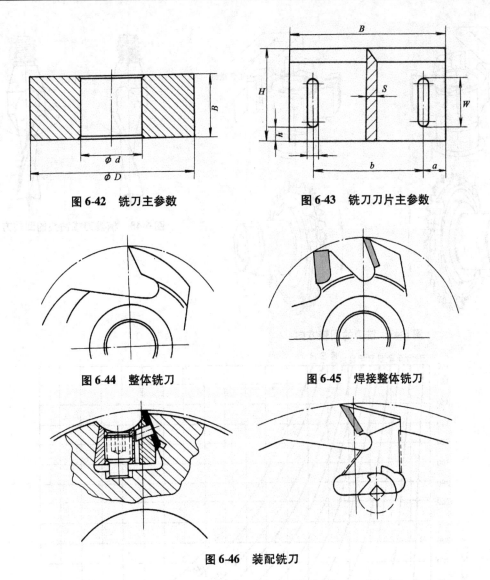

图 6-42 铣刀主参数   图 6-43 铣刀刀片主参数

图 6-44 整体铣刀   图 6-45 焊接整体铣刀

图 6-46 装配铣刀

6.3.2.3 铣刀回转方向的选择

铣刀回转方向是依据加工机械主轴的回转方向和刀轴与进给工件的相对位置确定的，无论是整体铣刀，还是装配铣刀，切削刀刃相对铣刀半径的倾角（前角）决定了铣刀的回转方向。如图 6-47、图 6-48 所示。

6.3.2.4 铣刀切削用量的选择

铣刀的切削用量包括铣刀的切削速度、工件的进给速度和铣削深度（表 6-5）。铣刀的切削速度取决于铣刀转速和铣刀的半径（图 6-49）。工件的进给速度取决于对切削加工表面质量的要求。被切削工件的表面粗糙度很大程度上取决于切削过程中铣刀每齿进给量，每齿进给量过大，加工表面过于粗糙，每齿进给量太小，加工表面会出现烧焦现象，因此铣刀的每齿进给量必须适当（图 6-50）。

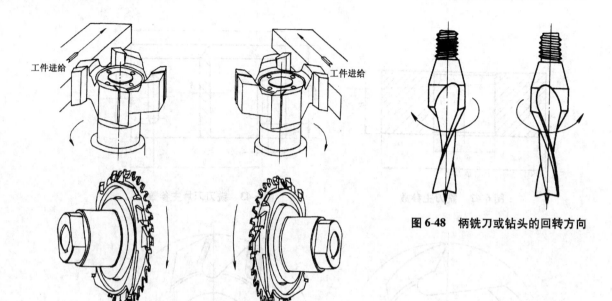

图 6-48　柄铣刀或钻头的回转方向

图 6-47　铣刀的回转方向

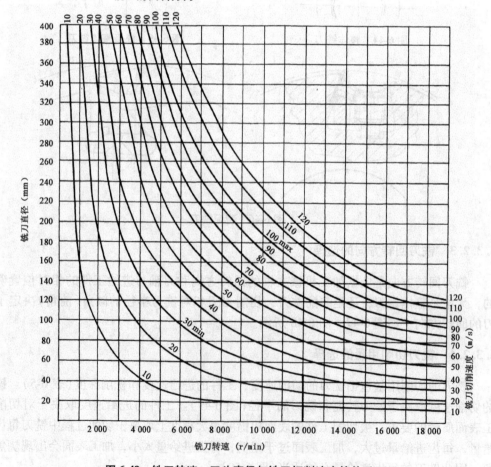

图 6-49　铣刀转速、刀头直径与铣刀切削速度的关系

表 6-5　推荐的铣刀切削速度和切屑厚度

切削材料	推荐的切削速度（m/s）	推荐的切屑平均厚度（mm）	切削材料	推荐的切削速度（m/s）	推荐的切屑平均厚度（mm）
针叶材	60～90	0.2～0.8	硬质纤维板	50～80	0.2～0.6
阔叶材	60～80	0.2～0.8	中密度纤维板	60～100	0.2～0.8
改性处理后的木材	50～85	0.2～0.8	刨花板	60～80	0.35～0.8
单板层积材	70～100	0.3～0.6	树脂浸渍纸层积材	50～80	0.05～0.2
压缩木	40～65	0.1～0.5	石膏刨花板	40～65	0.05～0.2
实木拼板或胶合成材	50～90	0.2～0.8	水泥刨花板	40～80	0.05～0.2
细木工板	60～90	0.2～0.8	铝合金	70～90	0.05～0.2
胶合板	50～80	0.3～0.6			

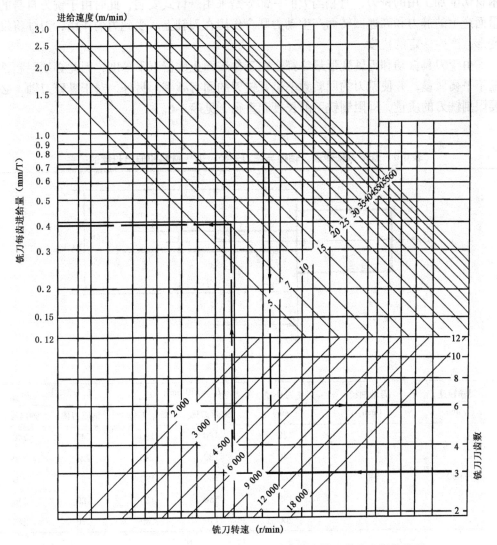

图 6-50　铣刀每齿进给量、进给速度、刀齿数和铣刀转速之间的关系

木材制品切削加工中，根据产品使用和表面质量要求，一般推荐的每齿进给量为：粗加工时，$U_z = 0.8 \sim 1.5$ mm；精加工时，如果加工材料是针叶材，$U_z = 0.4 \sim 0.6$ mm，如果加工材料是阔叶材，$U_z = 0.6 \sim 0.8$ mm。如果每齿进给量小到 $0.1 \sim 0.3$ mm 内时，加工表面可能被烧焦。

6.3.2.5 铣刀运转的稳定性

铣刀运转的稳定性是保证加工精度和加工表面质量的基础。这包括两方面的内容：一是铣刀在切削加工中由于受到外力激发而产生振动；二是铣刀在外力的作用下发生变形。铣刀切削加工中的振动与铣刀的结构、安装形式和不平衡质量有关。当外部激发力的频率与铣刀固有频率接近时，铣刀将发生共振，此时铣刀的振幅将有大幅度的增加。木材切削加工用的铣刀，有相当大的一部分是采用悬臂式安装，此时由于铣刀自身的质量而产生的静力和高速回转而产生动力联合作用在刀轴上。受此力的作用，刀轴将发生变形，产生一定的挠度。

由于刀具振动和刀轴变形最终都会在工件表面上残留下不平度，因此必须限制铣刀的不平衡质量，并使铣刀的回转频率避开铣刀的固有频率。另外，对于悬臂刀轴，必须要限制铣刀的质量，即限制铣刀的长度和直径，见表6-6。

表6-6 悬臂刀轴转速，轴径与铣刀外径、刀头材料和伸出长度的关系

刀轴转速 (r/min)	刀轴轴径 (mm)	铣刀外径 (mm)	$L_1 = 180$ mm, $L_{2\max}$		$L_1 = 240$ mm, $L_{2\max}$	
			钢质刀体	铸铝刀体	钢质刀体	铸铝刀体
		120	180	180	240	240
		140	180	180	220	240
6 000	40	160	180	180	190	240
		180	180	180	180	240
		200	170	180	170	240

（续）

刀轴转速 （r/min）	刀轴轴径 （mm）	铣刀外径 （mm）	$L_1 = 180$ mm, L_{2max}		$L_1 = 240$ mm, L_{2max}	
			钢质刀体	铸铝刀体	钢质刀体	铸铝刀体
6 000	50	120	180	180	240	240
		140	180	180	240	240
		160	180	180	240	240
		180	180	180	240	240
		200	180	180	230	240
8 300	40	120	180	180	200	240
		140	180	180	180	240
		160	180	180	170	230
		180	170	180	160	220
		200	150	180	150	200
	50	120	180	180	240	240
		140	180	180	230	240
		160	180	180	210	240
		180	180	180	190	240
		200	180	180	180	240

6.3.2.6　铣刀加工的安全性

铣刀加工的安全性包括铣刀回转速度限制、屑片厚度限制、成型铣刀廓形高度限制和装配铣刀刀片厚度与伸出量限制等。

木材切削加工的特点是高速度切削，铣刀的回转速度多在 3 000 r/min 以上，高速切削为木材切削加工带来的高生产效率和光洁的表面质量，同时，也带来了一系列的安全问题。因此当铣削加工机床主轴转速达到 9 000 r/min 时，除刀具回转半径小于 16 mm 的柄铣刀外，应禁止使用装配式铣刀，对于焊接整体铣刀的焊缝也进行严格的探伤检查。铣刀出厂时，制造商已在刀体上表明了铣刀的最大许用转速，使用者应严格遵守此规定，任何情况下均不可超过这一最大许用转速。

屑片厚度限制是保证铣刀进给量过大而引起铣刀严重过载必备的措施。依据德国木工机械与刀具制造商协会的规定，对于手工进给的机床，铣刀屑片厚度不得超过 1.1 mm，不同的切削加工铣刀的容屑槽宽度需有一定的要求，对于半机械化进给的机床，铣刀屑片的最大厚度不得超过 10 mm（图 6-51）。全自动、机械进给机床对铣刀的屑片厚度和容屑槽没有限制，但需要遵守通用安全条例。

对于成型铣刀，成型轮廓廓形高度值与铣刀的夹持方式、切削工件厚度、铣刀的直径有密切的关系。在切削加工工件厚度、铣刀直径和中心孔径确定以后，铣刀廓形高度反映了铣刀自身的强度和刚度，以及对切削阻力的承受能力。因此，对廓形高度必须要有所限制，以保证铣刀使用时的安全。在多轴铣床（四面刨）和双端铣床或开榫机上，主轴轴径不得小于 30 mm，又因装刀空间限制了铣刀的外径，因此成型轮廓的高度不可能过高。图 6-52 所示为成型铣刀直径、中心孔径和廓形高度的关系。

　　装配式铣刀刀体设计时必须要考虑刀片的夹持问题，无论是圆柱形的刀体还是圆盘形的刀体，刀片夹持形式必须保证可以提供足够大的夹紧力以反抗回转离心力。压刀块径向夹持的整体刀片或镶焊刀片，相对刀片的伸出量，刀片的厚度和长度必须有一个最小量的限制，当刀片的厚度和长度小于此最小限制值后，即意味着铣刀应被严禁使用。否则，将会出现安全隐患。图 6-53 所示为装配铣刀刀片的伸出量、刀片厚度和长度。图 6-54 所示为刀片伸出量与刀片长度和厚度的关系。

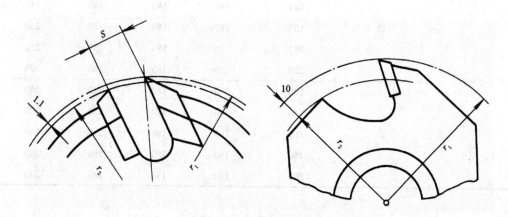

图 6-51　手工和半机械化进给所用铣刀的屑片限制装置

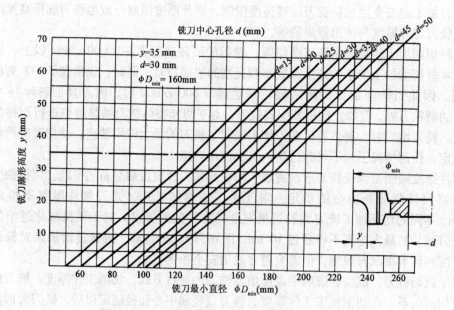

图 6-52　成型铣刀直径、中心孔径和廓形高度的关系

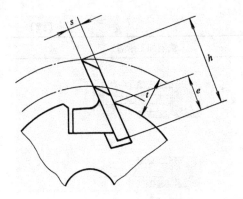

图 6-53 装配铣刀结构示意图

h. 刀片长度　t. 刀片伸出量

e. 刀片夹持长度　s. 刀片厚度

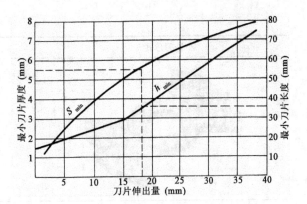

图 6-54 刀片伸出量与刀片长度和厚度的关系

典型铣刀和加工功能见表 6-7。

表 6-7 典型铣刀和加工功能

铣刀形式	铣削加工示意
	 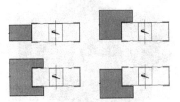
	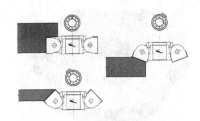
	依据家具制品尺寸配置 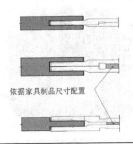

（续）

铣刀形式	铣削加工示意
	依据家具制品尺寸配置

（续）

铣刀形式	铣削加工示意

（续）

铣刀形式	铣削加工示意

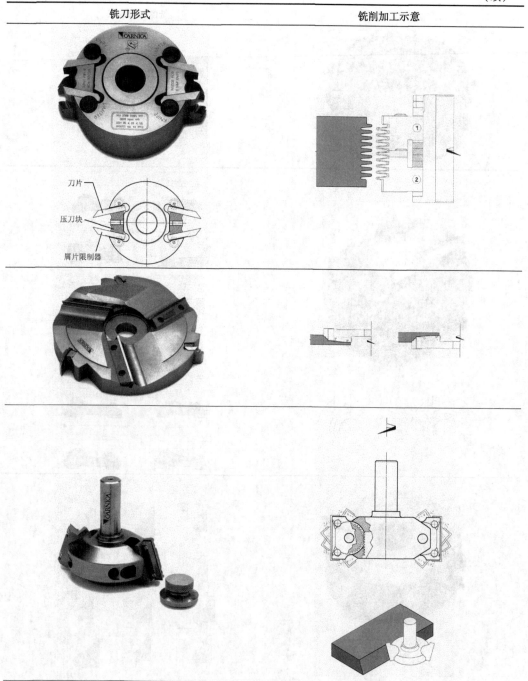

刀片

压刀块

屑片限制器

（续）

铣刀形式	铣削加工示意
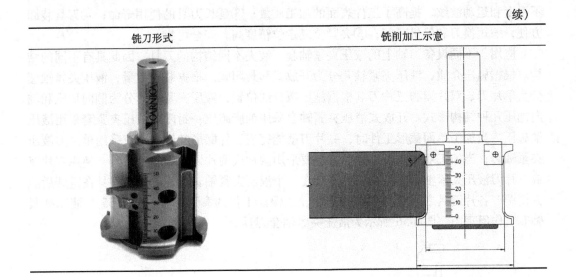	

6.4 新型结构铣刀

6.4.1 铣刀装夹结构

根据铣削原理，凡是以铣削方式切削形成的工件表面，都会在切削表面留下规律的波纹。在理想情况下，刀具上所有刀齿参与切削，达到均衡切削。实际切削情况往往不同于理想情况，刀具各刀齿受制造精度和振动的影响，不能达到均衡切削。刀具运转时，某些刀齿径向突出过大，挖切切削平面以下的木材，形成大的运动波纹。

在极端情况下，不论铣刀有多少个刀齿，仅有一个刀齿形成铣削运动波纹。可见均衡铣削和非均衡铣削切削表面质量相差较大。在极端情况下，非均衡铣削的波纹长度和齿数成正比；波纹深度与齿数平方成正比。

造成刀具非均衡切削的因素主要有：①刀具制造精度；②刀具动平衡质量；③机床和工件振动；④刀轴径向跳动；⑤刀具和刀轴的配合公差。引起刀具非均衡切削的前四个因素可以通过改进设备、刀具制造和质量检验标准得到控制。但刀具内孔和刀轴需要一定的配合间隙，以方便刀具安装。若刀具回转轴线和刀具内孔中心线不同轴，势必会导致刀齿产生不均衡切削。每齿进给量小时，不均衡切削对工件表面质量影响不明显；在高速进给条件下，不均衡切削对工件表面质量影响就十分明显。因此，需要用液压轴套或锥形卡套来消除配合间隙。

6.4.1.1 液压夹紧轴套

液压夹紧套的内部有一空腔，充满了液压油或油脂。施压时，液压轴套内壁膨胀，均匀地包紧刀轴，完全消除刀具和刀轴的配合间隙，保证刀具回转中心和刀具几何轴线一致，减小刀齿的径向跳动，保证所有刀齿均衡参加切削。液压夹紧轴套具有以下优点：①减小刀具振动，降低轴承磨损，延长轴承使用寿命；②降低切削平面木材的破坏不平度和运动波纹,提高了工件表面的加工质量;③延长刀具的使用寿命;④刀具装卸方便,缩短换刀和停机时间;⑤夹紧重复定位精度高,安全可靠。

应用于不同设备刀轴上的液压夹紧轴套,装夹不同结构的刀具,因此具有不同的结构。根据施压介质,液压夹紧轴套分为开放式和封闭式。根据装刀数量,液压夹紧轴套分为单片刀、双片刀和三片刀。根据施压螺钉的位置,液压夹紧轴套分为侧向加压和轴向加压几种结构形式。开放式液压夹紧轴套采用油脂施压;封闭式液压夹紧套采用液压油施压。当加工单面截形工件时,一片刀就能完成工件廓形的切削,应采用单片刀液压夹紧轴套;当加工双面截形工件时,需要采用两片或两片以上的组合刀具,使用双片刀或三片刀液压夹紧轴套。组合刀具安装在一个液压夹紧轴套上,应满足刀具在重磨后能方便调节各片刀具之间轴向距离的需要,以保证工件的廓形不变。图 6-55 为液压夹紧轴套工作原理图,图 6-56 所示为液压夹紧轴套刀具。

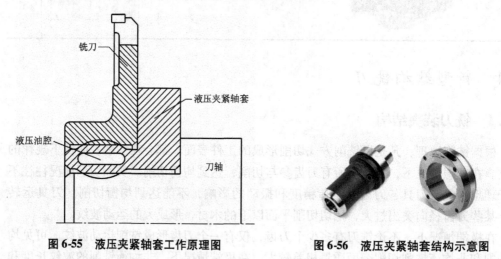

图 6-55 液压夹紧轴套工作原理图   图 6-56 液压夹紧轴套结构示意图

6.4.1.2 装刀卡套

现代木材加工对精度的要求越来越高,各类数控木工机床在木材制品加工工艺中得到了广泛应用,数控铣床和加工中心对刀具提出了更高的要求。首先要实现刀具的自动更换;二要消除刀具和刀轴的配合间隙;三要解决装刀卡套刚性不足的问题;四要满足高转速的要求。套装式液压夹紧轴套只能用于手工更换刀具的设备,目前尚未应用在自动更换刀具的数控机床上。数控机床配置了星形或盘形刀库,要求装刀卡套结构小、质量轻、刚性好、转速高。在 CNC 加工中心上广泛使用的装刀卡套,如图 6-57,有两种结构形式:①锥形卡套(SK 系列);②中空锥形卡套(HSK 系列)。锥形卡套和中空锥形卡套均预设了编码芯片孔,可以对刀具进行编码,并根据编码自动实现刀具更换。继锥形装刀卡套问世后,90 年代初,中空锥形装刀卡套已成为标准部件。

锥形装刀卡套常用的为 SK30 和 SK40;中空锥形装刀卡套常用的为 HSK – F50 DIN69893、HSK 63 DIN69893、HSK – E 63 DIN69893 和 HSK – F 63 DIN69893。采用 HSK 卡套的 CNC 加工中心越来越多。

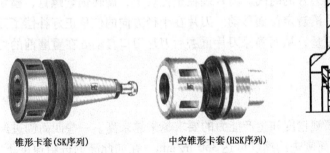

图 6-57 装刀卡套

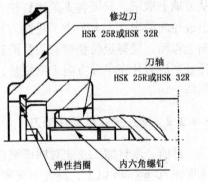

图 6-58 锥形装夹套装铣刀

6.4.1.3 锥形装夹套装铣刀

锥形装夹的套装铣刀用于家具封边机上。家具封边工艺及刀具直接左右了家具边部破损、胶合强度和外观质量。因此，封边刀具在现代板类家具制作过程中显得十分重要。家具封边工艺和封边机结构特点限制了封边机刀具安装空间和刀具外径，不宜采用液压夹紧轴套。为了能方便安装刀具、保证装刀精度和重复定位精度，刀具内孔采用 HSK 25R 和 HSK 32R 结构形式，如图 6-58 所示。

刀片用机械方法夹固在刀体上的铣刀称为装配式铣刀。近十年来，装配式铣刀的发展主要围绕着刀片的装夹、定位和重磨等方面，出现了各种新型结构的装配式铣刀。

6.4.2 新型结构装配铣刀

6.4.2.1 快速拆装转位铣刀

装配式铣刀在更换或重磨刀片时，通常需要将铣刀从刀轴上取下拆装刀片，并用对刀器调节各刀片的伸出量。这不仅浪费时间，而且很难保证刀体上所有刀片在同一切削圆上。因而，开发快速拆装和定位的装配式铣刀对提高产品品质和设备的利用率具有十分重要的意义。

图 6-59 所示为快速拆装转位铣刀，用于四面刨的最后上水平刀轴或最后下水平刀轴，对工件表面进行精刨。它由刀体、夹紧楔块、沟槽定位块、刀片和夹紧螺钉组成。在加工易产生挖切的材料时，还要配置不同结构的断屑器。刀片为沟槽定位的重磨转位刀片，磨损变钝之后旋转 180°，再用另一刃口。两个刃口用过之后，刃磨刀片前刀面，然后继续使用。刀片初始厚度为 3 mm，可重磨区为 1 mm。刀片拆装时，无需把铣刀

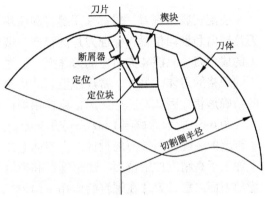

图 6-59 快速拆装转位铣刀

从刀轴上取下，只要将夹紧螺钉松开，楔块向下移动，定位块松动，刀片就能沿轴向抽出或径向取出，大大节省了更换刀片的时间。刀片装在定位块上，旋转锁紧螺钉，楔块向上移动，使得定位块带着刀片沿着定位面移动。刀片在半径方向的位移正好补偿了刀片修磨后刀片在半径方向上缩短量，从而确保刀片重磨后刀片刃口自动处在重磨前的切削圆上。

6.4.2.2 液压夹紧装配式刨刀

目前，木材加工企业对四面刨精度和生产能力的要求越来越来高，一些四面刨进给速度在80 m/min以上，高速四面刨进给速度可达350 m/min。在如此高的进给速度下，必须保证每个刀齿均衡切削，才能确保光滑的切削表面。因此，需要使用液压夹紧刨刀。

图6-60所示为液压夹紧刨刀，用于高速四面刨机床上，进行平面切削。液压夹紧力约为270 bar，夹紧力大，刨刀内孔与刀轴的同心度高，刨刀振动小，切削质量高。

为了保证光滑的加工表面，液压刨刀的每齿进给量U_z控制在1.3～1.7 mm，铣削深度为0.5～0.8 mm。选用时，需要根据进给速度和转速计算刀具的直径和齿数。通常刨刀直径为180～220 mm，对应的齿数为8～16。例如，刀轴转速为6 000 r/min，进给速度U为60 m/min，一般配置12个刀齿。刀片材料为高速钢或硬质合金，刀片重磨后刀面。

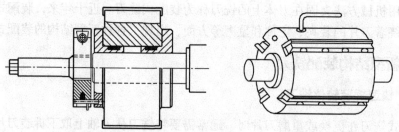

图6-60 液压夹紧刨刀

6.4.2.3 新型装夹成型铣刀

装配式成型铣刀一般都采用螺钉和楔块等零件夹固刀片。需要花较长的时间，调节刀片径向和轴向位置，保证刀片的径向、端向跳动在允许的公差内。装在常规结构刀体上的成型刀片只能装夹对应的刀体上。这对于工件廓形经常变化的家具企业，需要配置不同规格的刀体。另外，常规成型刀片均是重磨后刀面，需要仿形工具磨床来保证刀片的精确形状。因此，一些厂家宁愿选用焊接式成型铣刀。

图6-61所示为德国Leitz公司开发的新型装夹的成型铣刀，其刀体、刀片结构突破了传统的装配成型铣刀的设计。在刀体上加工了"T"槽，刀片也是"T"结构，并在刀体上加工了高精度的定位面。通过螺钉和销钉施压，刀片的前刀面能紧贴在定位面上。重磨前刀面之后，刀片在螺钉的作用下沿着"T"槽移动，补偿刀片在半径方向的缩短量，从而满足切削圆直径不变的特点。

刀具能否进行正常的切削，切削质量的好坏，经久耐用的程度都与刀具切削部分的材料密切相关。切削过程中的各种物理现象，特别是刀具的磨损与刀具材料的性质关系极大。在机床许可的条件下，刀具的劳动生产率基本上取决于其本身材料所能发挥的切削性能。对木工刀具的要求在高速并且承受冲击载荷的切削条件下，长时间保持切削刀具的锐利性能。为

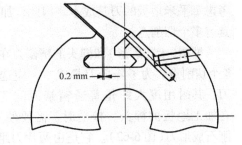

图 6-61　新型装夹成型铣刀

此，木工刀具的材料，必须具备必要的硬度和耐磨性，足够的强度和韧性，一定的工艺性(如焊接、热处理、切削加工和磨削加工性能等)。

6.4.3　金刚石铣刀

6.4.3.1　金刚石刀具刃口成型技术

镶焊 PCD 复合刀片金刚石刀具，由于硬度高，用普通方法加工成型刃口非常困难，目前国内外多数厂家都采用电火花腐蚀加工技术，开发了高精度带旋转电极和丝状电极的金刚石刀具精密加工机床。采用盘状和丝状电极电腐蚀加工工艺加工超硬材料刀具、轮轴工具、盘状工具等，也可在一定条件下加工成型刀具，可一次完成刀具的测是、加工、检验的全过程，具有加工精度高、功率大、表面光洁度好等优点。这些机床一般为多轴联动的数控机床，工件表面粗糙度 Ra < 0.41 μm，端、径向跳动公差≤0.01 μm。目前，德国、英国、瑞士等国家的金刚石电火花腐蚀机床居世界领先地位。

6.4.3.2　金刚石刀具的安装技术

国外进口设备上配备的金刚石木工刀具一般是通过液压夹紧套轴与机床主轴连接的。通常刀头与刀轴之间存在 0.05 mm 的配合间隙，液压夹紧轴套内壁有一空腔，充满液压油，施压时轴套内壁均匀包紧刀轴，完全消除了刀头和刀轴之间的间隙，保证刀头回转中心线与刀轴的旋转轴线一致，极大地减小了刀齿的径向跳动，提高了工件表面的加工质量和延长了刀具的使用寿命。

6.4.3.3　强化木地板用金刚石刀具

强化木地板的耐磨纸中含有 Al_2O_3 细微颗粒，其硬度仅次于立方氮化硼(CBN)和聚晶金刚石(PCD)，目前只能用金刚石刀具来加工。

强化木地板的切削加工需要预切刀位，否则精修刀会因铣削深度过大而降低耐用度，提高刀具成本。

在加工以刨花板为基材的强化木地板时，需要降低成形刀具的切削量，防止产生挖切，因而成形刀位分预成形和成形 2 个刀位，预成形刀位先完成部分材料的切削，再由成形刀位切去余下的全部材料，以保证地板榫头和榫槽的切削质量。

强化木地板的耐磨层厚约 0.15 mm，易造成刀具刃口快速阴洼磨损，刀具设计时应

考虑每平米地板的刀具成本。因此，加工耐磨层的精修刀除了要有合理的角度外，还应具有多个切削点。

榫槽（卡扣廓形）和榫头的精修刀在调节切削点时，移动范围受限，单片刀只有6~8个切削点。为了降低刀具成本，应选用三层精修刀，利用多个切削点而不用频繁换刀，其耐用度大约是普通精修刀的3倍。在加工地板的榫头、榫槽时，需要使用金刚石成形刀（图6-62）。它是由两片刀组成，安装在一个液压夹紧轴套上，能方便调节各片刀具之间轴向距离，以满足地板的廓形要求。液压夹紧轴套具有两个施压螺钉，分别将轴套和刀体张紧在刀轴和轴套上，消除配合间隙，并达到锁紧刀具的目的。液压轴套端部具有细牙螺纹，与之相旋合的调刀罗盘能调节刀具的上下位置，调节精度为0.01 mm。

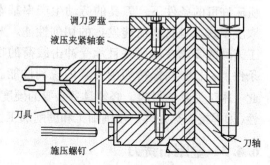

图6-62 双片刀的液压夹紧轴套

第7章

钻削与钻头

木制品零部件为接合需要有时要加工各种类型的孔和槽，这些孔、槽的加工是家具加工工艺中一个很重要的加工工序，孔、槽加工的好坏直接影响接合强度和质量。本章主要研究孔、槽加工的切削原理，钻头和榫槽切削刀具的类型以及影响钻削加工质量的因素。

7.1 钻削原理

钻削是用旋转的钻头沿钻头轴线方向进给对工件进行切削的过程。加工不同直径的圆形通孔和盲孔要用不同类型的钻头来完成。

7.1.1 钻头的组成和钻头切削部分的几何形状

根据钻头各部位的功能，钻头的组成可以分为三大部分，如图7-1所示。

尾部(包括钻柄、钻舌)：钻头的尾部除供装夹外，还用来传递钻孔时所需扭矩。钻柄有圆柱形和圆锥形之分。

颈部(钻颈)：位于钻头的工作部分与尾部之间，磨钻头时颈部供砂轮退刀使用。

工作部分：包括切削部分和导向部分，切削部分担负主要的切削工作，钻孔时导向部分起引导钻头的作用，同时还是钻头的备磨部分。

导向部分的外缘有棱边称之为螺旋刃带，这是保证钻头在孔内方向的两条窄螺旋。钻头轴线方向和刃带展开线之间的夹角称为螺旋角 ω。

钻头按工作部分的形状可分为圆柱体钻头和螺旋体钻头。螺旋体钻头有螺旋槽可以更好容屑和排屑，这在钻深孔时尤其需要。本节着重讨论钻头的切削部分，它包括前刀

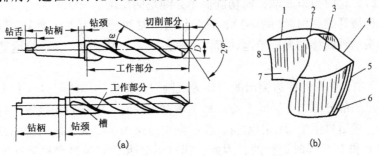

(a)   (b)

图7-1 钻头的组成和钻头切削部分的几何形状

(a)钻头的组成 (b)钻头切削部分的几何形状

1. 主刃 2. 横刃 3. 后刀面 4. 主刃 5、8. 副刃 6. 副后刀面 7. 前刀面

面、后刀面、主刃、横刃、沉割刀和导向中心等。

前刀面：当工作部分为螺旋体时，即为螺旋槽表面，是切屑沿其排出的表面。

后刀面：位于切削部分的端部，它是与工件加工表面（孔底）相对的表面，其形状由刃磨方法决定，可以是螺旋面、锥面和一般的曲面。

主刃：钻头前刀面和后刀面的交线，担负主要的切削工作。横向钻头的主刃与螺旋轴线垂直，纵向钻头的主刃与螺旋轴线呈一定角度。

锋角（2φ）：又叫钻头顶角，它是钻头两条切削刃之间的夹角。在钻孔时锋角对切削性能的影响很大，锋角变化时，前角、切屑形状等也引起变化。

横刃：钻头两后刀面的交线，位于钻头的前端，又称钻心尖。横刃使钻头具有一定的强度，担负中心部分的钻削工作，也起导向和稳定中心的作用，但横刃太长钻削时轴向阻力过大。

沉割刀：钻头周边切削部分的切削刃，横向钻削时，用于在主刃切削木材前先割断木材纤维。沉割刀分为楔形和齿状两种。

导向中心：在钻头中心切削部分的锥形凸起，用于保证钻孔时的正确方向。

7.1.2　钻削的种类和钻削运动学

根据钻削进给方向与木材纤维方向夹角的不同，可以把钻削分为横向钻削和纵向钻削两种。

钻削进给方向与木材纤维方向垂直的钻削称之为横向钻削，如图 7-2（a）所示。不通过髓心的钻削为弦向钻削（图 7-2 中 I），通过髓心的钻削为径向钻削（图 7-2 中 II）。横向钻削时要采用锋角 180°、具有沉割刀的钻头，此时沉割刀做端向切削把孔壁的纤维先切断，然后主刃纵横向切削孔内的木材，从而保证孔壁的质量。

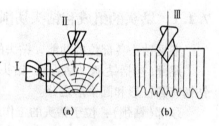

图7-2　不同方向的钻削

（a）横向钻削　（b）纵向钻削

钻削进给方向与木材纤维方向一致的钻削被称之为纵向钻削，如图 7-2（b）所示。用于纵向钻削的钻头，刃口相对钻头的轴线倾斜，锋角小于 180°，即锥形刃磨的钻头（图 7-2 中 III），这时刃口成端横向切削而不是纯端向切削。

中心钻头横纤维钻削时（图 7-3），钻头绕自身轴线旋转为主运动 V，与此同时钻头或工件沿钻头的轴线移动为进给运动 U。一般在钻床上主运动 V 和进给运动 U 都是由钻头完成的。

在图 7-3 中，钻头的周边突出的刃口为沉割刀，钻头端部的刃口 a 和刃口 b 称为主刃，正中突出的部分称之为导向中心。钻削木材工件时，沉割刀先接触木材沿孔壁四周将木材切开，然后再由主刃切削木材，其导向中心是为了保证正确的钻削方向。

钻削时 V 和 U 是同时进行的，因此，相对运动速度 V' 为这两种运动速度的向量和（$\vec{V'} = \vec{V} + \vec{U}$）。刃口各点的相对运动轨迹为螺距相同、升角不同的螺旋线，钻削时切屑形成如图 7-4 所示。

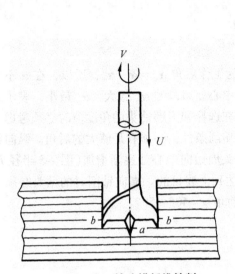

图7-3 中心钻头横纤维钻削

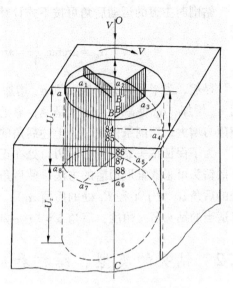

图7-4 钻削时切屑形成过程

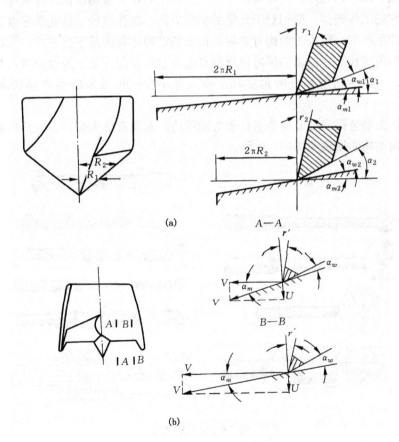

图7-5 钻削时钻头角度的变化

(a)锥形刃磨的钻头 (b)横向钻削的钻头

钻削时主刃的运动后角可按下式计算：

$$\alpha_m = \arctan \frac{U}{V} = \arctan \frac{U_n}{2\pi R}$$

显然，当半径 R 减小时，则 α_m 增加。因为工作后角 $\alpha_w = \alpha - \alpha_m$，所以，在 α 不变时 α_m 增加，α_w 便减小。这就是说，靠近钻头中心处刃口的 α_m 最大，α_w 最小，表示摩擦阻力增大，切削条件变坏。上述后角的变化在选择和刃磨钻头的角度值时必须考虑。

为了保证钻头靠近中心的刃口处在正常的切削条件，必须有足够大的后角。纵向钻削的钻头可采取锥形刃磨的方法，使后角从钻头周边向中心处逐渐增加（图 7-5 半径 R_2 处的后角 α_2 大于半径 R_1 处的后角 α_1），便能达到上述目的。横向钻削时的钻头必须选择适当的钻头名义角度：后角 $\alpha = 15° \sim 20°$；前角 $\gamma = 40° \sim 50°$。

7.2　钻头的类型、结构和应用

钻头除了用于钻孔外，还可以用于钻去工件上的木节或切制圆形薄板等。钻头的结构决定于它的工作条件，即相对于纤维的钻削方向、钻孔直径、钻孔深度以及所要求的加工精度和生产率。钻头的结构有多种。钻头的结构必须满足下列要求：①切削部分必须有合理的角度和尺寸；②钻削时切屑能自由地分离并能方便、及时排屑；③便于多次重复刃磨，重磨后切削部分的角度和主要尺寸不变；④最大的生产率和最好的加工质量。

一把钻头要全部满足上述要求是极为困难的，就现有钻头而言，也只是部分地满足要求。不同结构的钻头如图 7-6 所示。

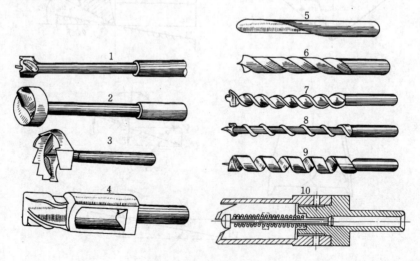

图 7-6　钻头的类型

1. 圆柱头中心钻　2. 圆形沉割刀中心钻　3. 齿形沉割刀中心钻　4. 空心圆柱钻
5. 匙形钻　6. 麻花钻　7. 螺旋钻　8. 蜗旋钻　9. 螺旋起塞钻　10. 圆柱形锯子

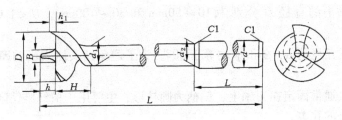

图 7-7 圆柱头中心钻

7.2.1 圆柱头中心钻

钻头端部呈圆柱形，具有两条刃口，带有一条螺旋槽，如图 7-7 所示。此钻头主要供横纤维钻浅孔用，但是，它可以在较大的进给速度下钻削比平头简单中心钻较深的孔。

中心钻的尺寸参数：$D = 10 \sim 60$ mm，$L = 120 \sim 210$ mm，$h = (0.25 \sim 0.5)D$，$h_1 = U_{max}$。钻削时必须考虑 α_m 的影响，其角度值：$\alpha = 20° \sim 25°$，$\beta = 20° \sim 25°$，$\delta = 40° \sim 50°$。

强制进给时因 α_m 较大，必须采用较大的后角。为了使切屑形成良好，$\delta < 40° \sim 50°$。当钻削松木时 $\beta_{min} = 20° \sim 25°$，此时 $\alpha = 20° \sim 25°$。

7.2.2 圆形沉割刀和齿形沉割刀中心钻

圆形沉割刀钻头［图 7-8(a)］具有两条主刃用以切削木材，沿切削圆具有两条圆形刃口（即圆形沉割刀），用来先切开孔的侧表面，沉割刀凸出主刃水平面之上 0.5mm。齿形沉割刀钻头［图 7-8(b)］，其齿形沉割刀几乎沿钻头整个周边分布，钻头只有一条水平的主刃。

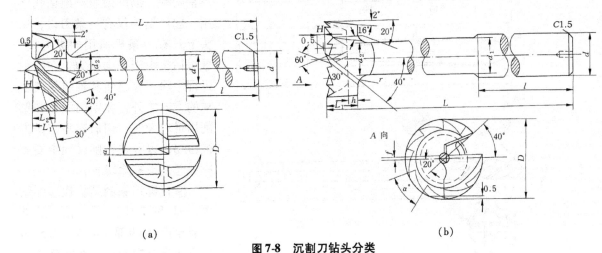

(a)　　　　　　　　　　　　　　　(b)

图 7-8 沉割刀钻头分类

(a)圆形沉割刀钻头　(b)齿形沉割刀钻头

上述两种钻头的直径 D 分别为 $10 \sim 50\text{mm}$ 和 $30 \sim 100\text{mm}$，$U < 1.0\text{mm/r}$；$V_{\max} = 2\ \text{m/s}$。

切削部分的角度值 α，β 和 γ 均等于 $30°$。为了避免钻头侧表面的摩擦，使钻头内凹 $2°$。

这两种钻头通常固定在刀轴上，钻柄为圆柱形，主要用于横纤维钻削不深的孔、钻木塞及钻削胶合的孔等。

7.2.3　圆柱形锯（空心圆柱形钻）

具有能推出锯好木塞的圆柱形锯如图 7-9 所示，圆柱形锯具有类似锯片的锯齿，锯齿分布在钻的周边，锯齿的前齿面和后齿面都斜磨，其角度参数一般为：斜磨角 $\varphi = 45°$；后角 $\alpha = 30°$；楔角 $\beta = 60°$。它的中间部分是中心导向杆和弹簧，弹簧用来推出木片或木塞。

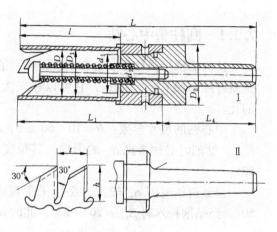

图 7-9　圆柱形锯

钻木塞的圆柱形锯 $D = 20 \sim 60\ \text{mm}$，此时外径与内径之差 $D - D_1 = 5\ \text{mm}$。根据机床夹具结构不同，钻柄一般为圆柱形或圆锥形。圆柱形锯的优点是生产率高、加工质量好和功率消耗小，多用来钻通孔和钻木塞等。

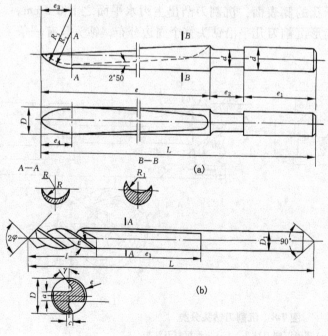

图 7-10　顺纤维钻削用钻头
(a)匙形钻　(b)麻花匙形钻

7.2.4　匙形钻

匙形钻分为匙形钻和麻花匙形钻两种，都可做顺纤维钻孔之用。匙形钻头仅有一条刃口，钻头上开有一条排屑用的纵向槽，单刃钻头由于单向受力，在钻削过程中除了容易使其轴线偏离要求的方向之外，在钻削深孔和钻削用量较大时，切屑容易在槽内被压缩，以致在钻削过程中要多次提起钻头排除切屑。

麻花匙形钻的结构比匙形钻更合理［图 7-10（b）］，钻头从端部起至距离端部 $l = (2 \sim 2.5)D$ 处止，具有螺旋槽，在螺旋槽后面又有纵向槽。这种结构能保证形成两条具有标准切削角度的刃口(锋角为60°),并保证能把切屑较好地排出孔外,它的刚性比麻花钻还大。据研究,在同一进给条件下,其扭矩和轴向力比麻花钻约减少 1.3 ~ 2.0 倍,比排屑良好的匙形钻低 2.5 ~ 3.0 倍。

匙形钻切削部分直径 $D = 6 ~ 50$ mm,$U_n < 4 ~ 5$ mm。麻花匙形钻螺旋角 $\omega = 40°$,锋角 $2\varphi = 60°$。

7.2.5　螺旋钻

具有螺旋切削刃口的钻头叫螺旋钻,按其形状分三种:螺旋钻、蜗旋钻和螺旋起塞钻。

螺旋钻是在圆柱杆上按螺旋线开出两条方向相反的半圆槽(图 7-11),半圆槽在端部形成两条工作刃。螺旋钻容易排屑,可用于钻深孔。螺旋角 $\omega = 40° ~ 50°$;刃口部分 $\alpha = 15°$左右。端部有沉割刀的螺旋钻做横向钻削之用。

螺旋钻还有长短之分,短螺旋钻[图 7-11(a)]主要用来钻削直径较大而深度不深的

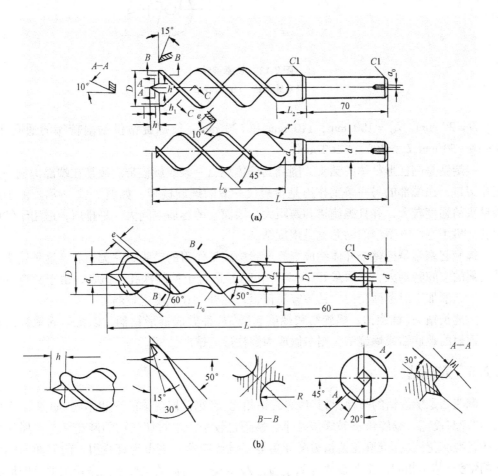

(a)

(b)

图 7-11　螺旋钻

(a)短螺旋钻　(b)铣削钻

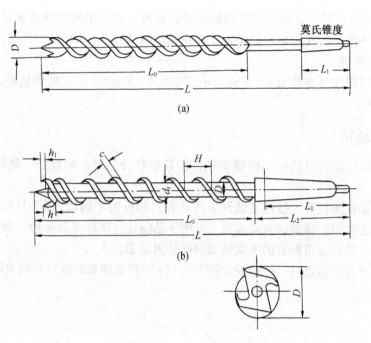

图 7-12　长螺旋钻

（a）螺旋钻　（b）蜗旋钻

孔，$D = 20$ mm，$L_0 = 100$ mm，110 mm 和 120 mm。长螺旋钻供钻削较深的通孔用，$D = 10 \sim 50$ mm，$L_0 = 400 \sim 1\ 100$ mm。

　　蜗旋钻是圆柱形杆体的钻头，围绕其杆体绕出一条螺旋棱带。棱带在端部构成一条工作刃口，在端部的另一条工作刃是很短仅一圈的螺旋棱带，如图 7-12 所示。由于这种钻头的强度较大，并且螺旋槽和螺距大，因而它的容屑空间大，易排屑，适用于钻削深孔。机用空心方凿中的钻芯就是蜗旋钻。

　　螺旋起塞钻是把整个杆体绕成螺旋形状构成工作刃的钻头，它无钻心。这种钻头容纳切屑的空间特别大，排屑最好（图 7-6 中 9），适合于钻削深孔。但是，由于只有一条刃口，钻削加工时单面受力，钻头容易偏歪，此外，其强度也较弱。

　　上述长钻头（螺旋钻、蜗旋钻和螺旋起塞钻）都做成锥形钻柄，以便牢固地装入钻套，而短的螺旋钻或蜗旋钻，则多做成为圆柱形或锥形钻柄。

7.2.6　麻花钻

　　麻花钻是螺旋钻的一种，与其他螺旋钻相比，麻花钻螺旋体的形状不同，如图 7-13 所示，它背部较宽，螺旋角 ω 较螺旋钻小，螺距也较小。木材切削用的麻花钻与金属切削用的标准麻花钻（标准麻花钻指刃磨锋角等于设计锋角，主刃为直线刃，前刀面为螺旋面的钻头）基本相同，主要参数有 2φ，ω，γ，α 等。它们的主要差别是切削部分的形状不同。根据钻削的要求，在木工钻头中麻花钻的结构较合理，这是因为其具有以下特点。

　　（1）麻花钻的螺旋带较大，可磨出一条刃口，并且经多次刃磨以后仍能保持切削部

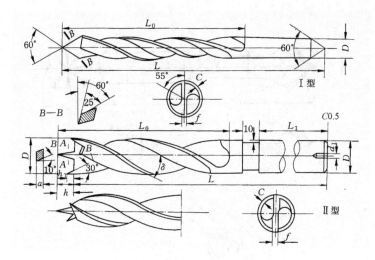

图 7-13 麻花钻

分的尺寸、形状和角度不变。

(2)顶端可磨成所需要的形状,如锥形、平面等。

(3)保证高的生产率和钻削质量。

(4)可以横纤维钻削,也可以顺纤维钻削。横纤维钻削时锋角为 180°并具有沉割刀和导向中心;顺纤维钻削时则按锥形刃磨,锋角为 60°～80°。

麻花钻因为容屑比其他螺旋钻差,所以多用于钻削深度不深的孔,$D = 10 \sim 20$ mm; $\omega = 20° \sim 25°$。当钻削较大直径的孔时,宜采用 $\omega = 45°$ 的钻头,使钻削力下降。当强行进给时应考虑 α_m,这时应加大 α,使之达到 $\alpha = 25° \sim 30°$。

7.2.7 扩孔钻

扩孔钻用做局部扩孔加工或成型深加工。扩孔钻有如下几种(图 7-14)。

(1)具有导向轴颈的圆柱形扩孔钻[图 7-14(a)],用于在木制品上钻削埋放圆柱头螺栓用的圆柱孔。

(2)锥形扩孔钻[图 7-14(b)],用于钻削埋放螺钉用的锥形孔,由于螺钉头的锥角为 60°,所以锥形扩孔钻的锥角也为 60°。锥形扩孔钻直径 D 有 10 mm,20 mm,30 mm 等规格,钻柄为圆柱形以固定在夹具和卡盘中。

(3)具有钻头的复合扩孔钻[图 7-14(c)],用做扩孔的同时加工成型面。

图 7-15(b)和图 7-15(c)所示为锥形加深和扩孔用的复合扩孔钻,用它扩孔和锥形加深只需一道工序便可完成。

具有钻头的圆柱形扩孔钻,用于钻削圆孔的同

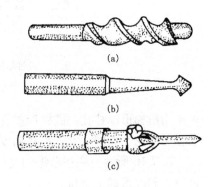

图 7-14 扩孔钻

(a)圆柱形扩孔钻 (b)锥形扩孔钻

(c)复合扩孔钻

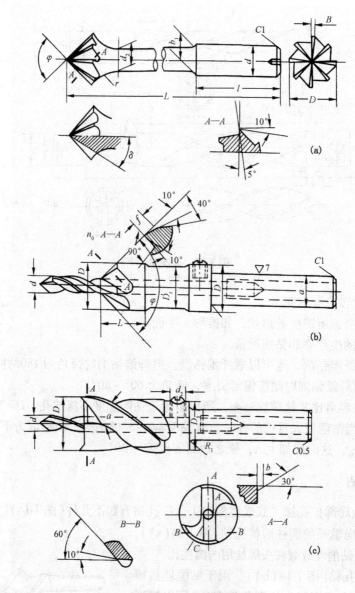

图 7-15　扩孔钻的结构
(a)锥形扩孔钻　(b)具有钻头的复合扩孔钻
(c)具有钻头的复合圆柱形扩孔钻

时扩出阶梯形圆柱孔。圆柱形扩孔钻钻头的直径尺寸较多，其 α，γ 角和 h 值等与同一直径的麻花钻相同。复合扩孔钻安装时内外螺旋槽要对齐以便于排屑。

图 7-16 所示为圆柱形锯的复合锥形扩孔钻，用于木制零件上制取锥形孔。为减少进给力和改善加工质量，在圆锥形扩孔钻扩孔时，刃口不沿母线而与其成一定角度配置，该角度决定于扩孔钻直径，在 10°～16°内变化。

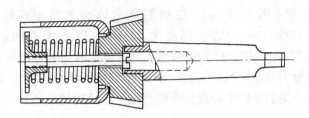

图 7-16　有圆柱形锯的复合锥形扩孔钻

7.2.8　硬质合金钻头

硬质合金钻头主要用于刨花板、纤维板和各种装饰贴面板上的钻孔加工，它有两种类型：硬质合金中心钻和硬质合金麻花钻。试验表明：硬质合金麻花钻与同类钻头比较，寿命高 4~9 倍，进给速度大 1~2 倍。

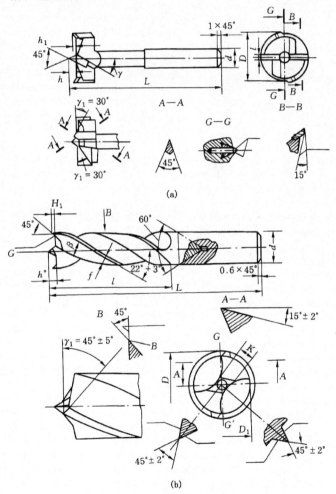

图 7-17　硬质合金钻头

(a)硬质合金中心钻　(b)硬质合金麻花钻

硬质合金中心钻 [图 7-17 (a)] 在钻削薄木饰面木质刨花板时: $D = 30$ mm, $U_z = 0.6$ mm, $n = 3\ 000$ r/min, 钻削深度为 25 mm, 得出主刃的最佳角度参数为: $\gamma = 30°, \alpha = 15° \sim 20°, \delta = 60°$。试验还表明; 当 δ 恒定时, 主刃在一定范围内增加, 将引起切削力的轴向分力和扭矩减少; 当 α 不变时, δ 从 60° 增至 80°, 轴向分力和扭矩将增加。硬质合金中心钻的导向中心最佳高度与钻头直径的关系见表 7-1。

表 7-1　硬质合金中心钻的导向中心最佳高度与钻头直径的关系　　　　　　　　　mm

钻头直径	15	20, 25, 30	35, 40
导向中心高度	3.6	4.3	4.6

第8章

磨削加工

　　磨削是一种特殊的切削加工工艺，它是用砂带、砂纸或砂轮等磨具代替刀具对工件进行加工，目的是除去工件表面一层材料，使工件达到一定的厚度尺寸或表面质量要求。磨削加工在木材加工工业中常用于以下几方面：①工件定厚尺寸校准磨削，主要用在刨花板、中密度纤维板、胶合板、木材构件、硅酸钙板等人造板的定厚尺寸校准。②工件表面精光磨削，用于消除工件表面经定厚粗磨或铣、刨加工后，工件表面的较大表面粗糙度，获得更光洁的表面。③表面装饰加工，在某些装饰板的背面进行"拉毛"加工，获得要求的表面粗糙度，以满足胶合工艺的要求。④工件油漆膜的精磨，对漆膜进行精磨、抛光，获取镜面柔光的效果。

　　磨削加工不同于铣削加工和刨削加工。铣削和刨削往往因逆纹理切削而产生难于消除的破坏性不平度，加之大功率、高精度宽带砂光机的发展，为大幅面人造板、胶合成材和拼板的定厚尺寸校准和表面精加工提供了理想设备，因此磨削的应用前景非常广阔。

8.1　磨削的种类

　　磨削所用的工具是砂布、砂纸和砂轮。

　　砂纸(布)磨削按磨具形状不同可分为盘式、带式、辊式、刷式和轮式磨削。

8.1.1　盘式磨削

　　盘式磨削利用表面贴有砂纸(布)的旋转圆盘磨削工件。盘式磨削可分立式、卧式和可移动式三种(图8-1)。

　　盘式磨削可用于零件表面的平面磨削或角磨箱子、框架等。这种方式结构简单，但因磨盘不同直径上各点的圆周速度不同，所以零件表面会受到不均匀的磨削，砂纸

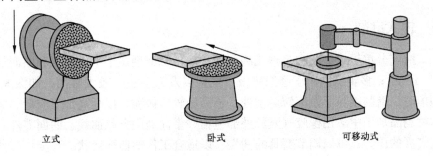

立式　　　　　　　卧式　　　　　　可移动式

图 8-1　盘式磨削示意图

（布）也会产生不同程度的磨损。磨盘除绕本身轴线旋转外，还可平面移动，以磨削较大的平面，如图 8-1 中的可移动式磨削。

8.1.2 带式磨削

由一条封闭无端的砂带，绕在带轮上对工件进行磨削。按砂带的宽度，分为窄带磨削和宽带磨削。窄砂带可用于平面磨削、曲面磨削和成型面磨削，如图 8-2(a) ~ (d) 所示；宽砂带则用于大平面磨削，如图 8-2(e) 所示。带式磨削因砂带长，散热条件好，故不仅能精磨，亦能粗磨。通常，粗磨时采用接触辊式磨削方式，允许磨削层厚度较大；精磨时采用压垫式磨削方式，允许磨削层厚度较小。

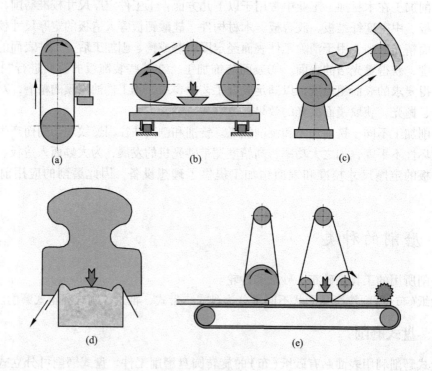

图 8-2　带式磨削示意图
(a)立式平面磨削　(b)卧式平面磨削　(c)悬臂式曲面磨削
(d)成型面磨削　(e)宽带砂光机平面磨削

8.1.3 辊式磨削

辊式磨削分单辊式磨削和多辊式磨削两种。单辊磨削用于平面加工和曲面加工，如图 8-3(a) 所示；多辊磨削用于磨削拼板、框架以及人造板等较大幅面，如图 8-3(b) 所示。磨削时，磨削辊除了做旋转运动外，还需做轴向振动，以提高加工质量。

木材制品加工中多用橡胶气囊辊外部包覆砂带筒磨削条状曲线、曲面零件，根据需要确定气囊的压力，可以调节磨具的韧性，以适合工件的曲面形状。

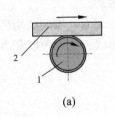 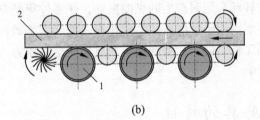

(a)   (b)

图8-3 辊式磨削示意图

(a)单辊磨削 (b)多辊磨削

1. 磨削辊 2. 工件

图8-4 刷式磨削示意图

8.1.4 刷式磨削

这种类型的磨削适合于磨削具有复杂型面的成型零件。磨刷上的毛束装成几列(图8-4)。当磨刷头旋转时,零件靠紧磨刷头。由于毛束是弹性体,故能产生一定的压力,使砂带紧贴在工件上,从而磨削复杂的成型表面。

切成条状的砂带绕在磨刷头的内筒上,通过外筒的槽伸出。随着砂带的磨损,可从磨刷头内拉出砂带,截去磨损的部分。

另一种刷式磨削采用将砂带条粘在一薄圆环上,在做旋转运动的滚筒上叠压若干个这样的薄圆环,在滚筒做旋转运动的同时,滚筒还要在轴向上做振动,砂带条即可对木材工件的表面进行磨削。此种形式的磨削适合于平面成型板件的磨削加工。

8.1.5 轮式磨削

轮式磨削在木材加工中的应用历史不长。砂轮用尼龙布或混有磨料的尼龙布制造,砂轮可预先剪裁成预定的性状,可用于木制品零件表面、特别是型面的精磨,亦可用于将毛坯加工成规定的形状和尺寸。砂轮的特点是使用寿命长,使用成本低,制造简单,更换比砂带方便。但因砂轮散热条件差,易发热而使木材烧灼。

此外,在木材加工工业中应用的磨削加工方式,还有滚辗磨削和喷砂磨削。滚辗磨削主要用于木质小零件的精磨加工,如螺钉旋具手柄、短小的圆榫、雪糕棒等。此法是将磨料(浮石)、木质零件一起放入一个可转动的大圆筒内(圆筒转速为 20 ~ 30 r/min),

靠圆筒的转动和同时产生的纵向振动，使零件得到充分的辗磨。

喷砂磨削用于砂磨压花的刨花板表面和实木雕刻工件的表面。喷砂利用高压空气把砂粒喷到工件表面。其磨削效率和质量受空气压力、喷嘴形状、喷射角度和砂粒种类等因素的影响。

8.2 磨具的特性

为了研究磨具的磨削性能，首先必须了解磨具的特性。

砂纸(布)由磨粒、基体和黏结剂三种成分组成，如图 8-5(a)所示。另外还可使用基体处理剂等作为次要原料。砂轮由磨粒和黏结剂组成，如图 8-5(b)所示。

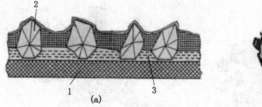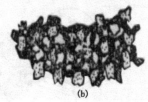

图 8-5 磨具的结构

(a)砂纸 (b)砂轮

1. 基体 2. 磨粒 3. 黏结剂

8.2.1 磨 料

磨具的主要成分是磨料，它直接担负着磨削工作。因此，磨料必须具有足够的强度、硬度、耐磨性、耐热性和一定韧性，并具有锋利的几何形状；同时亦要具有一定的脆性，以保证切刃的自生。

用于磨削木材的磨料有刚玉类、碳化物类和玻璃砂。

(1)刚玉类：主要成分为氧化铝，又分为白刚玉(GB)、棕刚玉(GZ)等。氧化铝的硬度较大、强度高，是一种坚实的磨料，采用树脂黏结剂粘接，它具有较大的抗破坏能力，因此常用于需要磨削压力较大，强力磨削的场合。

(2)碳化物类：主要成分是碳化硅，又分为黑色碳化硅(TH)和绿色碳化硅(TL)。此类磨料硬度和锋利程度比刚玉类高，但强度低，脆性大，抗弯强度低，故一般用于轻磨的场合。

(3)玻璃砂：主要成分为氧化硅。玻璃砂作为磨粒，切刃锋利，自生能力好。由于磨削木材时的磨削力较小，所以尽管其强度低，但仍采用较多，尤其适于制造砂轮。

磨料颗粒的形状，以等体积的多角形球状较为理想。

8.2.2 粒 度

粒度即磨料的粗细程度。粒度是衡量磨料颗粒大小、粗细程度的指标，用粒度号表示。选择粒度应考虑被磨材料种类、性能、初始状态、生产等多种因素。

砂带用的磨料，是专用磨料，为 P 制系列磨粒砂。P 制系列磨粒砂按长轴方向的直径微米尺寸大小排序列号。粒度实质上是单位长度上筛孔的数量，筛孔数量多，粒度值大，则磨粒尺寸越小，相对应砂带越细。筛孔数量少，粒度值小，磨粒尺寸越大，相对应的砂带越粗，粒度越小，砂带去除率越高，粒度越大，砂带去除率越低。

粒度号有两种表示方法：磨料颗粒大的用筛选法来区分，以每英寸(1 in = 25.4 mm)长度上筛孔的数目来表示。例如，P46 号表示该号磨粒能通过每英寸长度有 46 个孔眼的筛网，而不能通过下一档，即每英寸长度上有 60 个孔眼的筛网。

颗粒较细的，用沉淀法或显微测量法来区分，用测量出的颗粒尺寸来表示它的粒度号。磨料粒度号及其尺寸见表 8-1。

表 8-1 P 制磨料粒度号及其尺寸范围

粒度号数	磨料尺寸(μm)	粒度号数	磨料尺寸(μm)
12	2 000 ~ 1 700	150	105 ~ 85
16	1 400 ~ 1 200	180	85 ~ 75
20	1 000 ~ 800	220	75 ~ 63
24	800 ~ 700	240	63 ~ 53
30	700 ~ 600	280	53 ~ 50
36	600 ~ 500	320	50 ~ 44
40	450 ~ 350	360	44 ~ 36
50	340 ~ 280	400	36 ~ 30
60	280 ~ 250	500	30 ~ 26
80	210 ~ 180	600	26 ~ 23.6
100	150 ~ 125	800	23.6 ~ 19
120	125 ~ 105	1 000	19 ~ 16

磨具不可能完全用同一粒度的磨料来制造。所谓某粒度的砂轮或砂带，是指其中的磨料大多数是该粒度的，而其余少部分磨料颗粒的粒度可能较大或较小。即每种粒度基本粒的含量，也就是每种粒度磨粒中个头同样大小磨料的百分比，基本粒的含量越高，砂带表面等高性越好，接触面上同时参与磨削的磨粒数量越多，去除力越强，耐用度越高，表面粗糙度一致性越好。

粒度的选择通常是按被加工表面原有的状态、要求磨出的表面粗糙度以及木材的材性来确定。例如，粗磨时为提高生产率，宜选用粒度较小的磨料，对人造板、木材宜选用粒度 P40 ~ P100 号的磨具；精磨时选 P120 ~ P180 号；磨漆膜时，头道工序选 P280 ~ P320 号，抛光时，选用 P380 ~ P400 号。多道工序磨削时，相邻两道工序选用的粒度号应不超过两级。为了提高生产率，木材工件磨削加工一般可以采用多头磨床，分几次磨削。

国际磨料粒度分等存在 3 个标准体系，即众所周知的 CAMI，FEPA 和 J1S 标准(表8-2)。CAMI(被覆磨料生产商协会)美洲磨料标准，FEPA(欧洲磨料生产商联合会)欧洲磨料标准，JIS 即日本工业标准。这些分等标准体系彼此之间略有差异，一个标准体系的某一个数值，相对于其他标准而言，经常是不对应的。在粗砂方面，三个标准体系则相当接近。而细砂方面，差异较大，如 FEPA 标准 1 200 目只相当于 CAMI 标准 600 目。与 CAMI 相比较，JIS 则更接近于 FEPA，但是也有一定差别。FEPA 标准中，产品用"P"作为标识，例如：P－120，美洲的 CAMI 标准产品没有标识，日本产品一般采用 JIS 标准。

表 8-2　FEPA，CAMI 和 JIS 磨料粒度标准

FEPA (目/P 等级)	平均粒径 (μm)	CAMI (目)	JIS (目)	FEPA (目/P 等级)	平均粒径 (μm)	CAMI (目)	JIS (目)
	1.2		8 000		74		180
	2.2.		6 000	180	79	180	
	3		4 000		88		150
	5.4		3 000		95	150	
	6.5	1 200		150	98		
	6.6		2 500		110		120
	8.5		2 000		113	120	
	9.2	1 000		120	122		
	10.6		1 500		131		100
	12.2	800			136	100	
	12.5		1 200	100	157		
	15		1 000		189	80	80
1 200	15.3			80	196		
	16	600		60	262		
1 000	18.3				266	60	
	19		800		274		60
	19.7	500			324		50
800	21.8			50	328		
	23.6	400			341	50	
600	25.8				385		40
	26		600	40	412		
	28.8	360			457	40	
	30		500	36	523		
500	30.2				536	36	
400	35		400		540		36
	36	320		30	626		
	40		360		643		30
360	40.5				646	30	
	44	280			731	24	
320	46.2			24	743		
	50.0		280		768		24
280	52.2	240			886	20	
	53.5				973		
	54.5		240		984		20
240	58.5			20	1 238		16
	60.0		220		1 292		
	64.0	220		16	1 293	16	
220	66.0						

8.2.3 基 体

基体材料分纸基和布基两类。基体应具有较好的抗拉强度和抗伸展性，吸湿率小。纸质基体价格低廉、表面平整，可使加工表面粗糙度低于布质基体。但它的承载能力低，故大都用于速度较低的砂盘磨削和砂带磨削。布质基体具有较大的强度和柔软性，可用于高速强力机械化磨削。如粗磨、边磨和宽带磨削等。由于布质基体有易伸展性的缺陷，故不适用于滚筒砂光机上。

纸基按单位面积质量由轻到重分 A、B、C、D、E 五级。除 E 级（230g/m²）用于砂光机外，其他用于手磨砂纸。布基按单位面积质量由轻到重分为：轻型布（L）、柔性布（F）、普通布（J）、重型布（X）和聚酯布（Y）五种。聚酯布强度最高，延伸率最小，用于人造板表面定厚砂光等重型磨削；重型布用于宽带砂光机粗磨；普通布用于宽带砂光机轻磨；其他两种用于制造一般砂带、砂布。现在还有一种用纸和布经特殊加工而成的复合基材，具有纸基延伸率小和布基强度高、柔性好的优点，主要用于强力磨削。

8.2.4 黏结剂

黏结剂用来将磨料牢固地黏接在基体上，或将磨料黏接成一定形状的砂轮。磨具的强度、耐冲击性和耐热性主要决定于黏结剂的性能。

用于木材磨削的涂附磨具（砂纸、砂带），黏结剂多用动物胶（G）和树脂胶（R）。动物胶强度一般，但韧性好，价廉，缺点是遇高温易软化，不耐水，故适用于轻磨、干磨。树脂胶强度高，耐热、防水，但价格昂贵，多用于强力磨削或湿磨。目前制造涂附磨具一般都用两层胶。上层浮胶和底胶都用动物胶的（G/G），多见于手磨砂纸；上层为树脂胶下层为动物胶的（R/G），兼有两者的优点，用于制造砂带和一般木材磨削；两层皆为树脂胶的（R/R），宜用做强力磨削。湿磨时，黏结剂只用树脂胶且基体要做耐水处理。

8.2.5 组 织

磨具的组织反映了磨粒、黏结剂、空隙度三者之间的比例关系。磨粒在磨具总体中所占比例越大，则磨具的空隙度越小，组织就紧密。

磨具组织分为紧密、中等和疏松三种。对于砂轮，组织号分紧、中、松三等 12 级。组织号越大，表示空隙比例越大，砂轮不易堵塞，多用于粗磨。国产涂附磨具，按植砂疏密程度分为疏植砂（OP）和密植砂（CL）两类（图 8-6）。

在基体表面植砂 90% 左右的砂布组织为紧密的；植砂 70% 左右为中等的；植砂 50% 左右为疏松的。

当磨粒疏松分布时，磨具不易被磨屑堵塞，空气易带入磨削区，因而散热好，磨削效率高，砂带的挠性也好。通常，对于软材、含树脂材以及大面积粗磨时宜选用疏松的；而磨削力大、表面粗糙度要求较高以及磨削硬材时，选用组织中等或紧密的为宜。砂轮一般具有中等组织，因为过松不易保持砂轮的形状。

疏植砂磨具柔软性好，散热条件也好，效率高，但不耐用。一般磨削工件质硬或表

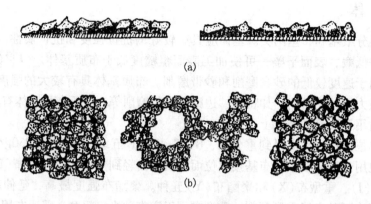

图 8-6　磨具的组织

(a)砂纸、砂布　(b)砂轮

面质量要求高时，宜选密植砂磨具。

8.2.6　硬　度

硬度是指黏结剂粘接磨粒的牢固程度。磨具的软硬和磨粒的软硬是两个不同的概念，必须分清。

磨具太硬，磨粒变钝仍不脱落，磨削力和磨削热增大，不仅使磨削效率降低，表面粗糙度显著恶化，并易使木材烧焦；磨具过软，磨粒则会在尚未变钝时很快脱落而不能充分发挥其切削作用。适宜的硬度是在磨粒变钝后自行脱落，露出内层新磨粒(即自生作用)，使磨削继续正常进行。

该指标只对砂轮有意义，涂附磨具因磨粒层很薄，此指标意义不大。磨具硬度分超软(CR)、软(R)、中(Z)、硬(Y)、超硬(CY)五等 15 级。一般磨硬材选较软的磨具，这样变钝的磨粒易脱落，露出新的锋利的磨粒(即自锐作用或自生作用)。否则，加工表面易发热烧焦。

选择何种硬度为宜，应视具体情况而定。对于材质硬的工件，应选择较软的磨具，使磨粒变钝即行脱落，以免发热烧焦；当磨削面积大或采用的磨粒粒度号大时，为避免磨具堵塞亦应选择较软的磨具。磨削软材或精磨时均应选用较硬的磨具。砂轮用于成型磨削时应选用硬度较高的，以保持砂轮轮廓在较长时间内不变形。

8.2.7　磨具的产品代号及标志

涂附磨具代号的书写顺序为：产品形状→名称→尺寸→磨料分类→粒度。

形状代号：页状(Y)、卷状(J)、带状(D)、盘状(P)。

名称代号：干磨砂布(BG)、耐水砂布(BN)、干磨砂纸(ZG)、耐水砂纸(ZN)。

砂轮的标志法与涂附磨具类似。

8.2.8　磨具保存

砂轮保存条件要求不严，只需注意不要磕碰。

涂附磨具最好保存在温度为 18~22℃，相对湿度为 55%~65% 的仓库中，保存期不超过一年。时间太长，黏结剂易老化。不用时不要开箱，需用时提前一天取出悬挂室内，使其含水率与大气均衡并使形状舒展。安装时注意运动方向与标志方向一致。保存良好、使用正确的砂带可大大延长其使用寿命。据实测，粒度 P40 的砂带用于刨花板粗磨，寿命可达 7 500~15 000 延长米。

8.3 磨削过程

8.3.1 砂带磨削基本类型及特征

砂带磨削是根据工件形状，用相应的接触方式及高速运动的砂带对工件表面进行磨削和抛光的一种新工艺。砂带磨削属于一种软接触型磨削工艺，也是一种冷态磨削方式。美国制造工程学会(SME)认为砂带磨削是一种应用广泛、高精度、高效率、低成本的机械加工技术。

按基本结构形式，砂带磨削可以分为闭式磨削和开式磨削两类，其中开式磨削多用于精密加工和超精密加工之中，砂带的使用周期长，可以节省换带的时间。闭式磨削在高效强力磨削和精密磨削两方面都有广泛应用，是砂带磨削的主流。在两类磨削中又可分为接触辊、压垫和自由式磨削三种形式。实际应用中，三种磨削形式并非孤立地被采用，而是结合具体加工情况设计多种磨削形式，复合在一台设备上，发挥砂带磨削的多重作用。

砂带是将磨料粘附在纸、布等基体上加工而成的磨具，由于基体是弹性材料，因此无论砂带如何张紧，使用大直径的钢制接触辊，砂带磨削都是一种弹性磨削，其特征是实际磨削去除量小于理论设定值。砂带磨削不是靠提高速度和压力，而是靠提高砂带带面垂直载荷，即砂带张力来提高磨削效率的，所以砂带磨削是一种冷态磨削，磨削过程发热量小。砂带是单一粒度磨粒组成的磨具，直径相同的基本磨粒集中，切削效率高，同一粒度粗糙度一致，也是由于此特征，实际应用中一条砂带是不能完成从粗磨到精磨的所有任务，只有通过不同粒度砂带的组合，才能逐步降低被加工件粗糙度。这就需要进行多道砂光，这就是为什么工程实践中要使用多砂架砂光机。

8.3.2 砂带磨削机理

砂带磨削的切屑形成过程有挤压、滑擦、耕犁和切削四个阶段。挤压阶段主要是磨料挤进工件表面。滑擦阶段磨粒开始接触工件，磨粒只摩擦工件表面，起"滑擦"作用，此时磨粒在工件上的滑擦，被切除材料产生了弹性和塑性变形。随着工件进给、切削层厚度增加，磨粒的干涉增大，耕犁阶段磨粒在工件表面上犁出"刻线"，称为"耕犁"。此时工件材料产生塑性流动，材料产生一个挤压式的运动而从磨粒下方向前和两侧挤出，同时切除少量材料。在一定压力的作用下，当有足够的干涉发生，并伴随一定的切削温度升高时，开始磨粒真正的"切削"，此时在滑动磨粒的前方被切削材料产生断裂而形成切屑，有相当快的切除率。

磨削与一般的切削加工一样，不过它是以磨粒作为刀齿切削木材的。磨屑的形成也要经历弹性变形和塑性变形的过程，也有力和热的产生。

磨削过程比一般切削过程复杂，因为它有以下特点：

图 8-7　单个磨粒切削示意图

（1）磨粒上的每一个切削刃相当一把基本切刀（图 8-7），但由于多数磨粒是以负前角和小后角切削，切刃具有 8~14 μm 的圆弧半径，故磨削时切刃主要对加工表面产生刮削、挤压作用，使磨削区木材发生强烈的变形。尤其是在切削刃变钝后，相对于甚小的切屑厚度（一般只有几微米），致使切屑和加工表面变形更加严重。

（2）磨粒的切削刃在磨具上排列很不规则，虽然可以按磨具的组织号数及粒度等计算出切削刃间的平均距离，但各个磨粒的切削刃并非全落在同一圆周或同一高度上。因此，各个磨粒切削情况不尽相同。其中比较凸出且比较锋利的切削刃可以获得较大的切削厚度，而有些磨粒的切削厚度很薄，还有些磨粒则只能在工件表面摩擦和刻划出凹痕，因而生成的切屑形状很不规则。

（3）磨削时，由于磨粒切削刃较钝，磨削速度高，切屑变形大，切削刃对木材加工表面的刻压、摩擦剧烈，所以导致了磨削区大量发热升温。而木材本身导热性能较差，故加工表面常被烧焦。磨具本身亦很快变钝。

减少磨削热的方法是合理选用磨具。磨具的硬度应适当，太硬，变钝磨粒不易脱落，它们在加工面上挤压、摩擦，会使磨削温度迅速升高。组织不能过紧，以避免磨具堵塞。另外，还要控制磨削深度，深度大、磨削厚度增大，也将使磨削热增加。为了加速散热，在宽带砂光机中，采用压缩空气内冷或在砂辊表面开螺旋槽，当砂辊高速转动时，通过空气流通冷却。

（4）磨削过程的能量消耗大。如上所述，磨削时，因切屑厚度甚小、切削速度高、滑移摩擦严重，致使加工表面和切屑的变形大。这种特征表现在动力方面，就是磨削时虽然每分木材磨削量不大，但因每粒切削刃切下的木材体积极小，且单位时间内切下切屑数量较多，所以磨去一定质量的切屑所消耗的能量比铣去同样质量的切屑所消耗的能量要大得多。

8.4　磨削机构

8.4.1　磨削加工的功能

木制品加工工艺中，砂光的功能和作用有以下两个方面：一是进行精确的几何尺寸加工。即对人造板和各种实木板材进行定厚尺寸加工，使基材厚度尺寸误差减小到最小的限度。二是对木制品零部件的装饰表面进行修整加工，以获得平整光洁的装饰面和最佳的装饰效果。前者一般采用定厚磨削加工方式，后者一般采用定量磨削加工方式。

按照木制品生产工艺的特点和要求，以及成品的使用要求，确定加工工艺中使用何种磨削加工方式。定厚磨削加工方式一般用于基材的准备工段，是对原材料厚度尺寸误差进行精确有效的校正。定量磨削加工方式主要是对已经装饰加工的表面进行的精加工，以提高表面质量。从加工的效果上看，定厚磨削的加工用量较大，磨削层较厚，加工后表面粗糙度较大，但其获得的厚度尺寸精确。定量磨削的加工用量很小，磨削层较薄，加工后被加工工件表面粗糙度较小，但板材的厚度尺寸不能被精确校准。

定量砂削方式由于所用的压垫结构形式不同，其适用的范围以及所能达到的加工精度亦不同。整体压垫适用于厚度尺寸误差较小工件的加工，分段压垫适用于厚度尺寸误差较大工件的加工。无论是整体压垫还是分段压垫或气囊式压垫，其工作原理都是由压垫对砂带施加一定的压力，在此压力的控制下，砂带在预定的范围内对工件进行磨削加工。在整个磨削过程中，磨削用量相等或接近相等，达到等磨削量磨削。定量磨削压垫对砂带的作用面积大、单位压力小，在去掉工件表面加工缺陷和不平度的同时，磨料在工件表面留下的磨削痕迹小，因此被加工表面光洁平整。另外，数控智能化分段压垫通过控制压力的变化，还可以消除工件前后和棱边区在磨削加工时产生的包边、倒棱现象。

8.4.2 窄带式砂光机

带式砂光机的磨削机构是无端的砂带套装在 2 ~ 4 个带轮上，其中一个为主动轮，其余为张紧轮、导向轮等。窄带式砂光机砂光大幅面板材表面时，在进给板材的同时须同时移动压带器（图 8-8），其进给速度受到压带器移动速度的限制，故生产率较低，仅适用于对工件的表面精磨。

8.4.3 宽带砂光机砂架的结构形式

宽带砂光机的砂带宽度大于工件的宽度，一般砂带宽度为 630 ~ 2 250 mm，因此对板材的平面砂磨，只须工件做进给运动即可，且允许有较高的进给速度，故生产率高。此外，宽带砂光机的砂带比辊式砂光机的砂带要长得多，因此砂带易于冷却，且砂带上磨粒之间的空隙不易被磨屑堵塞，故宽带砂光机的磨削用量可比辊式砂光机大；辊式砂光机磨削板材时，一般情况下，磨削每次的最大磨削量为 0.5 mm，而宽带砂光机每次最大磨削量可达 1.27 mm。辊式砂光机进料速度一般为 6 ~ 30 m/min，而宽带砂光机为

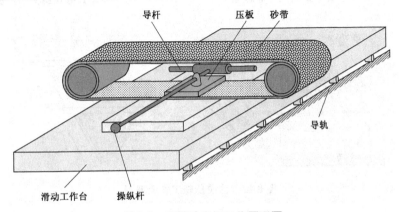

图 8-8 窄带砂光机工作原理图

18～60 m/min。宽带砂光机砂带的使用寿命长，砂带更换较方便、省时。由于上述种种优点，在平面磨削中，宽带砂光机几乎替代了其他结构形式的砂光机，在现代木材工业和家具生产中，用于板件大幅面的磨削加工，尤其是家具工业中用以对刨花板、中密度纤维板基材的表面磨削。

（1）接触辊式砂架（图 8-9）：砂带张紧于上下两个辊筒上，其中一个辊筒压紧工件进行磨削。由于靠辊筒压紧工件接触面小，单位压力大，故多用于粗磨或定厚砂磨。接触辊为钢制，表面常有螺旋槽沟或人字形槽沟，以利散热及疏通砂带内表面粉尘，有的接触辊表面包覆一层一定硬度的橡胶，粗磨时橡胶硬度选 70～90 邵尔；精磨选 30～50邵尔。

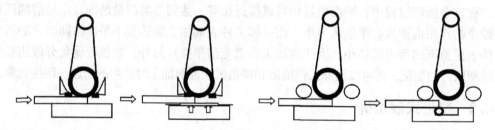

图 8-9　四种接触辊式砂架的工作原理图

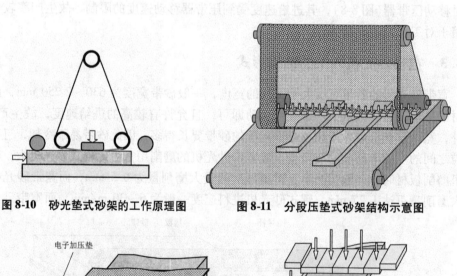

图 8-10　砂光垫式砂架的工作原理图　　**图 8-11　分段压垫式砂架结构示意图**

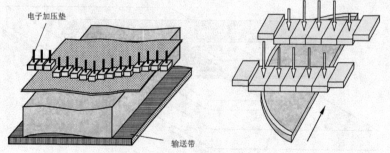

电子加压垫

输送带

图 8-12　分段压垫工作原理图

（2）砂光垫式砂架（图8-10）：工作时砂光垫（压板）紧贴砂带压紧工件进行磨削。这类砂架接触面积大、单位压力小，故多用于精磨或半精磨。砂光垫通常有标准弹性式、气体悬浮式和分段电子控制式三种。标准弹性式最简单，它由铝合金做基体，外覆一层橡胶或毛毡，最外包一层石墨布。后两种形式砂光垫更能适应工件厚度的大误差，但成本高，技术复杂。

分段压垫式砂架的结构原理图，如图8-11所示，其压垫工作原理，如图8-12所示。

（3）组合式砂架（图8-13）：它是接触辊式砂架和压垫式砂架的组合，同时具有两种砂架的功能或配合使用的功能，经调整可实现三种工作状态：①砂光垫和导向辊不与工件接触，只靠接触辊压紧工件磨削；②使接触辊和砂光垫同时压紧工件磨削，接触辊起粗磨作用，砂光垫起精磨作用；③只让砂光垫压紧工件磨削。组合式砂架较灵活，适合单砂架砂光机，也可与其他砂架组成多砂架砂光机。

（4）压带式砂架（图8-14）：砂带由三个辊筒张紧成三角形，内装有两个或三个辊张紧的毡带，压垫压在毡带内侧，通过压带来压紧砂带。砂带和毡带以相同的速度、同方

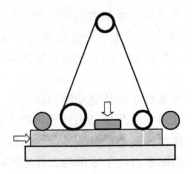

图8-13　组合式砂架的工作原理图

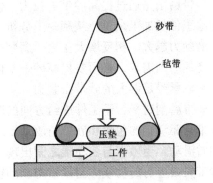

图8-14　压带式砂架的工作原理图

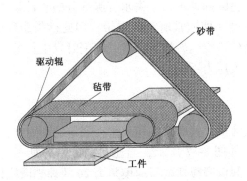

图8-15　压带式砂架结构原理图

图8-16　横向砂架的工作原理图

向运行, 砂带与毡带之间无相对滑动, 故可采用高的磨削速度, 减少压垫与砂带之间的摩擦生热。此外, 这种砂架磨削区域的接触面积要比压垫式砂架大, 所以它适用于对板件表面进行超精加工。压带式砂架的结构原理, 如图 8-15 所示。

(5) 横向砂架 (图 8-16): 将砂光垫式砂架转动 90°布置, 砂带运动方向与工件进给方向垂直, 即可构成横向砂架。这类砂架多与其他砂架配合使用, 如 DMC 公司生产的一种漆膜砂光机。这种砂光机通过四个砂架上不同粒度砂带的过渡和重复砂磨, 可获镜面磨光效果。

8.5　砂带磨削效率与影响磨削表面质量的因素

8.5.1　磨削效率与磨削功率

8.5.1.1　砂带张紧力

砂带磨削是通过提高砂带的拉力, 使砂带张紧, 并施加适当的压力而形成切削, 从而切除工件的加工余量。从理论上分析, 砂带的拉力越大, 磨削力越大, 而不是压力越大, 磨削力越大。相反增大压力, 磨削去除率反而减小。因此, 为适应高效、重载荷、高精度的磨削需求, 必须要提高砂带基体、胶黏剂、磨料的性能和质量, 特别是基体的性能, 以承受足够大的砂带张紧力。

砂带磨削时平行于工件进给方向的磨削力, 主要来自于砂带驱动辊的驱动力, 决定于砂带与驱动辊的包角和砂带与驱动辊之间的摩擦性质, 因此最忌讳砂带与驱动辊之间的相对滑动, 当砂带与驱动辊之间出现滑动, 由于摩擦温度急剧升高, 产生的负面效应是砂带失去应有的功效。当砂带与驱动辊之间的包角附着力小于砂带与工件之间的摩擦力时, 砂带就会产生瞬间滑动, 此点被称为临界点, 临界点位置因滑动摩擦产生局部高温, 当温度高于 120 ~ 138℃时, 砂带基体中的固着水会迅速蒸发, 失水的砂带基体弹性、韧性下降, 过了临界点后, 砂带与驱动辊之间的包角附着力大于砂带与工件之间的摩擦力, 砂带与驱动辊同步, 工件对砂带产生瞬间冲击力, 失水变脆部分的砂带基体的抗拉强度小于冲击力, 砂带发生瞬间横向断裂, 即通常所说的爆带, 因此砂带磨削时, 砂带必须被最大限度地张紧。如果砂光机新砂带空运转没有异常, 磨削时发生打折、爆带等现象, 最大的可能是因为张紧不足和张紧压力不稳。

8.5.1.2　磨料切入量

以砂带磨削加工常用的压垫式加工方式为例, 其磨粒的切入量在假定的理想加工条件下, 可以导出一个磨削切入量的方程式: 如图 8-17 所示, 当压垫给砂带施加一定的正压力, 并通过砂带作用于被磨削工件后, 假设磨粒切削刃的楔角为 2θ 的理想圆锥体, 则单个磨粒的平均切削面积 $a_v (\mathrm{mm}^2)$ 为

$$a_v = \frac{F}{vm}$$

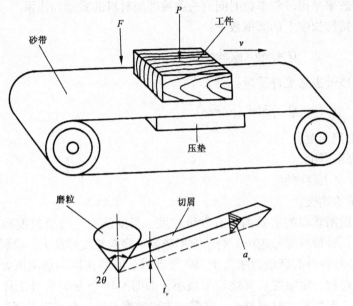

图 8-17 压垫式磨削与磨粒切入量示意图

对应的磨粒平均切入量 t_v(mm) 为

$$t_v = \sqrt{\frac{F}{vm\tan\theta}}$$

式中：F——工件厚度减少速度(mm/s)；

v——砂带磨削速度(mm/s)；

m——磨粒的密度(个/mm²)。

但是实际磨削加工得到的切屑厚度要远远大于由上式计算的值。引起该差值的原因首先在于计算数值是在假定的理想条件下计算所得。另外磨粒在磨具上分布的高度也不一致、切削刃顶端不规则、侧面切削刃的干涉等因素的综合影响。因此推断，实际磨削加工可以得到比上式计算值大得多的切屑，磨削中的切屑厚度变化很大。

8.5.1.3 磨削效率

砂带磨削效率分为广义效率和狭义效率，由于砂带表面磨粒分布均匀、等高性好、尖刃外露、切刃锋利，切削条件比砂轮磨粒好，使得砂带磨削过程中，磨粒的耕犁和切削作用大，因而砂带磨削材料切除率比其他形式切削大、效率高。木材刨削、铣削切下的屑片为带状或片状切屑，砂带工作时，每个磨粒相当一把小铣刀，砂带磨削下的磨屑在显微镜下也是片状，但砂带上的磨粒数比刨刀和铣刀的刀刃数多得多。以粒度 60 号植砂密度 50% 以上的砂带为例，在宽度为 1 240 mm，接触带长度 100 mm 的砂带上，其表面共有约 60 万颗磨粒参与切削，如果砂带运行速度为 10 m/s，砂带上 1/10 的磨粒参与切削，即每分钟具备 3.6 亿个细微切屑的切除能力，很显然砂带磨削比刨削、铣削切除率大很多。

狭义磨削效率是指砂带单位时间内去除被磨削材料的质量和体积。

砂带单位接触长度上的磨削效率：

$$Q = \rho h b \ (\text{g/mm})$$

单位时间砂带去除工件质量：

$$Q = \rho h b u \ (\text{g/min})$$

式中：h——磨削深度；

　　　b——磨削宽度；

　　　ρ——木材工件密度；

　　　u——进给速度。

影响砂带磨削效率的主要因素有砂带粒度，磨削压力，进给速度和磨削延续的时间。一般而言，砂带粒度号越小，磨削效率越高，磨料粒度号越大，磨料越细，磨削效率越低，如 40 号砂带的磨削效率高于 180 号砂带。磨削速度和磨削压力增大，磨削效率增加，但是超过一定限度后其增加率减小，如图 8-18 所示。另外工件密度越大其磨削效率就越低。磨削延续时间越长，砂带的去除效率越低，新砂带的磨削效率高于使用过的砂带。

用同样粒度的砂带磨削时，磨削压力、进给速度恒定，可以获得恒定的去除量，但实际去除量要小于设定的去除量，即被磨工件厚度不等于定厚砂带外缘到工作台距离。以北美磨料标准的 40 号砂带为例，双面定厚砂光，进给速度为 10 m/min，设定去除量

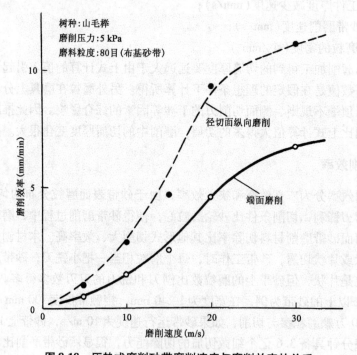

图 8-18　压垫式磨削砂带磨削速度与磨削效率的关系

1.5 mm，实测去除量 1.27 mm，因为砂带弹性磨削特性，决定了实际切除值要小于理论值。同样粒度的砂带，磨削压力不变，单位时间内的去除率基本恒定，当进给速度提高 1 倍，单位面积上的去除量减少接近 1 倍。如上述实例，设定去除值 1.5 mm，进给速度提高到 20 m/min，则实测去除量为 0.67 mm。

　　了解上述砂带磨削的基本原理，在实际工作中非常有用。磨削加工中，如果出现主电机电流或电压明显上升或下降，就必须要调整进给的速度，而不是调整各砂架的砂光去除厚度。

8.5.1.4　磨具使用寿命

　　砂带寿命是指新砂带投入使用到砂带完全失效所经历的时间或磨削工件的累积长度，砂带寿命的半衰期是指与木质材料接触单位面积的砂带上，磨削效率下降到初始磨削效率 50% 时磨削工件的长度或砂带的使用时间，在半衰期内砂带保持稳定的去除率，这段时期是砂带磨削的黄金期，直到磨粒被磨平不再产生新的自锐为止，砂带到达其寿命终点。在此期间不需对磨削过程做出调整，如果调整，应根据磨粒磨耗状况、磨削能力的衰减，适当降低工件的进给速度，以减少单位时间的去除量，而不是加大磨削压力来增加磨削单位时间砂带的去除量。如果因为磨削能力衰减而加大磨削压力，只能加速衰减，使砂带提前报废。试验结果表明，用粒度为 100 号砂带磨削桦木时，磨削压力 0.001 MPa，磨削速度 10 m/s，砂带的使用寿命约为 7 000 ~ 8 000 延长米。磨削加工时要求砂带的使用寿命越长越好，根据加工条件判断砂带的使用寿命是相当复杂的。磨削效率可以作为砂带寿命的判断基准，磨削加工表面粗糙度也可以作为砂带寿命的判断基准，随着磨削时间的增加，磨削效率降低，而磨削表面粗糙度逐渐减小。究竟把哪一个时刻作为砂带的寿命终点，将磨削效率或将磨削表面粗糙度作为重点考虑时，其结果是不同的，因此目前大多数情况下还是根据经验来进行判断，普遍适应的判断基准目前还没有确立。工程实践中当磨粒被磨平，自锐能力下降，砂带去除率随之下降，此时需要相应地降低进给速度，当工件的进给速度低于经济运行速度后，生产效率降低，无论砂带是否还有磨削能力，砂带使用寿命到达终点，必须更换砂带，以取得良好的综合效益。

　　试验结果表明，当磨削的树种为桦木，磨削压力为 0.001 MPa，砂带粒度为 100 号，磨削速度为 10 m/s 时，砂纸的耐用性为 $S_0 = 8\ 000$ m。

　　砂带磨损后其磨削效率仅能达到原来一半连续使用时间：

$$T_s = \frac{S_0 L_0}{60 v L} \quad (\text{min})$$

式中：L_0——砂带全长；

　　　L——砂带与木材工件接触长度；

　　　v——砂带磨削速度。

　　磨削加工要求磨具的寿命越长越好，根据磨具的加工条件作为磨具寿命的判断基准是相当复杂的。以上我们将磨削效率作为磨具寿命的判断基准，同时我们也可以将磨削

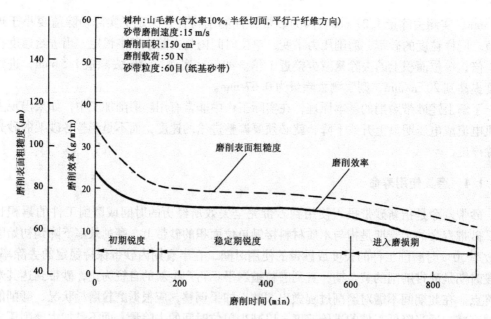

图 8-19　磨削时间与磨削效率、磨削表面粗糙度的关系

加工表面粗糙度作为磨具寿命的判断基准，其寿命曲线如图 8-19 所示。随着磨削时间的增加，磨削效率降低，而磨削表面粗糙度逐渐减小。

究竟把哪一个时刻作为磨具的寿命终点，将磨削效率或将磨削表面粗糙度作为重点考虑时，其结果是不同的，因此目前大多数情况下还是根据经验来进行判断。普遍适应的判断基准目前还没有确立。

8.5.1.5　磨削力和磨削功率

磨削功率：

$$P_c = \frac{KO}{102}$$

式中：O——单位时间磨去的木材体积；

K——磨削比压（kgf/mm^2）。

磨削力：

$$F = CqA$$

式中：C——砂带与木材工件的咬合系数；

q——磨削压力；

A——砂带与木材工件的接触面积。

砂带与木材工件的咬合系数可以理解为单位磨削压力下所需的磨削力，此系数与木材材种有关。

木质材料磨削加工时，接触辊或压垫以一定的压力将砂带压在工件表面，驱动辊带动砂带旋转，砂带上的磨粒对工件进行磨削，砂带与工件接触磨削段是圆弧面或平面，

接触弧面上或平面上产生综合磨削力，综合
磨削力被分解成与工件进给方向平行的水平
磨削力，简称磨削力，与工件进给方向垂直
的拉力或压力，简称法向力，如图8-20所示。

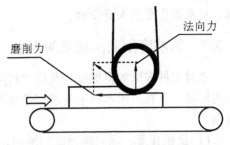

图8-20 磨削力与法向力示意图

试验研究结果表明磨削参数对木质材料
磨削力的影响是最为显著的，随着磨削厚度、
进给速度的增加，磨削力增大。法向力和磨
削力基本上按一定的比例关系成对出现。磨
削水曲柳材时，磨削力与法向力的比值为2.2、落叶松为2.3。实木磨削时法向力约为
磨削力的40%～45%，中密度纤维板磨削时法向力约为磨削力的70%～75%。实木磨
削时磨削力与进给速度基本呈线性变化，磨削中密度纤维板、刨花板时的磨削力与进给
速度呈现非线性变化，即进给速度过低和过高均会引起磨削力和动力消耗的增加。达到
某个进给速度时磨削力出现临界值，此时磨削力最小，磨削工件表面发热明显，表面粗
糙度增大，进给速度超过此临界值后，随进给速度增加磨削力继续增大。磨削力和法向
力是木质材料磨削加工中一个重要的物理参数，对磨削动力消耗，磨削质量和加工过程
的稳定性有显著影响，是宽带砂光机设计和磨削过程参数确定的依据。

磨削力是工件进给的阻力，法向力是砂带对工件施加的压力或拉力。砂带磨削时工
件受到的垂直板面的正压力是辊、垫通过砂带对工件施加的压力和磨削法向力的合力。
实际磨削加工中，工件必须受到适量正压力的作用才能被输送带牵引进给。

分析磨削过程中工件的受力，当工件处于受力平衡状态，作用在工件上的力可以被
分解成两部分：①正压力垂直作用于进料输送带上的工件，其中包括压紧辊施加的压紧
力、磨削压力、法向力和工件自身的重力。②磨削力或水平方向上的切向力，是不利于
工件进给的阻力，来自于砂带磨削，与工件进给方向相反。工件与进料带之间的摩擦力
是牵引工件进给的牵引力。在工件与进料带之间的摩擦力处于某一临界值时，所有的力
处于平衡状态。典型磨削工件与进给输送带之间的摩擦性质见表8-3。支撑力与正压力
平衡，切向力与进给带的牵引力平衡。

为了工件可以顺利进给，牵引力
必须要大于进给阻力。为了保证水平
进给力足够大，正压力也必须保持在
一定的范围内。为了保证工件在任何
情况下都可以顺利地向前进给，避免
发生工件反弹，必须给工件施加足够

表8-3 被磨削工件与橡胶进给输送带之间的摩擦系数

工件材质	静态摩擦系数	动态摩擦系数
松木	1.29	0.81
榉木	1.16	0.75
中密度纤维板	1.02	0.80

大的正压力。但正压力过大另一方面的作用是加大了磨削量，同时也加大了工件水平方
向上的进给阻力。另一个增大进给牵引力的途径是加大工件与进给输送带之间的摩擦系
数，改善进给输送带材料的性质、结构、表面形状特性、接触性能和增加真空吸附装置
等，均可以提高工件与输送带间的接触摩擦性能。在不增加正压力的情况下，即可以提
高进给牵引力。进给牵引力不足是宽带砂光机常出现的现象，其直接的后果是工件的进
给速度低于输送带的进给速度，造成工件停顿，烧焦板面。更为严重的是发生工件反

弹，危及操作者的人身安全。

8.5.2　影响磨削表面质量的因素

木材工件表面的粗糙度与其他材料不同，它既有由磨料残留的切削条痕而形成的几何粗糙度，又有由于木材本身组织结构形成的构造性粗糙度，两者重叠在一起而变得很复杂。

（1）磨削速度：随磨削速度的增加，磨削表面不平度的高度减小。同时因为单位时间内参加切削的磨粒数多，所以磨削表面上的刻痕数多，则相邻刻痕之间的残留面积减小，表面粗糙度降低。但是磨削速度的提高应控制在一定的范围内，以避免由于磨削速度提高引起磨削温度的急剧升高而使木材工件烧焦。

（2）进给速度：工件的进给速度越大，加工表面的不平度高度加大，加工表面磨粒刻痕数减少，残留面积加大，表面粗糙度加大。

木质材料磨削是以高去除量为目标的，所以砂带的线速度一般是恒定的。随砂带速度的增加，因为单位时间内参加切削的磨粒数多，所以木材表面上的刻痕数多，则相邻刻痕之间的残留面积减小，表面粗糙度降低。但是，砂带速度的提高应控制在一定的范围内，以避免由于砂带速度提高引起磨削温度的急剧升高而使木材工件烧焦。工件的进给速度越大，单位时间内参与磨削的磨粒数减少，加工表面刻痕数减少，残留面积加大，表面粗糙度提高。

（3）磨具粒度：磨削粗糙度的支配因子主要是磨料粒度，磨料粒度对磨削表面质量的影响与对磨削效率的影响呈现相反的结果。如图 8-21 所示，磨料粒度号越大，磨削表面粗糙度越小。

（4）磨削压力：磨削压力加大，磨削深度增加，磨削表面质量下降。磨削压力的影响对含水率较高木材工件更严重。对于气干木材，磨削表面的粗糙度几乎不受磨削速度和磨削压力的影响，但对于湿材，其表面粗糙度随磨削压力的增加而增加（图 8-22）。另一方面，随着磨削压力的增加，磨削温度急剧提高，也将导致磨削质量变坏（图 8-23）。因此控制一定的磨削压力，适当减小磨削深度，有利于提高加工质量。

砂带磨削压力一定要适度，才能获得最佳的磨削效率和表面质量，所谓适度就是不能让砂带裸露磨粒的全部高度切入工件，而使砂带失去容屑空间。否则砂带即便磨粒没有被磨钝或磨平丧失磨削能力，但因为磨粒之间的空隙被阻塞而失效。因此，期望加大磨削压力来提高磨削用量和表面质量的做法

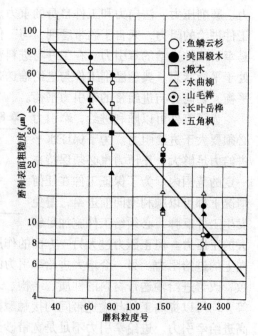

图 8-21　磨料粒度与磨削表面粗糙度的关系

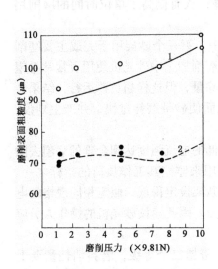

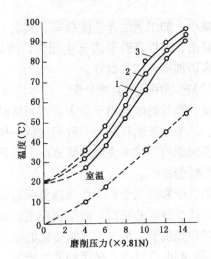

图8-22　磨削压力与表面粗糙度的关系
　　1. 湿材　2. 气干材

树种：欧洲桦木，磨削方向与纤维方向平行
磨削面积：150 cm² 　进给速度：16 m/min
磨料粒度：120 目

图8-23　磨削压力与磨削温度
　　1. 磨削开始1 min后　2. 磨削开始2 min后
　　3. 磨削开始3 min后

对砂带磨削最终结果可能会适得其反。提高砂带磨削压力，就意味着加大砂带的磨削去除量，如果没有足够的容屑空间，其结果必然是砂带因为磨屑阻塞而失效，表现为砂带表面磨粒看似完好却失去了去除能力，此时磨削力并不减小，砂带只与工件表面产生剧烈摩擦，而没有切削作用。适度的磨削压力，能使砂带保持稳定的切除率。

　　(5)木材工件的性质：表8-4所列的实验数据说明在相同的磨削条件下，树种不同，即木材构造不同时，磨削质量不同，同一树种的木材，当含水率增加时，加工表面不平度增大。在同一加工表面上，当顺纤维磨削时，刻痕明显，而在横纤维方向磨削时，由于纤维被割断，故起毛严重。

表8-4　树种与磨削表面质量

树种	Y	Y'	树种	Y	Y'
榆木	70	62	悬铃木	20	22
山核桃	67	92	椴木	15	18
紫檀	67	97	鹅掌楸	15	23
日本白蜡	52	98	山毛榉	13	85
板栗	34	94	色木	8	76
柳木	25	23	日本厚朴	4	70

　　注：Y——加工表面没有大刻痕的百分比；
　　　　Y'——加工表面上没有起毛的百分比。

　　(6)磨具横向振动：试验证明，磨具横向振动的磨削与一般磨削相比，不仅可以获得较高的磨削表面光洁度，而且单位时间内的磨削用量也可以提高。因此宽带砂光机中，砂带都采用横向振摆。由于砂带的横向振摆是往复的，所以磨粒运动方向经常改变，从而造成单位时间内参加磨削而不在同一轨迹上的磨粒数增加，相邻刻痕间的残留面积减小，加工表面光洁度提高。其次，横向振动使磨粒在不同方向上受力，易使变钝磨粒脱落，即提高砂带的自生能力，磨具也不易堵塞，从而提高了单位时间的磨削用量，表面加工光洁度也好。

（7）磨削用量的合理分配：在木质材料砂光过程中，第一个砂架用于完成主要磨削去除量，随后的砂架用于磨去前道粗磨粒留下划痕。磨削加工中砂光机使用者常常希望第二、三个砂架能与第一个砂架完成一样多的磨削去除量，但这样超负荷运行，结果会使后道较细的磨粒很快地因堵塞而失去磨削能力，从而使砂带磨耗过快，并产生划痕、烧焦等磨削缺陷。

第二个和第三个砂架切勿超负荷运转，应使用较低的电流强度达到合理的磨削去除量，以减少砂带的磨损。砂架驱动电机的电流强度是用来监控其工作负荷的指标之一。在宽带砂光机上，第二、三组砂架的电流应比第一对砂架设定得低。假定相同规格的电机和同样的电流强度，采用细磨粒磨削要比粗磨粒费力。因此建议砂光机的操作人员应使用千分尺和卡尺测量每个砂架的砂光用量。

在木质材料磨削时砂带粒度只能跨越一个等级。跨越二个等级，磨料消耗量要上升，跨越三个等级消耗量会极度上升。跨过一个等级，可以有效除去工件上的划痕，并且砂带无须过度工作。也就是说，砂光机三个砂架既可以按 40、80、120 目为序装砂带，也可以按 100、150、180 目为序装砂带。但是 80、100、180 目的顺序是不可取的，因为在 100~180 目之间跨过了 120 目和 150 目 2 个等级。因为 180 目的磨料不能去除 100 目磨料留下的划痕。

在磨料粒度级必须要跨越 2 个粒度等级时，只能是粗砂，对最终工件表面的修饰要求不高，因为使用粗磨料磨具时，除去前一砂架产生的划痕，而又没有超负荷运转是可能的。在人造板加工过程中使用粗粒度砂带精确校正厚度尺寸，接下来的两个砂架的作用是除去前道留下的划痕。如 60、100、180 目的砂光工序，60 目和 100 目之间跨越了 80 目，60 目的划痕 100 目可以消除，但 100 目和 180 目之间跨越了 120 目和 150 目 2 个粒度等级，180 目的磨料除去 100 目的划痕将是很困难的。

设定砂光工序，应该从希望达到的修饰效果开始考虑，同时要兼顾磨削用量的多少。如要达到 150 目的修饰效果，150 目就是最终的砂架上磨料粒度的要求，从 150 目粒度的磨料开始，选择前几个磨料粒度等级。150 目向前跨越 1 个粒度等级是 100 目，那么 100 目以前粗砂带如何选择，则由板材的磨削余量来决定。这就意味着可以在 60（跳过 80 目）、50、40、36 目之间进行选择，如果在 100 目之前只能选择一个粗粒度砂带的话，其原则就是你选择粗粒度的砂带要保证能够去除 85% 磨削余量，否则 100 目和 150 目消耗量大，且不能保证板面效果。

在 6 个或 8 个砂光头的砂光线上，最后一组砂光头应该仅仅用来精砂和抛光板材表面，使其光滑无痕，通常单面磨削用量不超过 0.02~0.03 mm，常用 150 目或 180 目的砂带。在粗砂去掉 80%~85% 磨削余量后，可以使用粒度为 120 目或 180 目的纸基砂带进行精砂。用纸基砂带精砂所取得的板材表面质量要远远好于用布基或复合基（纸/布）砂带，因为纸基具有较好的柔韧性，而且纸基砂带的接缝比较平整，砂带的成本要比布基或复合基的成本低 40%。

第 9 章

旋切加工与旋刀

9.1　概　述

　　胶合板是由多层单板层积而成的一种人造板，单板还广泛用于细木工板和单板层积材制造。单板的制造有旋切、刨切和锯切三种方法，其中大多是采用旋切的方法。

　　旋切是在旋切机上进行的。旋切机用于将一定长度和一定直径的木段加工成连续的单板带，经剪切后成为一定规格的单板。旋切机的性能和操作对单板的产量和质量有着直接的影响。

　　图 9-1 是旋切机的传动原理图。木段 1 由左右卡轴 2 和 3 夹紧，木段随卡轴旋转，其运动由电动机 4 驱动。带旋刀 6 和压尺 7 的刀床向木段做进给运动，借此旋切出连续的单板带。刀床的进给丝杆 8 由右卡轴 3 通过链传动 14、进给箱 9 和两对锥齿轮 15 传动。单板的厚度决定于卡轴每转的刀床进给量。改变进给箱中齿轮传动的传动比，即可获得不同厚度的单板。卡轴与刀床之间采用刚性传动链的目的是保证旋切过程中单板厚度不变（不宜带传动、摩擦轮传动）。左卡轴 2 的轴向移动可用手轮 10 来操纵。右卡轴 3 的快速移向木段或退出由电动机通过链（或传动带）传动 12 驱动。右卡轴慢速夹紧木段由主电机驱动卡轴旋转。刀床向木段快速靠近或退出，由电动机 13 来驱动（必须先脱开进给箱 9 的传动链）。

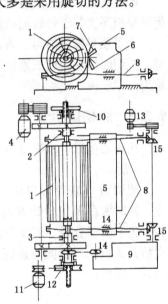

图 9-1　旋切机的传动原理图

　　旋切单板时，木段的回转运动和旋刀的进给运动之间应保持严格的运动关系，即木段每回转一圈，刀架的进刀量保持不变，这样才能保证旋切等厚度的连续单板带。

9.2　旋切原理

9.2.1　旋切的特点

　　单板旋切时，木段的两端夹在卡轴上做旋转主运动，旋刀向着木段做匀速直线进给运动，旋刀平行纤维方向做横向切削，如图 9-2(a)，旋切下来的切屑，就是生产胶合

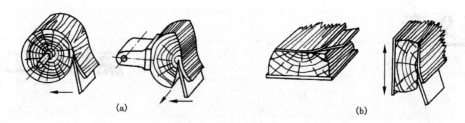

图 9-2　单板的制造方法

（a）旋切法　（b）刨切法

板所需要的单板。

　　由于木段的旋转运动与旋刀的直线运动之间存在着严格的运动学关系，故能按所要求的厚度切下连续带状单板。单板厚度等于木段回转一转时旋刀的进给量。

　　不管主运动是等线速还是等角速运动，都要使进给速度与主运动速度严格配合，以保证单板厚度等于每转进给量。

　　为了获得厚度均匀、表面光洁、无裂缝的单板，旋切前木材一般都要经过蒸煮处理。旋切时应加压尺压紧切屑，尽可能地减小切削角，采用合适的切削速度和正确安装旋刀。

9.2.2　旋切运动学

　　在旋切过程中，旋刀刃口上一点在木段横截面上的运动轨迹称为旋切曲线，如图 9-3 所示。

　　旋切时，旋刀刃口由 A 点移到 A' 点，同时木段做顺时针方向的等角速回转。为了便于分析，现在假设刀刃由 A' 点移到 A 点，木段同时逆时针做等角速回转。因此：

$$\varphi = \omega t$$

式中：φ——极角，是由 ox 方向起算的
　　　　　　角度；

　　　　ω——木段回转的角速度，即 $\omega =$
　　　　　　$\dfrac{2\pi n}{60}$（n 为木段每分钟转数，
　　　　　　即卡轴转速 r/min）；

　　　　t——时间(s)。

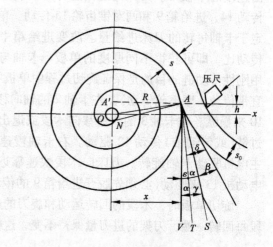

图 9-3　旋切曲线

　　由于旋刀刀刃的进给运动是直线匀速运动，所以：

$$x = Ut$$

式中：x——由 O 点起算的水平距离，$x = \sqrt{R^2 - h^2}$(mm)；

　　　　R——木段的瞬时半径(mm)；

　　h——旋刀刀刃距卡轴轴线水平面的距离(装刀高度)，低于水平面时为负值，高于水平面时为正值；

　　U——旋刀进给速度，$U = \dfrac{sn}{60}(\text{mm/s})$；

　　s——旋切单板的厚度(卡轴每转旋刀进给量)(mm)。

上两式相除并简化后得：

$$R^2 = a^2 \varphi^2 + h^2$$

式中：a——阿基米德螺旋线的极次法距或渐开线的基圆半径(ON)，$a = \dfrac{s}{2\pi}(\text{mm})$。

　　从上式可知：

　　当 $h = 0$ 时，$R = a\varphi$，这时的旋切曲线是阿基米德螺旋线。

　　当 $h < 0$，即刀刃位于卡轴轴线之下时，旋切曲线为广义渐开线，可分为如下三种情况：①当 $h = -a$ 时，$R^2 = a^2(\varphi^2 + 1)$，这时的旋切曲线是圆的渐开线；②当 $h < -a$ 时，旋切曲线是短幅渐开线；③当 $h > -a$ 时，旋切曲线是长幅渐开线。

　　当 $h > 0$ 时，与 $h < 0$ 时相类似，旋切曲线是圆的广义渐开线。

　　上述情况说明，当装刀高度 h 的不同，旋切曲线是不相同的。在下面将讨论不同旋切曲线对单板厚度的影响。

　　(1)当 $h = 0$，即旋切曲线是阿基米德螺旋线时：

$$R = a\varphi$$
$$\Delta R = s = a(\varphi_2 - \varphi_1)$$

式中：φ_1——发生线某一点至坐标中心点之间的连线与 x 轴之间的夹角；

　　　φ_2——$2\pi + \varphi_1$；

　　　s——单板名义厚度(mm)。

$$\Delta R = s = a(\varphi_2 - \varphi_1) = 2\pi a$$

　　$2\pi a$ 是常数，在 $h = 0$ 情况下旋切时，阿基米德螺旋线上各节的螺距是相等的，即在这种情况下旋切出来的单板名义厚度是不变的。

　　(2)当 $h = -a$ 时，此时的旋切曲线为圆的渐开线，它的基本公式为

$$R^2 = a^2(\varphi^2 + 1)$$

用直角坐标表示为

$$x = a\cos\varphi_1 + a\,\varphi_1\sin\varphi_1$$

$$y = a\sin\varphi_1 - a\,\varphi_1\cos\varphi_1$$

　　由于旋刀是沿低于 x 轴且平行于 x 轴的方向做直线运动，故 x 轴方向上渐开线各节的螺距即为单板名义厚度。

$$y = h = -a = a\sin\varphi_1 - a\,\varphi_1\cos\varphi_1$$

只有 $\varphi_1 = 2n\pi + 270°$ 时上式才能成立。所以：

$$|\Delta x| = s = |[a\cos(2\pi + \varphi_1) + a(2\pi + \varphi_1)\sin(2\pi + \varphi_1)] - [a\cos\varphi_1 + a\varphi_1\sin\varphi_1]|$$
$$= |[a\cos\varphi_1 + a(2\pi + \varphi_1)\sin\varphi_1] - [a\cos\varphi_1 + a\varphi_1\sin\varphi_1]|$$
$$= |2\pi a\sin\varphi_1|$$

以 $\varphi_1 = 2n\pi + 270°$ 代入上式得：

$$|\Delta x| = |2\pi a\sin270°| = |-2\pi a| = 常数$$

由此可见，在 $h = -a$ 情况下旋切时，平行于 x 轴的方向的圆渐开线在基圆半径的切线（即发生线）上之各节螺距是相等的，其值为基圆的周长。所以在这种情况下旋切出来的单板名义厚度从理论上讲也是不变的。

$h = a$ 情况的证明与 $h = -a$ 情况的证明类似。

但是，当 $h = -a$ 时，从 $a = \dfrac{s}{2\pi}$ 可以看出，a 是随着旋切单板的名义厚度的变化而变化的，因此，h 也随之发生变化，旋刀的回转中心相应就要改变。而且，根据生产实践经验；希望旋刀相对于木段的切削角或后角应随木段旋切直径的减小而自动减小。这样，问题将变得十分复杂。所以，在设计旋切机时，用圆的渐开线作为旋刀与运动轨迹是不合适的。相反，阿基米德螺旋线的特性比较理想，不管单板的名义厚度怎样变化，其 h 值总为零，旋刀的回转中心线也就不必改变。

9.3　旋切过程中角度参数及其变化规律

旋切时，旋刀的切削角或后角对加工质量的影响很大，为此必须掌握旋切过程中切削角或后角的变化规律。为了提高旋切质量，还必须找到切削角或后角的控制方法。

9.3.1　旋切过程中旋刀的主要角度参数

楔角（又称研磨角）：旋刀前面和后面之间的夹角，以 β 表示。旋刀对着木段的一面是后面，对着单板的一面是前面。

后角：通过旋刀刃口相接触的木段表面切线 $\overline{AT}$ 与旋刀后面之间的夹角，以 α 表示。

切削角：切线 $\overline{AT}$ 与旋刀前面之间的夹角，以 δ 表示；$\angle\delta = \angle\beta + \angle\alpha$。

补充角：切线 $\overline{AT}$ 和铅垂线 $\overline{AV}$ 之间的夹角，以 ε 表示。

9.3.2　楔角（β）

楔角的大小，主要是根据旋刀本身的材料、旋切单板的厚度、木材的树种、含水率及其温度等参数来确定。

为了能旋切出优质单板，应尽可能减小 β 值。在胶合板生产中，一般采用 $\angle\beta = 18° \sim 23°$。当其他条件相同，旋切硬质木材和厚单板时，$\beta$ 值应取得大些。我国常用树种的 β 值，如松木为 $20° \sim 23°$，椴木为 $19° \sim 20°$，水曲柳为 $20° \sim 21°$。

9.3.3　切削角(δ)

切削角对加工质量的影响很大。单板切下后，要由弯曲的弧状变为伸直的平板状，而且是反向弯曲；切削角越大，弯曲的程度就越大，单板背面出现裂缝的可能性也就越大。因此，减小切削角就能减少背面裂缝的出现。

旋切过程中，木段的直径逐渐减小，而单板切下瞬间的曲率半径则越来越小，即切下后单板出现裂缝的可能性相应增加。所以，切削角应随着木段半径的减小而减小。

切削角是楔角与后角之和。由于旋刀的楔角在研磨后即固定，而且很小，要再减小将会降低旋刀刃口的强度。因此，在旋切过程中，要想减小切削角，只有靠减小后角来实现。

9.3.4　后角(α)

如前所述，为了减小切削角只有减小后角。但是，为了保证旋切质量，后角的大小也要适当。

后角大时，如果楔角不变，切削角也大，单板出现拉裂和裂缝的可能性就大；同时，由于后刀面与木段的接触面积减小而引起刀架震动，刀刃就易于切入分开线以下的木材中，造成单板厚度不均。故后角小一些为宜。又由于接触面积与木段的半径有关，木段半径越小，接触面积越小。因此，为了保证必要的接触面积，后角还应随木段半径的减小而减小。

后角小时，虽然可以减小单板出现裂缝的可能性，但如果过小，旋刀后面与木段的接触面积过大，对于木段的压力增大，这样，不仅增大摩擦阻力，而且会使木段弯曲；木段直径越小，弯曲越严重，从而也会造成单板厚度不均匀，甚至使木段发生局部劈裂。

综上所述，为了保证正常的旋切条件，要求后角必须随着木段直径的减小而减小。通常，木段直径为100~300 mm时，后角为1°~2°，木段直径在300 mm以上时，后角为2°~4°。

9.3.5　后角的变化规律

后角的变化与旋刀的装刀高度有关。下面就分析它们的关系：如前所述，当装刀高度$h=0$时，旋切轨迹为阿基米德螺旋线；装刀高度h不等于零时，旋切轨迹则不是阿基米德螺旋线。

当装刀高度h为正值时，旋切时各种角度间的关系如图9-4所示。

图中：α为切削轨迹的切线$\overline{AT}$与后刀面之间的夹角，称为工作后角；α_m为向径垂线$\overline{AP}$与切线$\overline{AT}$之间的夹角，称为运动后角；α_a为向径垂线$\overline{AP}$与铅垂线$\overline{AV}$之间的夹角，称为附加后角；α_i为铅垂线$\overline{AV}$与后刀面之间的夹角，称为装刀后角。

当旋刀装定后，在旋切过程中，$\overline{AS}$和$\overline{AV}$的方向是不变的，$\overline{AT}$和$\overline{AP}$的方向则是变化的，所以运动后角α_m和附加后角α_a是变化的，因而工作后角α也随着变化。

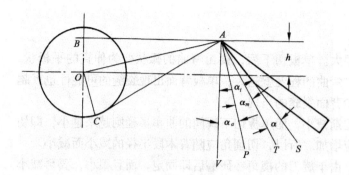

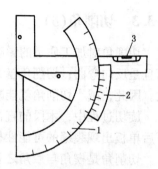

图 9-4　旋切角度关系　　　　　　　图 9-5　改装的万能量角器

1. 分度板　2. 游标卡尺　3. 水泡

运动后角与附加后角如何变化呢？图 9-4 中，O 为木段的旋转中心，圆 O 是以极次法距 a 为半径做的极次法距圆。AC 为法线，$AC \perp AT$，OC 为极次法距，$OC = a$。AO 为向径，$AO \perp OC$，$AV \perp AB$，从图中可以得出如下的三角函数关系式：

$$\sin\alpha_m = \frac{OC}{AC} = \frac{OC}{\sqrt{AO^2 + OC^2}} = \frac{a}{\sqrt{R^2 + a^2}}$$

即

$$\angle \alpha_m = \arcsin \frac{a}{\sqrt{R^2 + a^2}}$$

$$\sin\alpha_a = \frac{OB}{OA} = \frac{h}{R}$$

即

$$\angle \alpha_a = \arcsin \frac{h}{R}$$

$$\angle \alpha = \angle \alpha_i - \angle \alpha_a - \angle \alpha_m$$
$$= \angle \alpha_i - \arcsin \frac{h}{R} - \arcsin \frac{a}{\sqrt{R^2 + a^2}}$$

$\angle \alpha_i$（装刀后角）在旋切过程中是不变的，并且可以用改装的万能量角器（图 9-5）量取。测量时，把量角器的分度板靠在旋刀的后面上，调整游标尺使水泡 3 水平，游标尺上指示线所对分度板上的读数，即为装刀后角 $\angle \alpha_i$。

为了便于分析 h 对 $\angle \alpha$ 变化规律的影响，由上式求 $\angle \alpha$ 对 R 的偏导数：

$$\frac{\partial \alpha}{\partial R} = -\frac{\partial}{\partial R}\arcsin \frac{h}{R} - \frac{\partial}{\partial R}\arcsin \frac{a}{\sqrt{R^2 + a^2}}$$

$$= \frac{h}{R\sqrt{R^2 - h^2}} + \frac{a}{R^2 - a^2}$$

令

$$\frac{\partial \alpha}{\partial R} = \frac{h}{R\sqrt{R^2 - h^2}} + \frac{a}{R^2 - a^2} = 0$$

由此方程中解出 h，得：

$$h = \pm \frac{aR^2}{\sqrt{(R^2 + a^2)^2 + a^2 R^2}}$$

其中正值解不适合原方程。故装刀高度 h 为：

$$h_1 = -\frac{aR^2}{\sqrt{(R^2 + a^2)^2 + a^2 R^2}}$$

设 $R = R_0$ 时，h_1 为某一定值：

$$h_{10} = \pm \frac{aR_0^2}{\sqrt{(R_0^2 + a^2)^2 + a^2 R_0^2}}$$

然后将 h_{10} 代入 $\dfrac{\partial \alpha}{\partial R} = \dfrac{h}{R\sqrt{R^2 - h^2}} + \dfrac{a}{R^2 - a^2}$ 式中的 h，整理后得：

$$\frac{\partial \alpha}{\partial R} = -\frac{aR_0^2}{\sqrt{R^4[(R_0^2 + a^2)^2 + a^2 R_0^2] - a^2 R^2 R_0^4}} + \frac{a}{R^2 + a^2}$$

这就是在某一定值 h_1 时，$\dfrac{\partial \alpha}{\partial R}$ 的表达式。为了便于分析在这种情况下 $\angle \alpha$ 随 R 而变化的情况，将上式等号右边的第一项分式的分子和分母同除以 R_0^2，整理后得：

$$\frac{\partial \alpha}{\partial R} = -\frac{a}{\sqrt{\left[R^2 + \left(\frac{R}{R_0}\right)^2 a^2\right]^2 + a^2 R^2\left[\left(\frac{R}{R_0}\right)^2 - 1\right]}} + \frac{a}{R^2 + a^2}$$

从上式可知：

当 $R = R_0$ 时，$\dfrac{\partial \alpha}{\partial R}$ 为零。

当 $R < R_0$ 时，$\dfrac{\partial \alpha}{\partial R}$ 为负值。

当 $R > R_0$ 时，$\dfrac{\partial \alpha}{\partial R}$ 为正值。

所以当 h_1 为某一定值 h_{10} 时，$\angle \alpha$ 随 R 变化的曲线并不是一条斜率等于零的直线，而只是在 $R = R_0$ 这一点的斜率等于零。但由于上式中 a 值甚小，相比 R 值要大得多，所以 $\dfrac{\partial \alpha}{\partial R}$ 在 $R \neq R_0$ 时各点的值虽不等于零，却接近于零。因此 $\angle \alpha$ 随 R 而变化的曲线可以看做是斜率等于零的直线。

同时，可以近似地将 h_1 看做是装刀高度 h 影响 $\angle \alpha$ 变化规律的临界值。

当 $h = h_1$ 时，$\dfrac{\partial \alpha}{\partial R} = 0$，即 $\angle \alpha \approx$ 常数，说明工作后角 $\angle \alpha$ 在这种情况下几乎不随木段半径 R 的变化而变化。这是不符合旋切要求的。

当 $h > h_1$ 时，$\dfrac{\partial \alpha}{\partial R} > 0$，说明后角 $\angle \alpha$ 随 R 的增加而增大，而且 h 越大，$\dfrac{\partial \alpha}{\partial R}$ 越大，

∠α 随 R 的增加而增大的程度越大。即工作后角在这种情况下是随木段半径 R 的减小而减小的。

当 $h < h_1$ 时，$\dfrac{\partial \alpha}{\partial R} < 0$，说明 ∠α 随 R 的增加而减小，而且 h 越小，$\dfrac{\partial \alpha}{\partial R}$ 越小，∠α 随 R 的增加而减小的程度越大。即工作后角增大的程度越大。这种情况也是不符合旋切要求的，只有当机床刀架具有辅助滑道时才采用。

工作后角随着木段半径 R 和装刀高度 h 不同而变化的情况如图 9-6 所示。

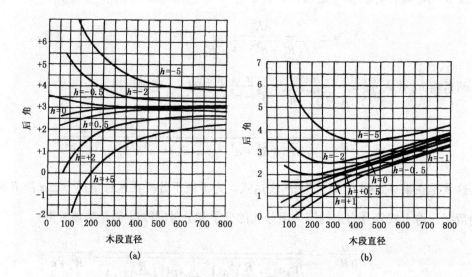

图 9-6　工作后角与木段直径和装刀高度的关系

(a)第一类刀架　(b)第二类刀架

从上面分析可知，装刀高度 h 对于旋切时的工作后角有直接关系。所以，在生产实际中可用高度计量装刀高度 h，然后与 h_1 进行比较。为了提高加工质量，使旋切过程中后角能随着木段的半径的减小而减小，必须使 $h > h_1$，而不能出现 $h = h_1$ 或 $h < h_1$ 的情况。

为了使 h_1 的计算更为简便，将 $h_1 = -\dfrac{aR^2}{\sqrt{(R^2 + a^2)^2 + a^2 R^2}}$ 式右端的分子和分母同除以 R，并略去甚小的 $\dfrac{a^2}{R}$ 项后得装刀高度的临界值：

$$h_1 = -\frac{aR}{\sqrt{R^2 + a^2}}$$

由此看出：h_1 值是随木段半径 R 和单板厚度 a 的变化而变化的，只要分别将它们代入上式，即可求出 h_1 值。

9.4　改变后角的方法

生产中所使用的旋切机刀架基本上可以分为两种类型。

在旋切过程中，刀架带着旋刀一起只做水平直线进给运动，这种刀架称为第一类刀架。这种旋切机在旋切过程中，后角变化范围较小，故只能旋切直径比较小的木段。当旋切大直径的木段时，为了提高旋切质量，要求后角的变化范围比较大。这样单靠上述控制后角自然变化规律常常不能满足生产要求，因而必须采用机械方法，使后角能在较大范围内变化。

所谓机械方法就是改变刀架的结构，使旋刀在旋切过程中不仅有水平的进给运动，同时还能自动地绕着通过卡轴轴心线的水平面与旋刀前面的延伸面相交的直线做转动，以改变旋刀的后角，这种刀架称为第二类刀架（图9-7）。

第二类刀架有两条滑道：水平的主滑道和倾斜的辅助滑道。刀架装在主滑块 2 半圆环状的凹槽内。刀架 4 的后部通过偏心轴 6 与辅助滑块 7 相连。因此，刀架 4 在任何位置时，$\overline{AB}$ 总是不变的。当旋刀 1 向卡轴移动时，点 B 沿着平行于辅助滑道 8 倾斜一定角度做直线运动，故旋刀就会沿着顺时针方向转动，从而达到改变切削角和后角并使之均匀地变化的目的。

旋切木段之前需要调整初始装刀角度时，可转动偏心轴 6，使偏心轴的偏心 B 绕转动中心 B_1 转动。由于辅助滑块 7 只能沿辅助滑道 8 移动，不能做上下运动，所以偏心轴 6 的偏心 B 绕转动中心 B_1 转动而使辅助滑块沿辅助滑道移动，并使刀架绕旋刀刃口 A 点转动，即刀架尾部做上下运动，借此来调整初始的装刀后角 α_i 或装刀切削角 δ_i（旋刀前刀面与铅垂线间的夹角）。

旋切木段时，通过左右两根丝杆 3 带动主滑块 2 沿着水平的主滑道 5 做水平运动，刀架 4 也随着主滑块一起做水平运动。辅助滑块 7 则随着刀架沿辅助滑道向前移动。由于辅助滑块是沿着倾斜的辅助滑道 8 移动的，所以刀架尾部均匀地向下摆动。因此，在旋切过程中，旋刀一方面做水平的进给运动，另一方面绕着半圆轨道导轨中心 A 做顺

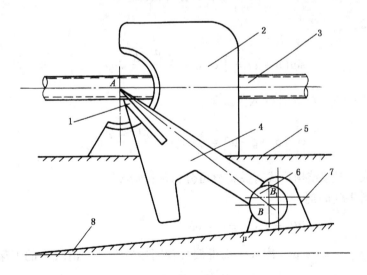

图 9-7　第二类刀架

1. 旋刀　2. 主滑块　3. 丝杠　4. 刀架　5. 主滑道　6. 偏心轴　7. 辅助滑块　8. 辅助滑道

时针转动，从而实现旋切过程中随着木段半径的减小而要求逐渐减小初始装刀后角或装刀切削角的目的。

所以，旋切过程中初始装刀后角的减少量与辅助滑道的倾斜度 μ 有关。

第二类刀架的辅助滑块与辅助滑道有两种连接方式：一是偏心轴装在靴形铁块上，再把靴形铁块装在辅助滑块的水平面上，靴形滑块可以在辅助滑块上面做相对移动，如图 9-8(a)所示；二是把偏心轴直接装在辅助滑块上，如图 9-8(b)所示。

图 9-8 中：O 为卡轴的转动中心；A 为刀架在切削过程中的转动中心；B 为偏心轴上的偏心点；C 为旋刀的刀刃位置；E 为偏心轴的中心；ξ 为直线 AB 与旋刀前面之间的夹角(对于一定的机床，它是定值)；μ 为辅助滑道的倾斜角(有的旋切机此值是固定的，有的可以在一定范围内变化，一般为 $1°30' \sim 2°$)；φ 为偏心轴的回转角(即通过偏心轴中心点 E 的铅垂线与 $\overline{EB}$ 线之间夹角)；e 为偏心轴的偏心距($e = BE$，当偏心轴的位置在 B_0E_0 状态时，切削角最小，这个位置作为偏心轴的初始位置)；L 等于 AB，对于一定的机床，此值为定值；y_0 对于给定机床和倾斜度 μ 来说是不变的，并且是对应于偏心轴的初始位置，$y_0 = OD_0$，θ 为通过卡轴轴线的水平面和直线 $\overline{AB}$ 之间的夹角(在旋切过程中是变化的)；y 在旋切过程中是不变的，其大小随偏心轴的回转角 φ 的大小而改变，两者成反比(BD 与 B_0D_0 是平行线)，$y = OD$。

从图中可得出如下的三角函数关系：

$$\tan\mu = \frac{FD}{BF} = \frac{y - BG}{OG}; \quad BG = L\sin\theta$$

$$OG = OA + AG = \sqrt{R^2 - h^2} + L\cos\theta$$

$$\tan\mu = \frac{\sin\mu}{\cos\mu} = \frac{y - L\sin\theta}{\sqrt{R^2 - h^2} + L\cos\theta}$$

简化后得：

$$\sin(\theta + \mu) = \frac{y}{L}\cos\mu - \frac{\sqrt{R^2 - h^2}}{L}\sin\mu$$

因为，$\theta = 90° - (\delta_i + \xi)$，并代入上式得：

$$\cos(\delta_i + \xi - \mu) = \frac{y}{L}\cos\mu - \frac{\sqrt{R^2 - h^2}}{L}\sin\mu$$

由于 y 值与刀架结构形式有关，故可分为两种情况：

(1) 如图 9-8(a)时：

$$BB_0 = y - y_0 = e - e\cos\varphi$$

所以，$y = y_0 - e + e\cos\varphi$ 代入上式得偏心轴间接放在辅助滑块上的刀架的旋刀运动方程式：

$$\cos(\delta_i + \xi - \mu) = \frac{y_0 - e}{L}\cos\mu + \frac{e}{L}\cos\mu\cos\varphi - \frac{\sqrt{R^2 - h^2}}{L}\sin\mu$$

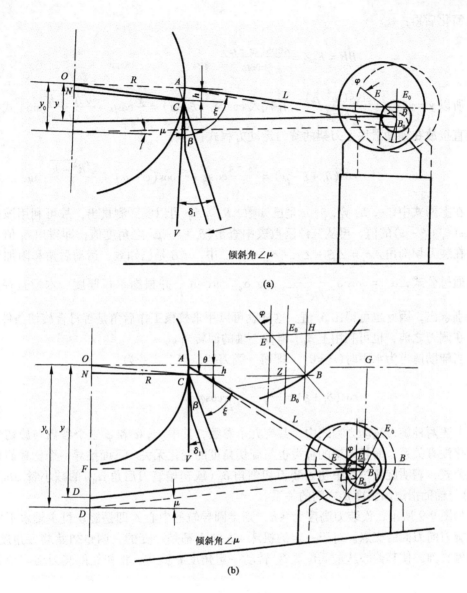

图 9-8 第二类刀架角度变化

(a)偏心轴间接放在辅助滑道上的刀架 (b)偏心轴直接放在辅助滑道上的刀架

(2) 如图 9-8(b)时：

$$y_0 - y = ZB_0 = e - E_0Z$$

因为 $E_0B = BH(E_0ZBH$ 是平行四边形)

在 $\triangle EBH$ 中

因为 $\angle EHB = 90° - \mu$；$\angle EBH = \varphi$

所以 $\angle BEH = 90° - (\varphi - \mu)$

简化后得：

$$BH = E_0 Z = \frac{e\cos(\varphi - \mu)}{\cos\mu}$$

所以 $y = y_0 - e + \frac{e\cos(\varphi - \mu)}{\cos\mu}$，并代入 $\cos(\delta_i + \xi - \mu) = \frac{y}{L}\cos\mu - \frac{\sqrt{R^2 - h^2}}{L}\sin\mu$ 式得偏心轴直接放在辅助滑块上刀架的旋刀运动方程式：

$$\cos(\delta_i + \xi - \mu) = \frac{y_0 - e}{L}\cos\mu + \frac{e}{L}\cos(\varphi - \mu) - \frac{\sqrt{R^2 - h^2}}{L}\sin\mu$$

在上两式中，e，L，y_0，ξ，μ 是已知数，R，h，φ 可以实际测量出，故可利用该式求出 $\cos(\delta_i + \xi - \mu)$ 的值，再从三角函数表中查出 $(\delta_i + \xi - \mu)$ 之角度值，即得出 δ_i 值。另外，在装刀切削角 $\angle\delta_i = \angle\beta + \angle\alpha + \alpha_a + \angle\alpha_m$ 中，$\angle\beta$ 是已知数，运动后角和附加后角可以通过公式 $\angle\alpha_m = \arcsin\frac{a}{\sqrt{R^2 + a^2}}$，$\angle\alpha_a = \arcsin\frac{h}{R}$ 并根据单板厚度、木段直径和 h 值分别求出，因此也可得出 δ_i 值。这样就可以用来校核工作后角是否符合旋切条件。

在调刀之前，也可利用上式求得偏心轴的回转角 φ。

当辅助滑道为水平时（$\mu = 0$），即第一类刀架，则上式变为：

$$\cos(\delta_i + \xi) = \frac{y_0 - e}{L} + \frac{e}{L}\cos\varphi$$

上述两种旋刀运动方程式中，共有九个参数，其中 y_0，e 和 φ 三个参数与旋切角度的变化没有关系，而且刀架的种类也与旋切角度的变化无关。下面推导一个比较简化的近似公式，表明旋切过程中初始装刀切削角 δ_{i1}（或初始装刀后角 α_{i1}）的减小量 $\Delta\delta_{i1}$（或 $\Delta\alpha_{i1}$）与辅助滑道倾斜度 μ 之间的关系。

如图 9-9 所示，设装刀高度为 $+h$，则半圆导轨的中心 A 即是旋切机主轴水平中心线与旋刀前刀面的交点。对于一定的机床，ξ 和 L 都是不变的，调整初始装刀角度时，转动偏心轴，使其偏心从最低位置 B_0 转动一定角度 φ 到 B。将初始的装刀切削角调整

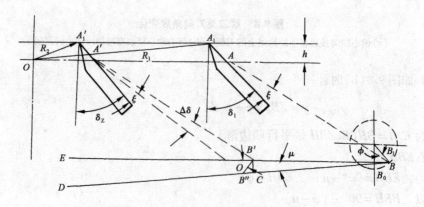

图 9-9　因旋刀转动造成的旋切角度变化

到所要求的 δ_{i1} 后，偏心轴即固定不动，在整个切削过程中 φ 角近似不变。旋切木段时，刀架随着主滑块做水平进给运动，主滑块半圆导轨的中心由 A 点移到 A' 点，刀片的刃口由 A_1 点移到 A_1' 点。木段的半径由 R_1 减小到 R_2。偏心轴则随着辅助滑块沿着辅助滑道倾斜前进，偏心轴的偏心由 B 点近似地平行于辅助滑道移到 B'' 点。装刀切削角则由初始的 δ_{i1} 减小到 $\delta_{i2} = \delta_{i1} - \Delta\delta_i$。设将偏心轴的偏心由 B 点到 B'' 点的位移分解为两个位移，先是 AB 线平行移到 $A'B'$，然后绕 A' 点转一角度 $\Delta\delta_i$ 到 $A'B''$。$\Delta\delta_i$ 即是装刀切削角由于倾斜辅助滑道的作用而发生的减小量，其大小可用下述近似方法求得。

由于 $\Delta\delta_i$ 角通常很小（约在 $0° \sim 3°$ 范围内变化），而 L 的长度比较大，故可近似地把圆弧 $B'B''$ 看成是一条直线。由 B' 点做水平线 BE 的垂线，与倾斜线 BD 交于 C 点。则由 $\triangle B'CB''$ 中可知：

$$\angle B''B'C = 90° - \left(\delta_{i1} + \xi - \frac{1}{2}\Delta\delta_i \right)$$

$$\angle B'CB'' = 90° - \mu$$

$$\angle B'B''C = \delta_{i1} + \xi - \mu - \frac{1}{2}\Delta\delta_i$$

$$\frac{B'B''}{\sin(90° + \mu)} = \frac{B'C\cos\mu}{\sin\left(\delta_{i1} + \xi - \mu - \frac{1}{2}\Delta\delta_i \right)}$$

即

$$B'B'' = \frac{B'C\sin(90° + \mu)}{\sin\left(\delta_{i1} + \xi - \mu - \frac{1}{2}\Delta\delta_i \right)} = \frac{B'C\cos\mu}{\sin\left(\delta_{i1} + \xi - \mu - \frac{1}{2}\Delta\delta_i \right)}$$

其中：

$$B'C = \left[\sqrt{R_1^2 - h^2} - \sqrt{R_2^2 - h^2} + h(\tan\delta_{i1} - \tan\delta_{i2}) \right]\tan\mu$$

于是：

$$B'B'' = \frac{\left[\sqrt{R_1^2 - h^2} - \sqrt{R_2^2 - h^2} + h(\tan\delta_{i1} - \tan\delta_{i2}) \right]\sin\mu}{\sin\left(\delta_{i1} + \xi - \mu - \frac{1}{2}\Delta\delta_i \right)}$$

在三角形 $\triangle A'B'B''$ 中，近似看做 $B'B'' \perp A'B'$，则得：

$$\sin\Delta\delta_i = \frac{B'B''}{L} = \frac{\left[\sqrt{R_1^2 - h^2} - \sqrt{R_2^2 - h^2} + h(\tan\delta_{i1} - \tan\delta_{i2}) \right]\sin\mu}{L\sin\left(\delta_{i1} + \xi - \mu - \frac{1}{2}\Delta\delta_i \right)}$$

上式分子中的 $h(\tan\delta_{i1} - \tan\delta_{i2})\sin\mu$ 和分母中的 $\frac{1}{2}\Delta\delta_i$ 均甚小，略去不计，即得如下近似式：

$$\sin\Delta\delta_i = \frac{\left(\sqrt{R_1^2 - h^2} - \sqrt{R_2^2 - h^2} \right)\sin\mu}{L\sin(\delta_{i1} + \xi - \mu)}$$

按上式计算所得装刀切削角的减小量 $\Delta\delta_i$，也就是装刀后角的减小量 $\Delta\alpha_i$，即 $\Delta\delta_i = \Delta\alpha_i$。由此可得出由木段初始半径 R_1 旋切到某一半径 R_2 时的装刀切削角或装刀后角为：

$$\angle \delta_{i2} = \angle \delta_{i1} - \angle \Delta \delta_i \quad 或 \quad \angle \alpha_{i2} = \angle \alpha_i - \angle \Delta \alpha_i$$

求出 $\angle \delta_{i2}$ 和 $\angle \alpha_{i2}$ 后，就可按 $\angle \alpha = \angle \alpha_i - \arcsin \dfrac{h}{R} - \text{arc} \dfrac{a}{\sqrt{R^2 - a^2}}$ 式计算木段旋切到某一半径 R_2 时的工作后角 α 和工作切削角 δ，借以检验任意时刻的工作后角和工作切削角是否符合要求。

根据实验结果可知，$\Delta \delta_i$ 的近似计算公式的精度虽然没有旋刀运动方程式的计算精度高，但实际生产中，在普通量角器测量的条件下，还是可以的。由于近似式省去了三个参数，而且不牵涉刀架的种类，所以比用前面的旋切运动方程式要简便。

9.5　单板的压紧

旋切时，为了提高单板质量，在旋刀的前面要用压尺压紧木段。

压尺的作用主要是减小木段的超越裂缝，避免拉裂和剪裂。使单板在未切下之前外表面受到预先的压缩，而内表面受到预先的伸展，以减小由于单板切下后向外弯曲而发生的背部裂缝。同时从单板内压出一部分水分后，也可缩短单板的干燥时间。

9.5.1　压紧程度

经过压尺压紧后的单板实际厚度 S_0 小于单板的名义厚度 S。单板的压紧程度可用下式表示：

$$\Delta = \frac{S - S_0}{S} \times 100\%$$

故经过压紧后的单板实际厚度为

$$S_0 = S \left(1 - \frac{\Delta}{100} \right) \quad (\text{mm})$$

单板的压紧程度与单板的厚度、树种和木材的蒸煮温度有关。目前我国常用树种和一般的单板厚度下，采用的压紧程度如：椴木为 10% ~ 15%，水曲柳为 15% ~ 20%，松木为 15% ~ 20%。

9.5.2　压尺的种类

压尺大致分为三种：圆棱压尺、斜棱压尺和辊柱压尺，如图 9-10 所示。

圆棱压尺与木材的接触面积小，压应力集中，适用于压紧程度小、单板厚度小、木材硬的情况。

斜棱压尺与木材的接触面积大，适用于压紧程度较大、单板厚度较大、木材较软的情况。

辊柱压尺与木材的接触面积更大，更适用于旋切软材和厚单板。由于辊柱压尺在电动机的带动或木段的带动下转动，故虽然压紧力较大，但摩擦阻力仍然较小。

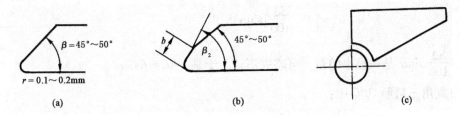

图 9-10　压尺断面形状

(a) 圆棱压尺　(b) 斜棱压尺　(c) 辊柱压尺

目前，生产上除上面三种压尺外，还正在研究一种喷射压尺。喷射介质有的用常温压缩空气，有的用蒸汽。这种压尺既能加压又能加热，从而省去木段的蒸煮。

9.5.3　压尺的主要参数

(1)圆棱压尺：常用的楔角 $\angle\beta = 45° \sim 50°$；圆棱的半径为 $r = 0.1 \sim 0.2$ mm；压尺的厚度为 $12 \sim 15$ mm；宽度为 $50 \sim 80$ mm。

(2)斜棱压尺：斜棱压尺的楔角分为主斜面的楔角 β_1 和斜棱楔角 β_2 两部分。

这种压尺的主斜面的楔角 β_1、压尺的厚度、宽度都与圆棱压尺相同。而斜棱的楔角 β_2 和斜棱的宽度 b 则可按下述方法确定。

确定 β_2：图 9-11 所示旋刀的刃口与斜棱压尺的压紧边都装在主轴水平轴线上。旋刀前刀面与铅垂线间的夹角为 δ_i（即装刀切削角），压尺的前尺面与旋刀前刀面间的夹角为 σ，压尺的斜棱 AB 与铅垂线间的夹角 α' 成为压尺的后角，一般是 $\angle\alpha' = 5° \sim 7°$。从图中可以看出 β_2 与各角度参数间有下列关系：

$$\angle\beta_2 = 180° - (\delta_i + \sigma + \alpha')$$

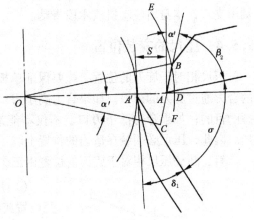

图 9-11　斜棱压尺的安装位置

确定 b：图 9-11 中，O 为主轴的旋转中心，圆弧 $EBDF$ 表示木段的外表面。斜棱 AB 的全长都与木材接触，所以 B 点在木段的表面上，而 A 点则压进木材。压进的深度为 AD。$A'D$ 为单板的名义厚度 S。$A'A$ 为单板压紧后的实际厚度 S_0。

$$AD = A'D - A'A = S - S_0 = \frac{S\Delta}{100}$$

由 O 点作 AB 延长线的垂线 $OC \perp BA$，则斜棱的宽度为 $b = BC - AC$。

由直角三角形 OAC 中：

$$AC = OA\sin\alpha' = (OD - AD)\sin\alpha'$$

$$= \left(R - \frac{S\Delta}{100} \right) \sin\alpha'$$

式中，$\frac{S\Delta}{100}\sin\alpha'$ 是一很小的量，可略去不计。于是：$AC \approx R\sin\alpha'$。

由直角三角形 OBC 中：

$$BC = \sqrt{OB^2 - OC^2} = \sqrt{R^2 - (OA^2 - AC^2)} = \sqrt{R^2 - (OD - AD)^2 + AC^2}$$

$$= \sqrt{R^2 - \left(R - \frac{S\Delta}{100} \right)^2 + R^2 \sin^2\alpha'}$$

$$= \sqrt{R^2 \sin^2\alpha' + 2R\frac{S\Delta}{100} - \left(\frac{S\Delta}{100} \right)^2}$$

$$\approx \sqrt{R^2 \sin^2\alpha' + 2R\frac{S\Delta}{100}}$$

将 AC 和 BC 代入得：

$$b = \sqrt{R^2 \sin^2\alpha' + 2R\frac{S\Delta}{100}} - R\sin\alpha'$$

（3）辊柱压尺：用不锈钢或其他材料制成的辊柱，直径为 $16 \sim 40$ mm，压尺两端用轴承支持，本身由电动机或木段带动。

9.5.4 压尺的安装位置

压尺相对于旋刀的位置，除要保证单板具有必要的压紧程度外，还必须保证压应力的合力通过旋刀的刃口。如果合力高于刃口，则不能达到减小超越裂缝、避免拉裂和剪裂的目的；如果合力低于刃口，不仅不能达到上述目的，并且还会造成外加的摩擦损耗。因此，压尺必须装在适当的位置上。

斜、圆棱压尺相对于旋刀的位置由三个参数确定。

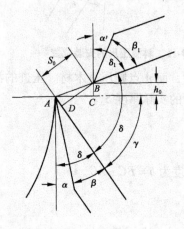

图 9-12 圆棱压尺相对旋刀的位置

（1）压尺安装调整时，压尺棱与刀刃作用力和相互位置应平衡，并用塞尺沿刃口按一定间隔测定若干点，使之等于 S_0（图 9-12）。S_0 根据不同树种和单板厚度决定，约等于单板厚度的 $80\% \sim 90\%$。开始旋切后，如遇单板带表面有剥落、纤维撕裂或撕裂延伸等情况时，说明压紧力过大；如遇单板表面粗糙或背面裂隙过深时，说明压紧力过小。因此，在旋切过程中，应根据观察单板的光洁度及裂隙度，调整压紧程度。

（2）压尺前尺面与旋刀前刀面之间的夹角，通常为 $\angle\sigma = 70° \sim 90°$。当压尺压紧边与刃口的高度等于零（$h_0 = 0$）或接近等于零时取小值，当 h_0 不等于零时取最大值。

（3）压尺压紧边相对于旋刀刃口的高度 h_0。在校正了压尺棱与刀刃的平行度后，于刀刃两端及中间用塞尺测定 h_0，并调整到理想的范围。

对于斜棱压尺，如图 9-11，$h_0 = 0$。对于圆棱压尺的 h_0 则可按下述方法求得。

为了保证压应力的合力通过刃口，圆棱压尺前尺面的延长线 BA 必须通过刀刃，如图 9-12 所示。

由 B 点做 $\overline{BD}$ 线垂直于旋刀的前刀面，再做 $\overline{BC}$ 线垂直于主轴的水平中心线。由直角三角形 ABC 中可知：

$$
\begin{aligned}
h_0 &= BC = AB\sin\angle BAC = AB\sin[\sigma - (90° - \delta)] \\
&= AB[\sin\sigma\cos(90° - \delta) - \cos\sigma\sin(90° - \delta)] \\
&= AB(\sin\sigma\sin\delta - \cos\sigma\cos\delta)
\end{aligned}
$$

由直角三角形 ABD 中可知：

$$
AB = \frac{BD}{\sin\angle BAD} = \frac{S_0}{\sin\sigma}
$$

于是：

$$
\begin{aligned}
h_0 &= \frac{S_0}{\sin\sigma}(\sin\sigma\sin\delta - \cos\sigma\cos\delta) \\
&= S\left(1 - \frac{\Delta}{100}\right)\left(\sin\delta - \frac{\cos\delta}{\sin\sigma}\right)
\end{aligned}
$$

上式所规定的 h_0、Δ 和 σ 三者之间的关系，既保证了所要求的压紧程度，又保证了压应力的合力通过旋刀的刃口，因而也就保证了加工质量。

从上式可知，h_0 是依单板厚度、压紧程度、切削角和压尺与旋刀之间的夹角而定的。切削角 δ 通常在 25°之内；压尺与旋刀之间的夹角 σ 视机床结构而定。

表 9-1 表示了不同 Δ、σ 和 δ 时的 h_0/S 之比值。

表 9-1　不同 Δ、σ 和 δ 时的 h_0/S 之比值

压紧程度 Δ（%）	切削角 δ（°）	在不同的 σ 值时 $\dfrac{h_0}{S}$ 之比值				
		70°	75°	80°	85°	90°
10	20	0	0.08	0.16	0.23	0.31
	25	0.08	0.16	0.24	0.31	0.38
20	20	0	0.07	0.14	0.21	0.27
	25	0.07	0.14	0.21	0.28	0.34
30	20	0	0.06	0.12	0.18	0.24
	25	0.07	0.13	0.18	0.24	0.30

表 9-2 不同 σ 时的 h_0/S 之比值

σ	70°	75°	80°	85°	90°
$\dfrac{h_0}{S}$	0	0.10	0.18	0.25	0.30

为了便于应用，一般情况下 h_0/S 之比值可用表 9-2 数值。

从图 9-12 中看出，压尺的倾斜角 δ_1 可用下式计算：

$$\delta + \sigma + \delta_1 = 180°$$
$$\delta_1 = 180° - (\delta + \sigma)$$

当 $\sigma = 70°$、$\delta = 25°$ 以下时，δ_1 在 85° 以内。

生产实际中，当旋切蒸煮过的木段时，木段温度使旋刀受热膨胀，结果造成刀尖高度增加，使原来调整好的刀尖高度改变。曾经观察到，旋切 85℃ 的木段时，刀刃膨胀而使刀尖高度增加 0.38 mm。所以在调节刀尖高度时，还需要考虑温度的影响。

辊柱压尺相对于旋刀的位置由两个参数决定。

如图 9-13 所示，辊柱压尺表面刀刃口的水平距离为 x；压尺中心到刃口的铅垂距离为 y。x，y 与单板压缩后的实际厚度 S_0 间的关系可用下述方法求得。

设单板压缩最大处在 E 点，则 $EF = S_0$。由直角三角形 OCD 中可得：

$$OD = OC\cos\angle COD = \left(x + \frac{D}{2}\right)\cos\delta_1$$

由直角三角形 ABC 中可得：

$$ED = AB = y\sin\delta_1$$
$$OD + ED = S_0 + \frac{D}{2} = \left(x + \frac{D}{2}\right)\cos\delta_1 + y\sin\delta_1$$
$$S_0 = \left(x + \frac{D}{2}\right)\cos\delta_1 + y\sin\delta_1 - \frac{D}{2}$$

式中：D——辊柱压尺的直径(mm)；

δ_1——初始装刀切削角。

为了提高旋切质量，x 和 y 的值应该调整到既能保证必要的压紧程度，又能保证压应力的合力通过刃口，即要求单板压缩最大处应力在刀刃上的 A 点(图 9-13)。这时，x、y 与 S_0 的关系为：

$$x = \left(S_0 + \frac{D}{2}\right)\cos\delta_1 - \frac{D}{2}$$
$$y = \left(S_0 + \frac{D}{2}\right)\sin\delta_1$$

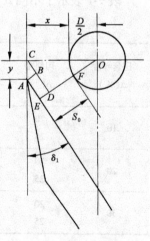

图 9-13 辊柱压尺的安装位置

9.5.5 压尺的压紧和摩擦阻力

压尺垂直于木材表面的压紧力(P_e)可按下列实验公式计算：

$$P_e = C\left(\frac{S\Delta}{100}\right)^{\varepsilon} b$$

式中：S——单板的名义厚度(mm)；

Δ——压紧程度(%)；

b——单板的宽度。即木段的长度(cm)；

C，ε——常数(按表9-3选取)。

表9-3 常数 C 和 ε 的值

压尺形式	C	ε	摩擦系数
圆棱压尺	19.45	0.31	滑动 $f = 0.1 \sim 0.5$
斜棱压尺	22.77	0.81	
辊柱压尺			
$D = 10$ mm	27.53	0.67	滚动 $f' = 0.03 \sim 0.04$
$D = 12$ mm	33.91	0.68	
$D = 13$ mm	39.56	0.71	

圆棱压尺和斜棱压尺的摩擦阻力 F_0 为

$$F_0 = P_e f \quad (N)$$

辊柱压尺的摩擦阻力为

$$F_0 = P_e \frac{2f'}{D}$$

式中：D——辊柱压尺的直径(cm)。

9.5.6 单板刨切

在木材加工工业中，为了降低制品的成本和充分利用贵重木材，大多采用刨切的方法，从木材的径面切出厚度一般为 1 mm 以下(少数为 $1 \sim 1.2$ mm)的薄片，装贴在制品表面。这样的单板(一般称薄木)表面大都具有通直的纹理或呈现各种各样的木纹图案，从而达到装饰美化制品的目的。

刨切方式有木方固定、刨刀做往复运动和刨刀固定、木方做往复运动两种，如图 9-2(b)所示。

刨切设备有卧式刨切机和立式刨切机。卧式刨切机是将木方固定在床台上，由刀架在水平方向做往复运动(工作运动)，从木方上刨下一层薄木。当刨刀经过一个往复回到起始位置时，木方升上一个距离，即薄木的规定厚度。立式刨切机的工作原理与卧式刨切机相反，木方固定在滑动床台上，刨切时，由木方在垂直方向做往复运动。刨刀每切下一块薄木后,刀架在水平方向前进一个等于薄木厚度的距离。

与卧式刨切机相比,立式刨切机具有如下优缺点:

优点:切削速度较快。

缺点:①适应性小,能切削的木方尺寸比卧式刨切机小;②木方固定机构不牢靠;③上木及出板困难,操作不安全;④操作人员比卧式多。

因此,卧式刨切机的应用远比立式刨切机广泛。

刨切时的切削条件一般为:刨刀楔角 $\angle\beta = 16° \sim 17°$,后角 $\angle\alpha = 1° \sim 2°$,切削角 $\angle\delta = 17° \sim 19°$,刨刀厚度 15 mm,压紧程度通常取 10%。

9.6 旋切(刨切)力和功率

木段在旋切过程中产生的作用力和压尺的作用力如图9-14所示。

旋刀总的作用力为 F_k,在 x、y 坐标上的分力为 F_{kx} 和 F_{ky}。

压尺总的作用力为 F_N,在 x、y 坐标上的分力为 F_{Nx} 和 F_{Ny}。

旋刀和压尺总的作用力为 F,在 x、y 坐标上的分力为 F_x 和 F_y。F_x 与切削方向相同,称为切向力,$F_x = F_{kx} + F_{Nx}$。F_y 指向木段,称为法向力,$F_y = F_{ky} - F_{Ny}$。

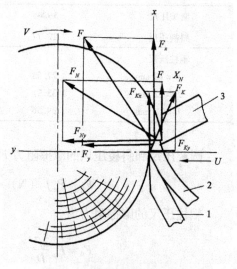

图9-14 旋切时的作用力
1. 旋刀 2. 单板 3. 压尺

9.6.1 切向力计算

旋刀和压尺对木材作用的切向力 F_x 可以下式表示:

$$F_x = F'_x b \quad (\text{N})$$

式中:F'_x——在具有压尺加压的条件下,对经过水热处理后的木材进行切削时的单位切削刃长度上作用的切向力(N/mm);

b——单板宽度。即木段或毛方长度(mm)。

单位切向力 F'_x 可查表9-4决定。表内的数据是在下列条件下试验获得的。树种为桦木,水热处理温度20℃,旋切时带有压尺,刀具几何形状良好,刃口锋利。

在不同的切削条件下计算切向力 F_x 时,还必须乘上以下一系列修正系数:

C_n——树种系数(表9-5);

C——木段水热处理温度系数(表9-6);

C_ρ——刀刃与压尺锋利程度系数(因为缺乏实验数据,故 $C_\rho \approx 1$);

C_φ——刀刃相关纤维倾斜角的系数。旋切时 $\varphi = 0°$,所以 $C_\varphi = 1$(表9-7)。

从上述的修正系数看出,在某些切削条件下的单位切削力比规定条件下的要大。

表9-4 规定条件下的旋切单位切向力 F'_x N/mm

单板厚度	压紧程度 Δ(%)					
(mm)	5	10	15	20	25	30
0.6	3.00	4.20	4.80	5.40	6.39	7.20
0.8	3.80	5.40	6.20	6.70	7.70	8.70
1.0	4.60	6.50	7.30	8.00	9.00	10.20
1.15	5.20	7.20	8.20	9.00	10.21	11.40
1.50	6.30	9.00	10.22	11.21	12.60	14.10

表9-5 树种修正系数

树种	C_n
桦木	1.00
榉木	1.15
栎木	1.25
赤杨	0.95
松木	0.75
落叶松	0.70

表9-6 木材温度修正系数

木材温度(℃)	C_t
10	1.10
20	1.00
30	0.95
10	0.87
20	0.80
30	0.70

表9-7 木材纤维与刀刃角度修正系数

刀刃相关纤维的倾角 φ (°)	C_φ
0	1.00
5	1.08
10	1.20
20	1.35

9.6.2 法向力计算

旋刀和压尺对木材作用的法向力 F_y 可以根据切向力 F_x 求得:

$$F_y = m_\Delta F_x$$

式中: m_Δ——换算系数, 一般为 $m_\Delta \approx 1.1$。

法向力的方向始终是向着木段表面的。

9.6.3 功率计算

有压尺时的旋刀(刨刀)的切削功率 P_c 可按下式计算:

$$P_c = F_x V_{av}$$

式中: V_{av}——平均切削速度(m/s)。

旋切时: $$V_{av} = \pi n D_{av}/(6 \times 10^4)$$

$$D_{av} = \frac{D_h + D_k}{2}$$

式中: D_h, D_k——分别是旋切木段大、小头直径。

刨切时: $$V_{av} = 2ns/(6 \times 10^4)$$

式中: s——刀架行程(mm);

n——刀架往复频率(min^{-1})。

9.7　旋刀和压尺的结构与安装

9.7.1　旋　刀

旋刀在刀体上开有若干个槽。这些槽用于将旋刀固定在机床刀架上。槽的形状有两种类型：一种是平面槽(图 9-15 A 型)；一种是阶梯槽(图 9-15 B 型)。其中 B 型槽旋刀在刀架上用埋头螺栓固定。生产中多使用 A 型槽旋刀。这种旋刀通常由两种不同钢制造，也有用全钢制造的。

用两种钢制造的旋刃，其刀刃部分是用 T9、9SiCr 等。刀体由 15 号低碳钢制造。刀刃部分的厚度是旋刀厚度的 1/4 ~ 1/3，宽度是旋刀宽度的 1/3 ~ 1/2。旋刀刀刃部分的硬度经过热处理之后为 HRC 56 ~ 75。

旋刀的长度为 900 ~ 2 800 mm；宽度为 150 ~ 180 mm；厚度有 15 mm 和 17 mm 两种。旋刀长度一般超过被旋木段长度 50 ~ 75 mm。槽口的数量按旋刀的长度而定，最多达 28 个。楔角 $\beta = 20° \pm 2°$。

在国外，还有用具有波形刃口的特殊旋刀如图 9-16(a)旋制装饰用的波形单板的实例。在这种情况下，木材是从横向过渡到端向交替进行切削的，因而造成美丽的波形单板。压尺同样也具有波形，如图 9-16(b)所示。

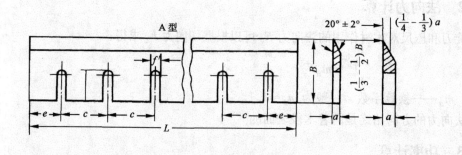

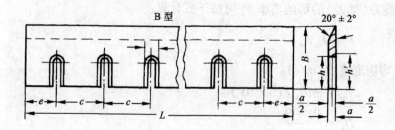

图 9-15　旋刀类型

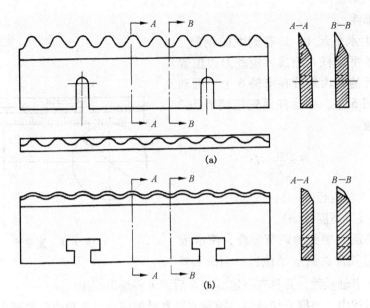

图 9-16　特殊旋刀和压尺
（a）旋刀　（b）压尺

9.7.2　压　尺

常用的压尺可分为三种：图 9-17(a) 所示为没有槽口的压尺，图 9-17(b) 所示为具有埋头螺栓沟槽的压尺，图 9-17(c) 所示为具有特殊形状槽的压尺。

压尺都是用工具钢 T8A、T9A 制造的。经过热处理后，压尺工作刃口区域的硬度为 HRC 28 ~ 48。

压尺的长度应与旋刀相适应，宽度为 50 ~ 80 mm，厚度为 10 ~ 15 mm。

9.7.3　旋刀安装

为了提高旋切质量，必须正确安装旋刀。旋刀的安装，要使刀刃相对于卡轴轴线间的距离正确，并根据木段直径的大小，使切削过程的后角变化符合旋切条件。可用图 9-18 所示的高度计检

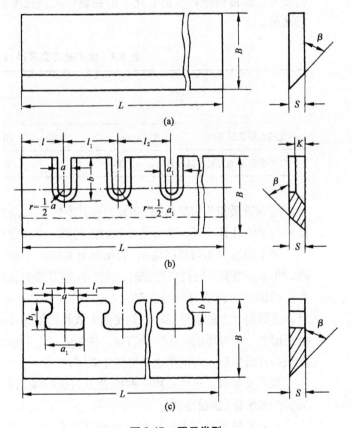

图 9-17　压尺类型
（a）没有槽口的压尺　（b）有埋头螺栓槽的压尺　（c）有特殊形状槽的压尺

查安装的正确性。

　　高度计由水平尺 1、具有刻度的钢筒 3 和与其相连的可动杆 4 组成。检查刀刃位置时，将水平尺的自由端放在卡轴 6 上；可动杆则竖在刀刃 5 上。可动杆预先用调节头 2 安装成 H 高度。

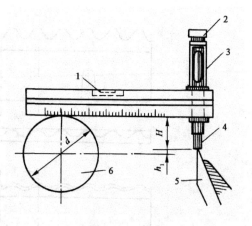

$$H = \frac{d}{2} - h$$

式中：d——卡轴直径(mm)；

　　　　h——装刀高度(mm)。

　　拧松顶住旋刀端头的调节螺杆，使水准器在刀刃任意处皆达到水平位置。当旋刀 5

图 9-18　高度计

的刃口平行于卡轴轴线，并具有一定高度 h 后即可将旋刀固定。

　　在旋切过程中，根据旋切原理，随着木段直径的减小，后角也需要减小。对于旋切中、小直径木段的单板旋切机，不需要自动调节后角变化的机构，只要求按表 9-8 的 h 值装刀，就能保证后角的变化。但在旋切大直径木段时，必须用第二类刀架来均匀改变后角值。

表 9-8　旋刀装刀高度(h)的限界值

刀架类型	木段直径(mm)	
	< 300	≥300
无辅助滑道的刀架	0 ~ −0.5	0 ~ −1.0
有辅助滑道的刀架，其倾斜角 $\mu = 1°30'$	0 ~ −0.5	0 ~ −1.0

　　当知道最初的切削角(δ)和旋刀及其安装的其余参数以及机床刀架的参数后，可根据旋切角度的计算公式，求得偏心轴的回转角 φ。在此角度下，旋刀将获得所需的切削角。

　　为了确定最初的切削角 δ，刀架具有专用的手轮，靠它安装偏心轴以获得适当的最初回转角 φ。当旋刀的楔角改变时，应当调整刀架的位置。实际上，可以用检查旋刀装刀后角(α_1)的方法调节刀架的位置。$\angle \alpha_1 = \angle \alpha + \angle \alpha_a + \angle \alpha_m$。检查时，利用图 9-19 的倾斜计。使倾斜计上的扇形板转动到按照上式算得的角度值，然后将倾斜计的外壳体贴在旋刀的后面上，用专用的手轮转动刀架，使倾斜计上的水准器的水泡居中。当楔角一定时，按上法装好后角后，切削角也就安装正确了。

　　旋刀安装时，还可以用一种按进刀角进行调刀的方法。进刀角 K 是旋刀后面与通过刀尖的水平线之间的夹角。

　　进刀角的大小与木段树种、单板厚度有关。常用的进刀角为 89° ~ 91°，一般对于硬材、厚单板进刀角较小；对于软材、薄单板进刀角较大，如图 9-20 所示。

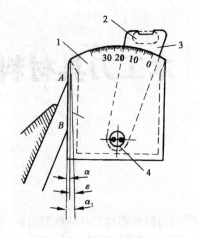

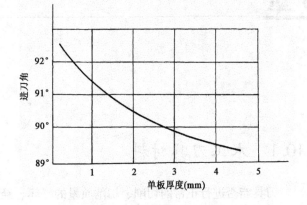

图 9-19 倾斜计
1. 倾斜计外壳 2. 水准仪
3. 扇形板 4. 扇形板铰链

图 9-20 进刀角 K 与单板厚度的关系

进刀角的具体确定可按下述方法进行：

（1）根据木段树种、直径、所旋切的单板厚度等因素，通过试验确定最佳进刀角。

（2）当旋刀定好装刀高度且安装固定后：首先让刀架进刀，使旋刀刀刃处于平均木芯半径处，用角度测量工具，测出该位置上的进刀角，并调整使之成为按上述方法确定的最佳进刀角；然后刀架退至被旋木段最大直径处，再次测量进刀角。

（3）检查木段最大半径处和木芯平均半径处的进刀角之差，是否符合角度变化的允许范围。如果角度变化范围不符合工艺要求，则需调整辅助滑道的倾斜度。

第 10 章

木工刀具材料

10.1 木工刀具材料

刀具能否进行正常的切削、切削质量的好坏、经久耐用的程度都与刀具切削部分的材料密切相关。切削过程中的各种物理现象，特别是刀具的磨损，与刀具材料的性质关系极大。在机床许可的条件下，刀具的劳动生产率基本上取决于其本身材料所能发挥的切削性能。木工刀具的特点是要求在高速并且承受冲击载荷的切削条件下，长时间保持切削的锐利性能。为此，木工刀具的材料，必须具备必要的硬度和耐磨性、足够的强度和韧性、一定的工艺性(如焊接、热处理、切削加工和磨削加工性能等)。目前能满足这种要求的主要有以下几种材料。

10.1.1 碳素工具钢(碳工钢)

碳素工具钢是指含碳量在 0.65% ~1.35% 的优质高碳钢，如 T8、T8A、T10A 等。以 S、P 含量的多少，分为优质钢和高级优质钢。优质钢用来制造载荷小、切削速度低的手工工具，高级优质钢用来制造机用刀具。碳工钢具有价格低廉、刃口锋利、热塑性好及切削加工性能好等优点。它维持切削性能的温度低于300℃，淬火后的常温硬度 HRC60 ~64。这类钢不足之处是热变形大，淬透性差，热硬性不太高。

10.1.2 合金工具钢(合工钢)

在工具钢中加入 Cr、W、Ni、V、Co、Mo、Si、Mn 等合金元素便成为合金工具钢，如 9CrSi，CrWMn 等。近年来，轴承钢 GCr15 等也可代替合金工具钢使用。

木工刀具的合金工具钢，合金元素的含量范围：Cr < 1% ，W = 1% ~2% ，Ni = 1% ~1.5% ，V < 0.3% 。

国内木工刀具常用碳素工具钢和合金工具钢牌号和化学成分见表10-1。

日本木工刀具常用碳素工具钢和合金工具钢牌号和化学成分见表10-2。

表 10-1 国产常用碳素工具钢和合金工具钢牌号和化学成分

钢号	化学成分(质量%)									
	C	Si	Mn	Cr	Ni	W	V	S	P	B
T8	0.75 ~0.84	0.15 ~0.35	0.20 ~0.40	—	—	—	—	≤0.030	≤0.035	—
T8A	0.75 ~0.84	0.15 ~0.30	0.15 ~0.30	—	—	—	—	≤0.020	≤0.030	—

（续）

钢号	化学成分（质量%）									
	C	Si	Mn	Cr	Ni	W	V	S	P	B
GCr15	0.95~1.05	0.15~0.35	0.20~0.40	1.30~1.65	—		—	≤0.020	≤0.027	—
65Mn	0.62~0.70	0.17~0.37	0.90~1.20	≤0.25	≤0.25	Cu≤0.25		≤0.040	≤0.040	
60Si₂Mn	0.56~0.64	1.50~2.0	0.60~0.90	≤0.35	≤0.35	Cu≤0.25		≤0.040	≤0.040	
50CrVA	0.46~0.54	0.17~0.37	0.30~0.50	0.80~1.10	≤0.35	Cu≤0.25	0.10~0.20	≤0.030	≤0.035	0.035
50CrMn	0.46~0.54	0.17~0.37	0.70~1.00	0.90~1.20	≤0.35	Cu≤0.25		≤0.040	≤0.040	
CrWMn	0.90~1.05	0.15~0.35	0.80~1.10	0.90~1.20	—	1.20				
6CrW₂Si	0.55~0.65	0.50~0.80	0.20~0.40	1.00~1.30	—	2.20~2.70				
8MnSi	0.75~0.85	0.30~0.60	0.80~1.10							
8CrV	0.80~0.90	≤0.35	0.30~0.60	0.45~0.70			0.15~0.30			
CrMn	1.30~1.50	≤0.35	0.45~0.75	1.30~1.60						

表 10-2 日本碳素工具钢化学成分

钢号	化学成分（质量%）							
	C	Si	Mn	P	S	Cr	Ni	Cu
SK3	1.00~1.10	0.15~0.50	0.60~1.10	≤0.030	≤0.030	0.10~0.60	—	—
SK5	0.75~0.84	≤0.35	≤0.40	≤0.020	≤0.030	≤0.25	≤0.20	≤0.30

注：淬火硬度为 HRC62 以下。

10.1.3 高速钢

提高合金钢中 W、Cr、V、Mo 等的含量便成为高速钢，又称锋钢。按质量计，高速钢中约含 Cr 4%，W 和 Mo10%~20%，V1% 以上。按用途分，高速钢分为通用和特殊用途两种；按基本化学成分分：高速钢分为钨系，钨–钼系（W > Mo）；钼–钨系（Mo > W）和钼系（Mo > 2% 以上）。在高速钢中，W 和 Mo 的作用基本相同，由于钢中合金元素含量较高，一部分 W 和 Fe、Cr 一起构成高硬度的碳化物，一部分 W 则溶于基体中，采用接近熔点的淬火温度，得到细晶粒的高合金化的马氏体组织。所以，它的热硬性和耐磨性都比碳素工具钢和合金工具钢高，淬火后的硬度 HRC62~70，维持其切削性能的温度可达 540~600℃。

由于高速钢的抗弯强度和冲击韧性比硬质合金高，并且切削加工方便，磨削容易，又可以锻造和热处理，因此高速钢刀具的速度发展很快，品种不断增多。我国常用的是钨系高速钢 W18Cr4V。因为 W6Mo5Cr4V2 有热塑性好、使用寿命长等优点，国外 W18CrV 逐渐被钼系高速钢 W6Mo5Cr4V2 等代替。目前，W6Mo5Cr4V2 主要用做锯齿堆焊强化材料。

为了提高高速钢的性能，国外主要通过增加 Co 和 C 含量的办法。例如 M14~M47，其特点是综合性能好，硬度高达 HRC70，热硬性在同类钢中名列前茅，可磨性也好。

但是钴高速钢的价格约为普通高速钢的 5~8 倍。我国钴资源较为贫乏，为了节省昂贵的钴资源，采用加 Al 增 C 的方法，即在 W6Mo5Cr4V2 基础上加入 1% Al，C 从 0.8%~0.9% 提高到 1.05%~1.2%，制成 501 钢（W6Mo5Cr4V2Al）。它的高温硬度、抗弯强度和冲击韧性与 M42 相当，价格便宜（价格约为钴类高速钢的 20%）。

国外为了更进一步提高高速钢的制造质量，20 世纪 60 年代末，用粉末冶金消除高速钢中碳化物的偏析，使钢中碳化物的大小和分布均匀性更加理想，产生粉末高速钢。这类钢与普通冶炼高速钢相比，硬度提高了，达到 HRC70，韧性大，材质均匀，热处理变形小，耐磨性能提高。国内用雾化法已制出粉末高速钢 155W12Cr4V5Co5。国产木工刀具常用高速钢的性能见表 10-3。日本木工刀具常用高速钢化学成分见表 10-4。

表 10-3　几种国产高速钢的性能比较

材　种	常温硬度 HRC	高温硬度 HRC		抗弯强度（GPa）	冲击韧性（MPa）
		500℃	600℃		
W18Cr4V	63~66	56	48.5	2.94~3.33	0.18~0.32
W6Mo5Cr4V2	65~66	—	47~48	4.41~4.61	0.5
110W1.5Mo9.5Cr4VCo8（M42）	67~69	60	55	2.64~3.72	0.23~0.3
W6Mo5Cr4V2Al（501 钢）	67~69	60	55	3.68~4.61	0.1~0.26

表 10-4　日本高速钢化学成分

钢号	化学成分（质量%）							
	C	Si	Mn	Co	Cr	V	W	Mo
SKH55	0.87~0.95	≤0.45	≤0.40	4.50~5.00	0.38~0.45	1.70~2.10	5.90~6.70	4.70~5.20
SKH51	0.80~0.88	≤0.45	≤0.40	—	0.38~0.45	1.70~2.10	5.90~6.70	4.70~5.20

10.1.4　硬质合金

硬质合金是由硬度极高、难熔的金属碳化物（WC，TiC），用 Co、Mo、Ni 等做黏结剂烧结而成的粉末冶金制品。它的性能主要取决于金属碳化物的种类、性能、数量、粒度和黏结剂的用量。硬质合金的硬度 HRC74~81.5，其硬度随黏结剂含量的增加而降低。硬质合金中高温碳化物的含量超过高速钢，所以热塑性好，能耐高达 800~1 000℃的切削温度。600℃时超过高速钢的常温硬度，1000℃时超过碳钢的常温硬度。随着人造板工业和木材加工工业自动化的发展，硬质合金这种高耐磨性的材料已成为主要的木工刀具材料。

但是，硬质合金是脆性材料，抗弯强度约为普通高速钢的 1/4~1/2，冲击韧性为普通高速钢的 1/30~1/4，刀刃也不能磨得像高速钢那样锋利。

硬质合金种类很多，我国主要分为：WC－Co，即 YG 类；WC－TiC－Co，即 YT 类；WC－TaC(NbC)－Co，即 YA 类；WC－TiC(TaC)－Co，即 YW 类。木工刀具主要使用较耐冲击、硬质相为 WC、黏结相为 Co 的 YG 类，如 YG8，YG10，YG15 等。牌号中的 Y 和 G 分别代表硬质合金和钴，后面的数字表示 Co 的含量，数字越大，Co 的含量越高，越耐冲击。

近年来，国外研制一种高硬度、高强度兼备的超微粒硬质合金。该合金中含有 Cr_3C_2，使 WC 微粒细化至 $1\mu m$ 以下，同时增加黏结剂，使黏结层保持一定的厚度，其硬度为 HRC90～92.5；$\sigma_{bb} = 1.96～3.43$ GPa($200～350$ kg/mm^2)。由于强度比一般的硬质合金高得多，而切削性能又比高速钢好，所以，它的应用范围扩大到原来用高速钢制造的刀具上，如钻头等。木工刀具用国产硬质合金性能和成分见表 10-5。

表 10-5　木工刀具用国产硬质合金牌号和性能

牌号	ISO 分组代号	性　能		
		密度(g/cm^3)	抗弯强度(MPa)	硬度 HRA
YG3X	K01	15.1～15.4	≥1 300	≥91.5
YG6X	K10	14.8～15.1	≥1 560	≥91.0
YG6	K20	14.7～15.1	≥1 670	≥89.5
YG8	K20－K30	14.6～14.9	≥1 840	≥89
YG11C	K40	14.0～14.4	≥2 060	≥86.0
YG15	K40	13.9～14.1	≥2 020	≥86.5
YG20		13.4～14.8	≥2 480	≥83.5
YG20C		13.4～14.8	≥2 480	≥82.5

由于硬质合金刀具材料的耐磨性和韧性不易兼顾，因此使用时只能根据具体加工对象和加工条件在众多硬质合金牌号中选择适用的刀具材料，这给硬质合金刀具的使用带来诸多不便。为进一步改善硬质合金刀具材料的综合切削性能，硬质合金刀具材料研究和应用的研究热点主要集中在以下几个方面：

(1)细化晶粒：通过细化硬质相晶粒粒度、增大晶粒间表面积、增强晶粒间结合力，可使硬质合金刀具材料的强度和耐磨性均得到提高。当 WC 晶粒尺寸减小到亚微米尺度以下时，材料的硬度、韧性、强度、耐磨性等均可提高，达到完全致密化所需温度也可降低。普通硬质合金晶粒度约为 $3～5$ μm，细晶粒硬质合金晶粒度为 $1～1.5$ μm，超细晶粒硬质合金晶粒度可达 0.5 μm 以下。超细晶粒硬质合金与成分相同的普通硬质合金相比，硬度可提高 2 HRA 以上，抗弯强度可提高 $600～800$ MPa。

超细晶粒硬质合金得到了越来越广泛的采用，Kennametal 公司推出的新牌号 KC5525、KC5510 钴含量可达 10%，以超细化 WC 晶粒为基体的硬质合金，配以 TiAlN PVD 涂层，使刀具在不连续切削时具有很高的刃口韧性，同时又具有极强的抗热变形能力。

(2)表面、整体热处理和循环热处理：对强韧性较好的硬质合金表面进行渗氮、渗硼等处理，可有效提高其表面耐磨性。对耐磨性较好，但韧性较差的硬质合金进行整体热处理，可改变材料中黏结相的成分与结构，降低 WC 硬质相的邻接度，从而提高硬质合金的强度和韧性。利用循环热处理工艺缓解或消除晶界间的应力，可全面提高硬质合金材料的综合性能。

(3)添加稀有金属：在硬质合金材料中添加 TaC、NbC 等稀有金属碳化物，可使添加物与原有硬质相 WC 结合形成复杂固溶体结构,从而进一步强化硬质相结构,同时可起到抑制硬质相晶粒长大、增强组织均匀性等作用,对提高硬质合金的综合性能大有益处。在 ISO 标准的 P、K、M 类硬质合金牌号中,均有这种添加了 Ta(Nb)C 的硬质合金。

(4)添加稀土元素:在硬质合金材料中添加少量钇等稀土元素,可有效提高材料的韧性和抗弯强度,耐磨性亦有所改善。这是因为稀土元素可强化硬质相和黏结相,净化晶界,并改善碳化物固溶体对黏结相的润湿性。添加稀土元素的硬质合金最适合粗加工,特别适用于木材和木质复合材料的切削加工,我国稀土资源丰富,该类硬质合金刀具应有广阔应用前景。

当前硬质合金刀具材料正向两个方向发展,一方面,通用型牌号的适用面越来越广,通用性越来越强。另一方面,专用型牌号越来越具有针对性,更加适应被加工材料性质和切削条件,从而达到提高切削效率的目的。如 Kennametal 公司推出的 KU 系列(KU10T、KU25T、KU30T)的硬质合金就具有非常广泛的通用性。其中,KU10T 和 KU25T 采用了具有高韧性和高耐磨性的硬质合金基体,并配以 TiN + TiAlN 复合 PVD 涂层;而 KU30T 则采用了韧性极好的富钴层梯度硬质合金基体,配以 TiN + TiCN + TiN 复合 CVD 涂层。

10.1.5　立方氮化硼(CBN)

立方氮化硼是一种硬度仅低于金刚石的新型超硬材料,它是用高温高压方法制成的。用立方氮化硼铣刀端铣刨花板边($V = 60$ m/s,$U_z = 0.22$ mm,切削深度 0.2 mm)时耐磨性比硬质合金铣刀高 20 倍。

立方氮化硼的缺点是抗弯强度低于一般硬质合金,成本高,焊接性能差,易崩刀,目前还处于实验阶段,其性能还有待进一步研究。

10.1.6　金刚石

天然金刚石的结晶是一种各向异性体,不同晶面的强度、硬度及耐磨性相差达 100 ~ 500 倍。因此,选择适宜的结晶方向制作刀具能大幅度地提高刀具的耐磨性。金刚石材料是自然界最硬的物质,用其制作的木工刀具有极高的硬度和耐磨性,摩擦系数低于其他刀具材料,有很高的导热系数和很低的热膨胀系数,刀具刃口非常锋利,切屑极薄等优越性能,天然金刚石不仅来源少,且价格昂贵,还存在冲击韧性低和热稳定性差、质地较脆、加工困难、刀具刀刃长度有限等缺陷。因此,在工业上使用的是一定粒度的金刚石微粒(表层)与硬质合金(基体衬垫)在高温高压下烧结成的复合烧结体,即人造聚晶金刚石(Polycrystallinediamond,简称 PCD)复合刀片。聚晶金刚石其晶体各向同性,相互间有很强的结合力,刀具的耐磨性不随方向而变化,材质稳定,切削性能可以预测,虽然硬度比天然金刚石小,但强度及韧性优于天然金刚石,不易碎裂损坏,故使用寿命更长。

聚晶金刚石是以碳、石墨或金刚石粉末为原料,添加少量金属结合剂,如铜、钴等,在高温、高压下烧结而成的。由于金刚石晶粒在烧结过程中,无序排列,因此,

PCD 为各向同性体。生产中采用在硬质合金基体上烧结一层 0.5~1.0 mm 厚 PCD 的复合片，PCD 复合刀片的抗冲击性和硬质合金基体一致，同时提高了可焊性。PCD 存在的主要问题是制造形状复杂或小尺寸的刀具困难，而且价格相对比较贵。聚晶金刚石与硬质合金材料性能比较见表 10-6。

表 10-6 聚晶金刚石与硬质合金材料性能

材料	性能参数					
	硬度 HV	抗磨损能力	与金属摩擦系数	弹性模量 ($\times 10^3$ MPa)	导热率 [W/(m·℃)]	线胀系数 ($\times 10^{-6}$)
聚晶金刚石	8 000~10 000	40~200	0.1	850~900	2 000	0.9~1.18
硬质合金	1 800	1	0.5~0.6	520	63~105	5~7

金刚石刀具按其成分和制造方法不同可分为：整体聚晶金刚石刀片、聚晶金刚石复合刀片和气相沉积金刚石薄膜涂层刀片。聚晶金刚石复合刀片主要用于强化木地板、多层实木复合地板、竹地板和实木门等制品的切削加工。

10.1.6.1 整体聚晶金刚石石刀片制造技术

以石墨为原料，加入催化剂，在高温(2 000℃)、高压(5~9 GPa)下烧结而成；以人造金刚石粉末或天然金刚石粉末为原料在高温高压下烧结而成。

10.1.6.2 聚晶金刚石复合刀片制造技术

聚晶金刚石复合刀片由硬质合金基底、中间锆层(0.01~0.5 mm 厚)及加钴、镍(约 10%)的金刚石微粒层(晶粒尺寸 2~8 μm)在超高温、超高压下烧结而成。锆具有较高的气体吸收性能和机械性能，可吸收烧结过程中所产生的气体，提高界面区的机械强度和金刚石粉末的烧结密度，还能补偿金刚石层和硬质合金之间的热性能差异，提高刀具的热稳定性和强度。在烧结过程中，基体中的锆元素渗透到表层的金刚石颗粒间，使金刚石复合刀片的刃口锋利，能进行电火花、电腐蚀等加工。

10.1.6.3 化学气相沉积金刚石薄膜涂层刀片

金刚石薄膜是在低真空状态下，加热含有碳的气体(如烷类、酮类、醇类)，使之分解成碳原子或甲基基团相互结合，生成金刚石结构并抑制和刻蚀石墨等其他碳结构的生长，在基体上析出纯净的多晶态的金刚石膜，称之为化学气相沉积(CVD)涂层法。20 世纪 80 年代后，CVD 研究成了世界材料领域的重点课题，我国 1986 年把 CVD 研究列为国家 863 高科技发展计划，取得了很大的成绩，能制造大面积、均匀、高质量的金刚石膜，接近国际先进水平。CVD 膜分为厚膜(100~1 000 μm)和薄膜(50 μm)。CVD 容易制成各种形状，而且耐磨性高，存在的问题是 CVD 金刚石膜易剥落。

10.2 木工刀具材料的合理选择

木工刀具的切削对象是木材或木质复合材料，它们与金属材料不同，硬度大大低于金属，但木材又是构造不均匀的各向异性材料。此外，大多数木工刀具是在不连续切削条件下工作的。这些条件造成木工刀具的切削速度多高于金属切削刀具，具承受的冲击大于金属切削刀具。在选择木工刀具材料时，刀具材料的硬度、强度和韧性等性能，必须适应木工刀具的上述特点。此外，必须对刀具材料的性能、特点作较系统、全面、综合的分析研究。图 10-1 所示为刀具材料的硬度和耐热性比较；表 10-7 为刀具材料的性能比较。同时，必须满足生产、安装以及刀具制造工艺的要求；为了节省贵重金属材料和经济上的合理性，一般刀具切削部分和刀体可以用不同的材料制造，通过焊接或机械装夹的方式结合。

总之，刀具材料的合理选择必须考虑上述因素，显然，它们之间并不是孤立的，而是有联系甚至是相互制约的。例如，刀具材料的硬度和热硬性满足了要求，但是，韧性较差或热处理变形较大，不一定能使用在木工刀具上。为此，在具体选择刀具材料时，可以重点考虑如何满足主要要求，其他方面只要影响不大可以忽略。

目前，对于在不同条件下工作的木工刀具，应该采用何种材料为好，还没有很准确的资料，有待进一步深入研究。

碳素工具钢一般用于制造锯和刨刀等刀具。碳含量是决定其性能的主要成分。当碳元素含量增加时，钢的硬度和耐磨性提高，塑性和韧性下降。碳素工具钢具有较好的淬火性能，一般木工刀具所用钢材的含碳量为 0.7% ~ 1.0%。带锯条用钢中的碳含量小于其他刀具用钢，大约在 0.7% ~ 0.8%，这是因为带锯条材料要求高塑性和高疲劳极限。

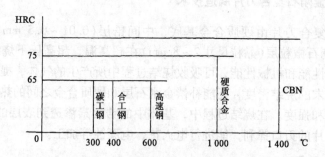

图 10-1　刀具材料的硬度和耐热性比较

表 10-7　刀具材料性能比较

性　　能	碳素工具钢 T7，T8 为例	合金工具钢 CrWMn	高速钢 W18Cr4V	硬质合金 YG 类
使用硬度	HRC54 ~ 60	HRC58 ~ 62	HRC60 ~ 65	HRA86 ~ 93
耐磨性	差	中等	较好	好
耐冲击性	较好	中等	较差	差
淬火不变形	差	中等	中等	—
热硬性	差	较差	好	好
被切削性	好	中等	较差	差
其他	价廉、刃磨容易	—	价高	性脆、价高

机用木工刀具、人造板加工中使用的刀具以及带锯条和圆锯片还广泛采用合金工具钢制造。这是因为合金工具钢中加入了合金元素 W、Mn、Mo、Cr、V、Si、Ni、Co 等后影响钢的相变过程，使钢的可淬性、耐磨性、韧性等性能得到改善。钨(W)主要提高钢的硬度，改善可淬性而可塑性不降低；锰(Mn)能提高钢的硬度和可淬性，消除钢中的硫，但降低了钢的韧性；钼(Mo)可提高钢的可塑性、可淬性和硬度；铬(Cr)能提高钢的可淬性和高碳钢的耐磨性；钒(V)可提高钢的硬度、可塑性，改善可淬性，少量的钒能使钢的组织变细，降低热敏感性；硅(Si)可提高钢的弹性、可塑性，改善可淬性，但降低了钢的可塑性；镍(Ni)能提高钢的韧性和可塑性，改善耐蚀性，但钢的硬度略有降低；钴(Co)能使钢的耐磨性提高，但降低可淬性。

目前，国内圆锯片主要用碳素工具钢 T8A 和弹簧钢 65Mn 制造，带锯条主要由 65Mn、T8、T8A 制造，而 $60Si_2Mn$、50CrVA、50CrMn 等为试验新的带锯条钢种。国外圆锯片用 0.75% < C < 1.0% 的碳素工具钢和性能类似的合金工具钢制造；带锯条用碳素工具钢或含 Ni 的合金工具钢、铬钒钢等制造。对于带锯条用钢，国外一种意见认为应增加 Ni 和 V 的含量，最好含 Ni = 1% ~ 1.5%，而含 V 少量；另一种意见则认为应增加 Cr 和 Ni 的含量，其中 Cr = 1.5%，Ni = 1.8% ~ 2.5%。一致认为 S、P 的含量应小于 0.02%。这些都是有待研究的问题。

对于高生产率的木工机床使用的刀具如刨刀、铣刀等，多用高速钢，如 W18Cr4V 等。高速钢因为价格较高，所以多做成复合刀具，即把高速钢用焊、锻等方法镶在刀具的刃口上，这样既节省了高速钢又增加了刀具的耐磨性。

当加工有胶层的产品时，由于胶料具有磨料的作用，使刃口迅速变钝。为此，越来越多地使用硬质合金焊接和机械装夹的木工刀具，以延长刀具的使用寿命。硬质合金圆锯片已经被广泛地应用在国内木材工业中。在选择硬质合金做木工刀具时必须要注意以下几点：

(1)木工刀具应选用韧性较大的 YG 类硬质合金。在 YG 类中，一方面随 Co 含量的增加，σ_{bb} 增加，较耐冲击，并且刃磨时剥落少，使刀具刃磨锋利。另一方面当 Co 的含量增加时，因为 WC 含量相应减少，使合金耐磨性下降。此外，Co 的含量高时(例如 YG 15)，当温度超过 400℃ 以后，σ_{bb} 会显著降低。所以，当选用 YG 类时必须按刀具的工作条件而定。当切削速度高，冲击载荷较大时，选用 Co 含量较多的 YG 类，当 U_z 小时，为了更合理地利用硬质合金的硬度和耐磨性，应该选用含 Co 较少的 YG 类。目前，国产的硬质合金以 YG25 耐冲击性能最好。例如锯片，由于是在冲击载荷下锯切木材，宜采用耐冲击的硬质合金，因此锯齿多用 YG6、YG8 等。

(2)YG 类中有粗颗粒、细颗粒和一般颗粒之分。成分相同时，粗颗粒合金的强度高而硬度和耐磨性稍有下降。细颗粒合金能提高硬度，增加耐磨性，而强度无明显降低。例如 YG6C，YG6，YG6X，这三种材料含 Co 相同，但是强度有所不同。

YG6：$\sigma_{bb} = 1.42$ GPa(145 kg/mm^2)，HRA89.5。

YG6X：$\sigma_{bb} = 1.37$ GPa(140 kg/mm^2)，HRA91。

YG6C：$\sigma_{bb} = 1.47$ GPa(150 kg/mm^2)，HRA88.5。

(3)硬质合金较脆，要按其牌号和被加工材料、进给速度等切削条件，合理地选择楔角后才能用于木材加工（图 10-2）。

从图 10-2 可见，在选择牌号时先要考虑被加工材料的性质。例如，层积板的硬度大，加工时切削速度不能太大，这样受到的冲击载荷较小，所以选用 YG6。而当加工软木时，由于木材本身硬度小，因此切削速度可以提高，选用 YG15。若选用的硬质合金是耐冲击的，楔角可以选小些，如加工软木选用 YG15，楔角 β 可以小些（45°～50°），但是其加工质量较差。

（4）正确地选择硬质合金的牌号后，还要合理地选择硬质合金制品的型号，即选择制品的形状。其中国内切削用硬质合金制品有 24 种形状，分为 A，B，C，D，E，F 六类 239 种规格。

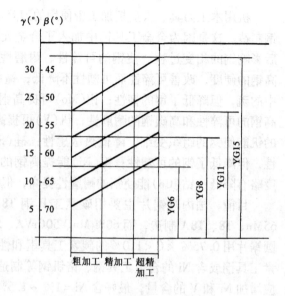

图 10-2　硬质合金牌号的选择

10.3　刀具使用寿命

木工刀具的切削对象是木材和人造板。木材是由多种复杂有机物质组成的复合体，其中绝大部分是高分子化合物或复合物。木材除了含有纤维素、半纤维素、木素之外，还含有水分和各种浸提物，包括生物碱及有机弱酸（单宁、醋酸、多元酚类化合物等弱酸），有些树种还含有石英砂（SiO_2）等。木质人造板，如纤维板、刨花板、石膏刨花板、胶合板和细木工板等，还添加了各种胶合材料（如胶黏剂、水泥、石膏等）、固化剂和缓凝剂等。因此，木工刀具的加工对象是多组分的、复杂的混合体。当刀具在切削时，如同将刀具置于复杂的介质中，既有造成刀具机械擦伤的硬质点，即节子、树脂、石英砂、胶合材料，又有引发刀具产生化学腐蚀的酸性介质，还有促进刀具和工件材料相互作用的切削温度、切削压力和水分等环境因素。因而，刀具磨损实质是刀具与工件材料发生机械、热和化学腐蚀作用，刀具前后面的金属材料不断损失的过程。刀具磨损越大，工件表面的材料被搓起、撕裂和挖切就越厉害，工件表面质量降低。刀具磨损到一定程度时，切削过程不得不中断，增加换刀、磨刀的次数和机床的停机频率，降低了机床的使用效率。因此，提高刀具耐磨性具有重要的实用价值。

使用已磨损的刀具继续切削时，会引起加工面质量的下降及尺寸精度的下降，并导致切削力的增大。因此，在刀具达到一定的磨损开始到不能满足加工者对质量精度的要求，这一段时间或切削距离被称为刀具寿命。加工面质量和尺寸精度下降，切削力增大，与刀具刃口的磨损及缺陷有密切的关系，因而刀具寿命也与刀具磨损（tool wear）密切关联。

10.3.1 木工刀具磨损机理

金属切削刀具的磨损经过是：一经研磨就出现微小缺陷的初期磨损阶段；然后是持续磨损阶段；而后是磨损增大引起切削热增加的急速磨损三个阶段。木材切削时，工具钢刀具上几乎看不到初期磨损。但是，由于硬质合金等超硬材料的韧性较小，这种材料制造的刀具在切削速度较快的场合可清楚地观察到初期磨损。图 10-3 就是磨损经过的一个例子。图 10-3(a)为平面刨切，初期磨损几乎观察不到。图 10-3(b)是单一刀齿车削，可观察到初期磨损后的持续磨损。

木工刀具磨损主要有机械擦伤磨损和腐蚀磨损两方面原因。

一般刀具磨损不会由单独的原因引起，如前章所述，切削热引起刀具温度上升，导致刀具硬度下降促进了化学反应的进行，及木材的部分热降解，这些都使磨损机理进一步复杂化。

10.3.1.1 机械擦伤磨损(或称磨料磨损)

机械擦伤磨损是指木材或木质人造板中的硬质点或硬质凸出物使刀具材料迁移而造成的一种磨损。细胞壁、树脂、矿物质(如石英砂等)、节子、胶合材料等都可能成为机械擦伤磨损的硬质点。通过对机械擦伤磨损过程和磨损表面的观察，通常认为机械擦伤磨损是磨料在刀具表面滑过，产生擦伤或微切削，结果在刀具表面形成擦痕或犁沟的过程。研究表明，机械擦伤磨损与刀具成分、组织、机械性能、硬质点的特性(硬度、

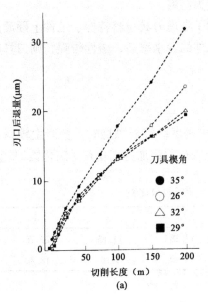

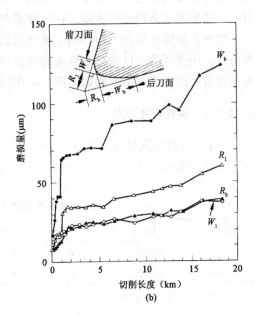

刀具材料：工具钢　　工件材料：长叶岳桦

刀具材料：硬质合金　　工件材料：刨花板

图 10-3 刀具磨损经过

(a) 刨削加工　(b) 车削加工

粒度、尖角程度等)有关。据报道,在刨花板制备过程中,有意添加一定量玻璃砂,用合金工具钢刀具切削该刨花板,发现刀具磨损量增加了。在显微镜下观察,刀具表面留下明显的犁沟。通常以硬度比 H_m/H_a(H_m 为刀具表面硬度, H_a 为木材硬质点的硬度)来衡量机械擦伤磨损在整个磨损中的比例。若 $H_m/H_a < 1$,则机械擦伤为主要磨损机制;若 H_m/H_a 趋近 1 或略大于 1,则机械擦伤磨损与其他磨损机制共存;若 H_m/H_a 远大于 1,则机械擦伤磨损已无足轻重。Klamecki 认为若刀具磨损量与切削速度无关,则机械擦伤磨损为主要磨损;若刀具磨损量与刀具和工件接触时间成正相关,则机械擦伤为次要磨损。

工件中的磨料主要有三个来源:一是木材中固有的;二是木材运输过程中粘带的泥砂杂质;三是人造板制造过程中金属零件的磨屑和添加物。

矿物质或无机成分是木材生长所必需的成分,主要为磷、硫、氮、钙、镁、钾、铁、硼、锰、硅、锌、铝等。这些无机成分,常与树胶及果胶酸结合。在边材或心材裂缝或轮裂中,有时发现大量的草酸钙或琥珀酸铝。在细胞腔内,一般有晶体碳酸钙、草酸钙和二氧化硅。据介绍某些木材射线薄壁细胞中有大量的硅沉积物,某些木材导管中,存在大量的颗粒状物质(直径为 $1 \sim 2 \ \mu m$),主要成分是硅,也有硅、钙、镁、硫等化合物。在这些无机成分中,石英砂硬度最高,达到 $900 \sim 1\ 200$ HV,远远超过了高速钢硬度,接近或超过硬质合金硬度。

木材在运输过程中会粘有泥砂,削片机及刨花粉碎机等刨花制备设备的刀片磨损后的磨屑都会随刨花进入制品中。胶合材料固化之后,也成了较硬的部分,此外,木材中节子、树脂等也是较硬的实体,这些物质都可能成为磨料。

判断机械擦伤是否为刀具的主要磨损机理,除了考虑刀具材料特性、工件上硬质点的特性,还要考虑工件的化学性质和含水率。若工件的含水率高、酸性较强,则刀具磨损往往有另外不可忽略的磨损原因——腐蚀磨损。

10.3.1.2　腐蚀磨损理论

(1)高温氯氧化腐蚀:据资料介绍,刨花板和中密度纤维板燃烧时,会产生较高百分比的氯元素(表 10-8)。刨花板或中密度纤维板施胶过程添加的固化剂(氯化铵)是氯

表 10-8　蒸发冷凝物 EDS* 分析(质量百分比)

温度(℃)	Ca	K	Si	Cl	P	S
500	20.66	18.91	11.35	17.18	11.13	20.76
700	14.10	17.45	6.86	33.40	9.10	18.80

*　EDS 为能量弥散分析缩写。

元素的主要来源。当氯气或盐酸存在时,在一定温度下,铁和钴能形成挥发性二价和三价氯化物。此外,空气中氧气对反应起着推波助澜的作用。在盐酸和氧气的环境下,铁和钴生成挥发性的物质和水,反应方程式(M 代表 Fe 或 Co)如下:

$$2nM + mO_2 = 2MnOm$$

$$M + 2HCl = MCl_2 + H_2$$

$$2M + 4HCl + O_2 = 2MCl_2 + 2H_2O$$

$$4MCl_2 + 4HCl + O_2 = 4MCl_3 + 2H_2O$$

$$M_2O_3 + 6HCl = 2MCl_3 + 3H_2O$$

$$4MCl_2 + 3O_2 = 2M_2O_3 + 4Cl_2$$

$$4MCl_3 + 3O_2 = 2M_2O_3 + 6Cl_2$$

在只有盐酸的条件，铁和钴仅生成 MCl_2，需要氧气才能进一步氧化，生成易挥发性 $FeCl_3$ 或 $CoCl_3$。Fe 在 400℃，Co 在 650℃时就能发生上述反应。据资料记载，木材切削温度最高可达 800℃。在如此高的温度下，刀具切削部分材料中的铁元素或钴元素发生氯氧反应，生成易挥发的氯化物。

（2）化学腐蚀磨损：木工刀具化学腐蚀的研究始于 20 世纪 30 年代末，Kalinin 用碳钢刀具切削湿材时，观察到刀具的腐蚀现象。Hills 等曾发现桉树木粉水抽提液对碳钢刀具表面会产生腐蚀，留下深颜色的腐蚀区。为了比较酸对刀具表面的腐蚀效果，研究人员把 60% pH 值为 3 的醋酸溶液和 0.4% pH 值为 3 的盐酸溶液滴在光滑的碳钢刀具表面上，30min 后用酒精去除酸液，发现醋酸对碳钢的腐蚀比盐酸强得多，前者在刀具表面上留下 0.06μm 深的蓝色腐蚀区，而后者留下微小的斑痕。在考察多元酚化合物对刀具腐蚀研究过程中，研究发现多元酚化合物对碳钢刀具都有不同程度的腐蚀，含有 3 个毗邻的酚羟基多元酚化合物的腐蚀性比醋酸还强，单宁和醋酸几乎有相同程度的腐蚀性。研究还发现，木材木粉水抽提液中的多元酚化合物要比配制成的多元酚溶液有更强的腐蚀性。

有机弱酸和多元酚化合物之所以会腐蚀刀具材料，是因为碳钢刀具材料中的铁元素和硬质合金刀具中的钴元素会被氢离子夺去电子，形成金属离子和氢气，然后，亚铁离子 Fe^{2+} 在空气中进一步氧化变成 Fe^{3+}，多元酚化合物和 Fe^{3+} 发生螯合物。可见，有机弱酸和多元酚化合物对刀具材料的腐蚀是逐步进行的，最后生成金属螯合物覆盖在刀具表面上。对于碳钢刀具而言，铁是基本成分，钴是不可缺少的黏结剂。一旦铁或钴被腐蚀，生成的螯合物在机械擦伤磨损作用下，很快被磨耗，暴露了刀具材料的新组织。如此循环往复，刀具材料就不断地被磨损。可见，机械擦伤磨损为化学腐蚀创造了条件。加快了化学腐蚀的进行，同时，化学腐蚀生成的疏松产物促进机械擦伤磨损的进行。

（3）电化学腐蚀磨损：在碳钢刀具材料（碳素工具钢、合金工具钢和高速钢）中，铁是基本成分，还含有碳、合金元素及碳化物。在硬质合金（YG 类）中，碳化钨是主要成分，钴是黏接剂。当这些材料制成的刀具切削木材时，刀具材料各组分与木材中的水溶液、有机弱酸、多元酚化合物接触，除了会发生化学反应外，还会构成许多微小的原电池，发生电化学反应，形成电化学腐蚀。

碳钢中的渗碳体、石墨的电极电位都高于铁及合金元素，在木材内酸性溶液作用下，铁及合金元素构成原电池的阳极，遭受腐蚀；而渗碳体作为阴极，不受腐蚀。当含碳量越高时，电极电位差越大，腐蚀就越为严重。硬质合金中的钴和碳化钨存在电位差，钴的电极电位低于碳化钨。当硬质合金刀具接触木材中的电解质时，钴元素作为原电池的阳极，被腐蚀；碳化钨作为原电池的阴极，不受腐蚀。当起黏结作用的钴元素率先被腐蚀时，在机械擦伤作用下，残余物的黏结力不足以抵抗摩擦阻力，碳化钨颗粒就从刀具表面掉下来，促进刀具的磨损。

60 年代，Mckenzie 等研究人员在刀具与木材切削试件之间施加电压(100 V)，刀具接负极，发现刀具磨损降低了。若电压去除，接上电流表，测得刀具与工件之间有电压为 0.5 mV 的电流通过。将 60 V 电压施加在刀具(刀具接负极)和压尺上进行单板旋切试验。试验结果表明旋刀磨损降低了一半。在刀具与工件之间施加高电压(1 500 V)时，若刀具接正极，则切削力(通常刀具磨损越大，切削力也越大)是未加电压的5 倍;若刀具接负极，则切削力是未加电压的1/5。以上种种研究表明，电化学腐蚀是木工刀具磨损的重要原因之一。刀具接电源的负极，可以抑制电化学腐蚀；反之，可诱发电化学腐蚀。

10.3.2 磨损量的表示方法

研究刀具磨损的经过是磨损研究的第一步。刀具的磨损量应该可用体积或质量的减少量来定义。但是，体积即使减少很多，由于它并不一定与刀具锋利程度有关，加之测量微小量很困难，所以多数情况下用多个一维量来表示。

与刀具锋利程度关系最大的因素是刃口的钝化(blunting)，为了更好地表现这个量，经常要测定后刀面的磨损带宽度 (wear land width)和刃口后退量(edge retraction)。因为与切屑接触流动有关，也经常要测定前刀面的磨损带宽度。但是，到目前为止磨损量的评价还没有统一的定义。如图 10-4 所示为常用磨损量的表示方法。图 10-4(a)是刀刃横截面上前后刀面磨损量的表示方法；图 10-4(b)是刀齿正面上磨损量的表示方法。另外，实际应用时还可以计算刀刃横截面上的磨损面积，前刀面的磨损深度及刃口圆弧半径等方法。

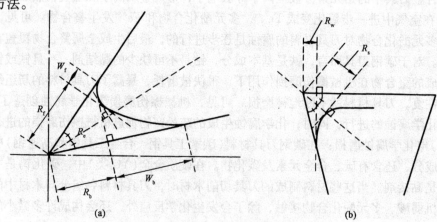

图 10-4 刀具磨损量测定的位置与标示
(a)刀具刃口横剖面 (b)锯齿剖面
R_f: 前刀面上刃口后退量 R_e. 楔角等分线上刃口后退量 R_b. 后刀面上刃口后退量 R_s. 锯料尖角的后退量 R_w. 锯料宽度后退量 W_f. 前刀面的磨损带宽度 W_b. 后刀面的磨损带宽度

10.3.3 被切削工件性质对刀具磨损的影响

密度是木材基本物理力学性质指标之一，对切削刀具磨损几乎没有影响。对于被切削材料自身，我们必须考虑的加工性质有如下几项：①木材含水率；②氧化硅或硅酸盐含量；③抽提物成分及含量。表 10-9 表示被切削材料性质对刃口后退量的影响。其中美国云杉是 pH 值较低的树种，而美拉必是含硅量较多的树种。一般气干材的切削阻力大于生材，但是，对于切削不含硅的树种时，加工生材刀具的磨损量较大。另一方面，用工具钢类材料制造的刀具切削不含硅类的树种时，切削气干材刀具的磨损量较大，由此可见，硅类物质的有无，使刀具磨损量的结果完全相反。斯特立合金的硬度虽小于高速钢，但切削含硅材具有一定的耐磨损性。尤其在切削速度快、切削温度高时效果更加显著。因为高温条件下铸造合金的硬度高于高速钢。如果使用硬质合金，那么硅类物质对刀具磨损量将没有影响。木材的水抽提物的 pH 值大多小于 7，呈现酸性，这也是生

表 10-9 树种、切削速度和含水率对刃口后退量的影响

加工材料	刀具材料	刃口后退量(μm)			
		切削速度：7.54 m/s		切削速度：45.2 m/s	
		气干材	生材	气干材	生材
美国云杉	SKS – 3 *	36.6	54.5	4.8	42.0
(pH 值3.8)	SKH – 9	14.8	20.5	7.4	10.0
	K – 30	4.8	6.5	5.4	6.5
美拉必	SKS – 9 * *	14	—	56	20
(pH 值5.3)	SKS – 9 *	24	—	115	—
	斯特立合金 *	27		30	—

注：切削方式：逆铣。切削长度：无标记的为 1 000 m，有 * 的为 500 m，有 * * 的为 300 m。

切削用量：2 mm。每齿进给量：1 mm。

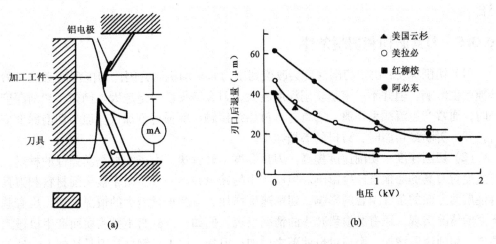

图 10-5 阴极防腐蚀法及其在横向切削时的效果

(a)阴极防腐蚀法 (b)横向切削时阴极防腐蚀法的效果

材比气干材对刀具造成较多磨损的原因。尤其在 pH 值小于 4 的场合，其倾向更加明显。其他能与刀具材料形成螯合的抽提成分也会加剧刀具磨损。这种腐蚀磨损（corrosive wear）在腐蚀工程学中用阴极防蚀法（cathodic protection method）比较有效。这种方法如图 10-5（a）所示，刀具侧为阴极，被切削工件侧为阳极，两者之间加入一定电压的直流电后进行切削加工。结果如图 10-5（b）所示，电压增高，腐蚀受到抑制，从而使磨损量减少。木质材料中使用的胶黏剂和填充剂，以及加工制造过程中木质复合材料中混入的微小砂粒等异物也会引发或加剧刀具的磨损。

10.3.4　刀具条件对刀具磨损的影响

一般情况下刀具材料的硬度越大，刀具磨损量越小，与合金工具钢比较，高速度钢的磨损量小，硬质合金的磨损量就更小。但是，也有不符合此规律的情况，比如硬质合金，并不一定因为硬度高，抗弯强度不高，磨损量就一定小。如使硬质合金中的碳化钨颗粒直径变小，金属钴的含量增加，材料的硬度和抗弯强度都有所增加，磨损量和剥离也同时加大。工具钢中，也存在硬度和磨损量的关系发生逆转的情况。如含有较大颗粒碳化物的刀具材料其整体的硬度就比较小，磨损量也很小。斯特立合金在常温下的硬度小于高速钢，但磨损量也很小。所以，硬度和磨损量并不是单纯的线性关系。

影响刀具磨损量的物理性质有热传导率、比热、热膨胀系数，它们对磨损量的影响现在还有很多不太清楚需要继续研究的地方。

除了对刀具材料进行研究和改良外，为了使刀具具有韧性的同时还兼备表面硬度比较高的目的，可对刀具进行涂层包覆处理。对于木材切削刀具只要对刀具的表面，尤其是后刀面用铬这种硬质金属材料包覆，刀具只在前刀面有磨损，可使刃口的钝化变慢。

与切削相关的刀具诸多角度中，如果单独改变其中的一个几何角度来观察对刀具磨损的影响是较难实现的。因此现在还不能确切地证明每个刀具角度对刀具磨损的影响，尤其是磨损量与加工面的质量没有对应关系。例如，在切削角一定的前提下改变刀具的楔角，楔角越小，刃口的后退量越大，但加工表面的质量下降与刃口后退量在数值上成反比。

10.3.5　刀具磨损和切削条件

（1）切削深度：由于切削深度会改变切削力和切削机制，因此切削深度必然对刀具磨损产生影响。但并不一定是切削深度越大，刀具磨损就一定越大。例如，切削深度很小时，通常产生流线型切屑，刃口与木材始终接触，磨损速度加快。但当切削深度变大后，转入折断型切屑时，刃口的磨损减少。

（2）切削速度：切削速度提高，刀具温度上升就快，由于木材是黏弹性的材料，切削速度对刀具的磨损量产生影响。但所产生的结果并不一致。由于被切削材料和刀具材料性质两方面的条件组合的影响，切削速度增加，有磨损量增大的情况出现，也有基本不变的情况出现，还有磨损量减小的情况出现。例如，以硅为主要物质而产生机械擦伤磨损，切削速度增加，磨损量也就随之增加；但是，用工具钢材料刀具切削不含硅的木材时，切削速度增加，磨损量反而减小。只有用硬质合金刀具切削木材时，磨损量基本保持不变或稍有增加，但当切削刨花板时，磨损量随切削速度的增加而增加。

10.3.6　刀具寿命的判定

随切削长度增加，切削力增加，其中法向分力的变化程度比水平分力大，因此法向分力的变化是评价刀具磨损量的一个重要指标。

如果刀具发生磨损，在刃口附近发生塑性变形或破坏状态，就会有不同的声发射，可通过测定切削过程中的声发射信号来监测刀具的磨损程度。从信号的变化可在线检查出刀具的磨损。根据随着刀具发生磨损量增加，振幅较大的 AE 信号逐渐减少的对应关系来检测。

判定刀具达到一定磨损量后作为刀具寿命的基准，切削速度(V)与刀具寿命(T)之间的关系如下式所示：

$$VT^n = C$$

式中：n，C——常数。

此公式被称为刀具寿命方程。n 是切削速度对刀具寿命影响程度的指标数值。当 n 大于 1 时，在刀具使用寿命范围内，高速切削可使切削长度增长；也就是说，在同一切削用量的情况下，切削速度越快磨损量越小。当 n 在 0 和 1 之间时，在刀具使用寿命范围内，高速切削可使切削长度缩短。C 值越大，切削加工越容易，材料被切削性质越好。钻孔加工时，n 为 0.59 ~ 3.10，C 为 1.6×10^2 ~ 3.6×10^9。这个刀具寿命方程式 (tool life equation) 是以相同的磨损量，并假设加工精度对刀具寿命没有影响，只针对刀具材料和加工性质本身而获得的，即如果达到相同的磨损量，不管加工精度如何，均假定刀具已达到使用寿命。

以上通过刀具磨损及由此产生的各种现象，以及各现象之间的关系来判定刀具的使用寿命。除此之外，根据加工表面质量、刀具的刃磨费用、刀具一次刃磨持续使用时间等经济方面因素也可被用来衡量刀具的使用寿命，在生产实践中，有时也可以通过加工时间和加工量来衡量刀具的使用寿命。

10.4　提高木工刀具耐磨损技术

10.4.1　刀具耐磨损技术

根据木工刀具磨损理论，要提高刀具的耐磨性，主要途径有：提高刀具耐机械擦伤磨损的能力；提高刀具抗腐蚀磨损的能力。

10.4.1.1　表面热处理

通过恰当的表面热处理方法，可以使金属的组织结构转变，提高刀具表面硬度，增加其耐磨性。一般而言，铁素体组织钢的耐磨性最差，马氏体组织钢耐磨性较好，贝氏体组织钢的耐磨性最好。经淬火、回火后获得回火马氏体组织钢，比经正火后具有珠光

体 + 铁素体组织钢的耐磨性显著提高。采用等温淬火可获得贝氏体组织,在相同的硬度下,又比一般淬火回火可以获得更高的耐磨性。具有珠光体片状组织和球化组织的钢,耐磨性与钢中碳含量相同的情况下,珠光体片状组织的耐磨性优于球化组织。珠光体片状组织的钢在碳含量增加到接近共析成分以前,耐磨性随碳含量的增加而显著提高。当超过共析成分以后,由于出现网状碳化物,耐磨性又趋于下降。

可见,不同的金相组织有不同的耐磨性,通过恰当的表面热处理方法,可以使金属组织转变,使刀具表面硬度提高,增加耐磨性。常用的表面热处理方法包括:①激光淬火;②高频淬火;③电接触淬火。刀具表面经以上方法热处理之后,淬火层的硬度可提高 HRC2 ~ 4,耐用度可提高 1 倍左右。

10. 4. 1. 2　渗层技术

渗层技术是改变刀具表面的化学成分,提高刀具耐磨性和耐腐蚀性的一种化学热处理方法。金属渗层技术有固体法、液体法和气体法,每种方法又有许多不同的热处理工艺。主要有渗碳、渗氮、碳氮共渗、渗硫、硫氮共渗、硫碳氮共渗、渗硼和碳氮硼共渗。由于木工刀具采用优质高碳钢(碳素工具钢)、合金工具钢和高速钢制造,所以常在刀具表面渗入硼、钒等元素。

渗硼是将硼元素渗入到刀具的表层,形成硬度高、化学稳定性好的保护层。渗硼层的硬度为 HV1 200 ~ 1 800,渗硼的深度为 0. 1 ~ 0. 3 mm。常用固体渗硼法可获得脆性较小的单相 Fe_2B 渗硼层。

在熔融的硼砂浴中,加入钒粉或钒的氧化物及还原剂,刀具加热到 850 ~ 1 000℃,保温 3 ~ 5h,可获得厚 12 ~ 14μm、硬度 HV1 560 ~ 3 380 极硬的碳化钒层。据研究介绍,碳化钒层要比渗硼层和渗铬层的硬度高。

10. 4. 1. 3　镀层技术

电镀是一种传统的材料保护方法。电镀的适应性很强,不受工件大小和批量的限制,在铁基、非铁基、粉末冶金件、塑料和石墨等基体上都可电镀。

10. 4. 1. 4　热喷涂技术

热喷涂技术是采用气体、液体燃料或电弧、等离子弧等作为热源,将金属、合金、金属陶瓷、氧化物、碳化物等喷涂材料加热到熔融或半熔融状态,通过高速气流使其雾化、喷射、沉积到经过预处理的工件表面而形成附着牢固的表面层的方法。

10. 4. 1. 5　涂层技术

涂层技术是 20 世纪 70 年代初发展起来的材料表面改性技术。它是通过一定的方法,在刀具基体上涂覆一薄层(5 ~ 12 μm)耐磨性高的难熔金属(或非金属)化合物,以提高刀具耐用度、耐蚀性和抗高温氧化性。

涂层技术通常可分为化学气相沉积(Chemical Vapor Deposition,CVD),物理气相沉积(Physicsal Vapor Deposition,PVD)和等离子体增强化学气相沉积(PVCD)。

20世纪70年代初，化学气相沉积技术开始应用于硬质合金可转位刀具的表面处理。CVD工艺所需金属源的制备相对容易，可实现TiN、TiC、Ti(C、N)、TiBN、TiB_2、Al_2O_3等单层及多元多层复合涂层，涂层与基体结合强度较高，薄膜厚度达7~9μm。尽管CVD涂层有很好的耐磨性，但该技术过高的沉积温度(900~1 200℃)，远超过了许多工具钢的常规热处理温度。涂层之后还需要进行二次热处理，不仅引起基体的变形开裂，也使涂层的性能下降。因此，CVD涂层技术主要用在硬质合金基体上。然而，一些木工刀具，尤其是大廓形的成型铣刀，是由合金工具钢或高速钢制造，其制造复杂、价格昂贵，迫切需要延长其耐用度，所以采用物理气相沉积(PVD)技术。

物理气相沉积技术出现于20世纪70年代末，其工艺温度可控制在500℃以下，因此常作为最终处理用于高速钢类刀具的涂层。国外已将PVD技术成功地应用于刀具表面强化上，国内多家金工刀具厂也先后引进或自行研制了工业型PVD设备进行刀具表面处理。但是PVD技术对形状复杂的刀具廓形不易获得均匀的涂层，涂层结合力有待进一步提高。

为此，人们提出了等离子体增强化学气相沉积PCVD技术，该技术结合了CVD和PVD的优点，摈弃了两者的不足。PCVD制膜原理(以TiN为例)是：在一定的压力、温度的真空炉内，通入适当比例的H_2、N_2、Ar_2、$TiCl_4$工作气体，在高电压作用下，产生稀薄气体辉光放电，形成等离子体物理场。其中，高动能电子将激活镀层冷物质原子形成Ti^+、N_2^+活性离子或自由基，在500℃左右温度下，在基材料表面形成硬质TiN涂层。

PCVD技术中，等离子体的引入和产生方法至关重要，现有的方法可分为：①直流辉光放电PVCD技术；②射频放电PCVD技术；③微波放电PCVD技术；④脉冲直流PVCD技术。其中，脉冲直流PCVD技术，热、电工艺参数独立控制，镀层涂敷均匀，过程灭弧能力强，工件不易烧损，易于实现工业化应用，是现今PCVD技术的主要发展方向。

10.4.2 刀具耐磨损技术的应用

10.4.2.1 表面渗层

渗硼具有硬度高、摩擦系数低、耐腐蚀性好等优点。用硼渗入碳化钨硬质合金刀具，进行中密度纤维板切削试验，和碳化钨硬质合金刀具相比，渗硼刀具具有较低的切削力和刀具磨损量。日本加藤忠太郎用渗钒、渗铬刀具和合金工具钢刀具(SKS3)进行木材切削试验。结果表明，渗钒刀具磨损最小；其次是渗铬刀具；未渗层刀具磨损最大。例如，在切削长度达到500 m时(试材为云杉，密度为0.42 g/cm³)，渗钒刀具磨损量比渗铬刀具小20%，是未渗层刀具的1/3。

10.4.2.2 表面镀铬

根据木工刀具特点，研究人员曾在合金工具钢(SKS3)刀具表面镀铬，进行切削研究。刀片的尺寸为 30 mm × 12 mm × 1.5 mm，硬度为 HRC60，镀层厚度分别为 4 μm，8 μm，13 μm 和 19 μm，电镀时间为 5 min，7 min，12 min 和 45 min，试材为落叶松，含水率为 10%。磨损形貌分析表明所有厚度的镀层均有程度不同的龟裂，19 μm 镀层有剥落现象。和未镀刀具相比，不同镀层的刀具都程度不同地改进了耐磨性，并且 8 μm 镀层刀具具有最长的使用寿命。

10.4.2.3 涂层高速钢

高速钢刀具常用涂层材料有 TiN 和 TiC，实际应用证实 TiN 涂层性能较为显著。研究表明，TiN 高速钢刀具在切削山毛榉、栎木、云杉和翠柏时，刀具耐磨性都有不同程度的提高。除此之外，还在研究开发 Ti(C，N)、Cr(C，N)涂层材料及 TiC - Ti(C，N)、Ti - TiC - TiN 等复合涂层。我国开发研究了(Ti，Al)N 新型涂层材料，其硬度和耐磨性均高于 TiN 涂层。由于(Ti，Al)与基体之间有一过渡层(α - Ti + FeTi)，使涂层与基体之间具有较强的结合强度，提高了涂层的耐磨性。

高速钢刀具涂层的目的是提高刀具耐磨性和化学稳定性。但 TiN 和 TiC 化学稳定性不令人满意，这是因为 TiC 涂层在 300～400℃时就开始氧化，TiN 涂层在 450℃以上时也开始氧化。

10.4.2.4 涂层硬质合金

涂层硬质合金是在韧性较好的硬质合金刀片表面涂覆一薄层硬度和耐磨性很高的材料，如 TiN、TiC 等材料。TiC 硬度较高(HV3200)，耐磨性好，故涂层厚度一般为 5～7 μm。TiN 硬度较低(HV1800～2100)，与基体的结合力较低，但导热性好，韧性高，涂层厚度可达 8～12 μm。

研究发现，在用 TiN 涂层硬质合金圆锯片锯齿时，锯齿的耐磨性仅有轻微的改进。用 Al_2O_3 - TiC 复合涂层(CVD 法)时，也只有轻微的提高。另一研究发现，在铣削刨花板时，TiN 涂层硬质合金刀具(CVD 法)的耐磨性改善甚微：TiN 涂层锯齿前刀面，耐磨性有些改善。

在用 PVD 法涂层木工刀具进行切削试验时，发现 TiN 涂层的碳化钨硬质合金锯片(涂覆前齿面)锯切硬质纤维板时，锯齿磨损量降低了。

硬质合金刀具经过涂层后，耐磨性之所以改善不明显，是因为刀具刃口附近的涂层材料过早地剥落。CVD 法涂层温度较高，导致在基体和涂层之间形成脆性的黏结相。在涂层残余应力及切削热、切削力作用下，刃口上的涂层很快地剥落。和 CVD 法相比，PVD 法涂层温度低得多。因此，PVD 法涂层的刀具，可获得较好涂层结构和高的涂层硬度，刀具刃口锋利度也改善了。此外，PVD 法涂层刀具具有较好抗龟裂的能力。

20 世纪 90 年代中期，研究人员在用 PVD 法涂层木工刀具方面进行了一些研究，从硬质合金碳化物尺寸、黏结剂含量和涂层材料等方面进行研究。碳化物颗粒尺寸分别为 0.8 μm，1.2 μm，1.5 μm 和 1.7 μm，对应的钴含量分别为 3%，4%，6% 和 10%。涂层材料分别为 TiN，TiN - Ti(C，N) - TiN 和 $TiAlN_2$，对应的涂层厚度分别为 3.5 μm，

5.5 μm 和 3 μm。涂在刀具的前刀面上。结果表明 3 种涂层材料均出现涂层剥落，但 TiN 和 Ti(N，CN)要比 TiAlN$_2$ 小得多，并且细颗粒和低含钴量的刀具，耐磨性提高了 10% ~30%。但含钴量高的刀具，涂层反而降低了耐磨性。研究还指出涂层结合力低是涂层剥落的致命因素。

金刚石具有极高的硬度和极好的化学稳定性，其耐磨性是硬质合金的 100 ~250 倍，具有耐强酸和强碱的能力，但韧性很差。若以韧性较好的刀具材料为基体，涂覆一层硬度高、耐磨性高、化学惰性好的涂覆层，使刀具既具有一定的强度和韧性，又具有很好的耐磨性和切削性能，满足了木工刀具磨损的特性要求。用金刚石涂层木工刀具不失为一种理想的抗磨手段。

20 世纪 50 年代，在开发高温高压合成金刚石的同时，人们也对低压气相合成金刚石进行了探索，但沉积速度很慢，由于低压气相合成金刚石是在金刚石的亚稳定区和石墨相的稳定区进行，石墨和非晶态就很容易析出。因此，抑制石墨和非晶态碳的形成及除去它们就成为气相沉积金刚石薄膜的关键。80 年代后期，为了降低成本，实现工业化生产，直流等离子体喷射等高速沉积方法已成为金刚石薄膜沉积最快的方法。

CVD 法金刚石薄膜涂层硬质合金转位刀片的前刀面(涂层厚 20 μm)，刨花板的切削试验结果表明，涂层剥落是其致命的缺点。只要涂层没有剥落，刀具磨损几乎没有变化，一直维持在 40 ~50 μm。金刚石涂层硬质合金转位刀片中密度纤维板的铣削试验结果表明，金刚石薄膜均有程度不同的剥离，但未剥离的薄膜起到了堤岸保护作用，降低了基体材料的磨损，因而刀具耐磨性提高了近 1 倍。

随着涂层工艺与设备的改进，金刚石薄膜与基体的结合力进一步提高，薄膜剥离将会得到控制。目前，已用金刚石涂层硬质合金材料制造加工强化地板的刀具，用于切削强化地板表面的 Al$_2$O$_3$ 耐磨层，效果良好。然而，CVD 金刚石多晶薄膜的纯度很高，硬度(HV9 000 ~10 000)接近天然金刚石，可加工性很差，常规机械加工或电火化腐蚀都难对其实现加工。故金刚石涂层硬质合金材料适合制造不重磨的转位刀片。

在装配式木工铣刀结构中，为了提高刀片装夹速度和定位精度，现较多地采用了不重磨刀片或转位刀片。在随进口设备配备的刀具中，50% 左右的为不重磨或转位装配式铣刀，如封边机、双端铣、四面刨和 CNC 加工中心等木工机械的装配式铣刀上，不乏安装了不重磨或转位刀片。因此，金刚石涂层硬质合金不重磨或转位刀片在木工刀具领域内，有着广阔的应用前景。

10.4.3 刀具耐磨损技术应用实例

10.4.3.1 以提高外观质量为目的的涂层处理

目前应用于刀体主要以防锈和提高外观装饰为目的的表面涂层处理方法有镀铬和镀镍。发黑处理(表面氧化处理)主要用于可更换刀片的成型铣刀和钻头。耐酸处理用在圆柱或圆盘铣刀上，如图 10-6 所示。

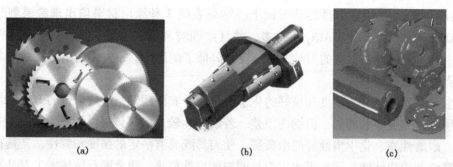

图 10-6   以防锈和外观装饰为目的的表面涂层处理刀具
（a）镀铬处理的圆锯片　（b）发黑处理的铣刀刀轴　（c）耐酸处理的圆柱和成型铣刀

10.4.3.2　以减小摩擦系数为目的的涂层处理

图 10-7　特氟龙表面涂层处理的锯片

　　为减轻刀具表面的摩擦系数进行表面涂层处理时主要是在刀具表面涂附特氟龙涂层，喷涂于圆锯片上的特氟龙表面涂层可防止锯片与工件的摩擦和发热。特氟龙具有良好的排屑性能，因此也应用于木工钻头上。特氟龙表面涂层处理的圆锯片如图 10-7 所示。此种锯片在切削长 1 800 mm，厚 9 ~ 30 mm 的刨花板时，截止于初次刃磨的切割板件数量与镀镍锯片相当。锯片外径 305 mm，齿宽 2.4 mm，锯片片身厚 1.2 mm，孔径 75 mm，齿数 40。硬质合金镶焊锯齿。12 片锯片用外径 115 mm 的法兰盘以一定的间隔固定在多片锯主轴上。主轴转数 3 400 r/min，进料速度 12 ~ 20 m/min。镀铬和特氟龙表面涂层锯片切割工件的数量随刃磨次数增加都在下降。可是特氟龙表面涂层处理锯片一次刃磨的切割数量通常是镀铬锯片的两倍。因为含有树脂的刨花板和锯片的摩擦系数减少和发热下降，烧锯现象得到了控制。表面涂层锯片和木材(气干北美云杉)的摩擦系数，镀铬锯片是 0.30，而特氟龙表面涂层处理锯片是 0.22，摩擦系数降低了约 25%。

10.4.3.3　以提高耐磨性为目的的涂层处理

　　提高刀具耐磨性主要体现在提高刀具高速切削下的耐久性，延长刀具使用寿命；提高生产效率，减少换刀时间，降低生产成本；提高刀具刃口的锋利程度，提高制品表面加工质量；减少刀具刃口附着被切削材料。

　　金刚石 CVD 表面涂层处理刀具刃口磨损状态如图 10-8 和图 10-9 所示。图 10-8 所示为前刀面表面涂层处理木工刀具刃口的磨损状态。左图为没有进行表面涂层处理刀刃口磨损后退状况。表面涂层处理后刀具的前刀面维持原有形状逐渐后退。图 10-9 的左图是后刀面表面涂层处理刀具刃口的磨损状况。后刀面维持原有形状，前刀面逐渐后退。经过圆坑儿磨损的前角增大后依然锋利。前、后刀面都进行了表面涂层处理的刀具

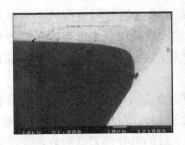

图10-8 未表面涂层处理刀具刃口(左)和前刀面表面涂层处理刀具刃口(右)磨损状况的 SEM 照片

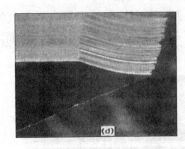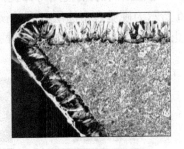

图10-9 后刀面表面涂层处理刀具刃口(左)和两面涂层处理刀具刃口(右)磨损状况的 SEM 照片

的磨损状况如右图所示。金刚石 CVD 表面涂层本身的耐磨性非常高。可刃口线还是被磨圆而后退，导致锋利度降低。

10.4.3.4 表面涂层处理的刀具

图10-10 为机夹式刨刀，长 3 m，宽 125 mm，纵向刨切柏木径向板。未涂层刨刀可连续加工 500 m，表面涂层处理的刨刀可连续加工 1 400 m，寿命延长了 3 倍。

图10-11 所示为机夹式高速钢涂层铣刀。使用寿命提高了 3 倍以上。刃磨周期延长了，降低了生产成本。图10-12 所示为切削 1 000 m 北美云杉后的刃口的磨损状况。上图是未处理刀具，下图是表面涂层处理刀具。未涂层刀具的刃口已经磨圆后退，并且在较软的早材部位出现拉毛。表面涂层处理刀具的刃口仍然保持锋利，并且材料的表面光滑良好。加工试验结果表明，高速钢涂层铣刀的使用寿命是未涂层高速钢铣刀的 3~7 倍。

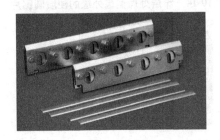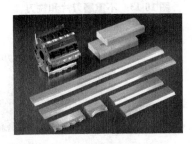

图10-10 机夹式刨刀   **图10-11 高速钢涂层铣刀**

　　图 10-13 所示为涂层处理硬质合金机夹式木工铣刀不重磨刀片。与未处理刀片相比，其使用寿命要延长 2～3 倍。由于换刀的次数减少，由此可降低生产成本，提高生产率。高含水率松木及大断面集成材切削试验结果表明硬质合金涂层不重磨刀片的磨损量仅是未处理刀具的一半左右。

　　图 10-14 是表面涂层处理锯齿外缘的硬质合金圆锯片。通过对硬质合金基材表面进行 WC 或 TiC 涂层处理，锯片切削含水率大于 15% 湿材时的也耐久性也有显著提高。

　　图 10-15 所示为切削 2 000 m 北美云杉木后的未处理刀具和表面涂层处理硬质合金刀具磨损情况。从图中可看到未处理刀具的刃口大幅度磨圆后退，表面涂层处理刀仍然保持锋利。加工试验结果表明使用寿命提高了 4～6 倍。

　　图 10-16 所示为硬质合金涂层处理的铣刀。表面涂层处理提高了刀具的耐磨性和锋利度。可防止木材表面烧焦。有效地控制了起毛及逆纹崩裂等现象，从而降低了刀具和加工费用。

上图是未涂层刀具，下图表面涂层处理刀具

图 10-12　高速钢涂层铣刀切削北美云杉 1 000 m 后的刃口磨损和切削表面状况

图 10-13　不重磨刀片和铣刀

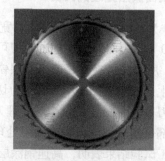

图 10-14　涂层处理锯齿外缘的硬质圆锯片

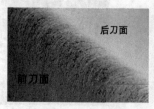

**图 10-15　切削 2 000 m 北美云杉后的未处理刀头和
表面涂层处理硬质合金铣刀刃口磨损情况**

图 10-16 硬质合金涂层处理铣刀

在家具制造业中，油漆涂饰表面是决定产品最终品质的重要工序。涂饰前的表面加工质量是决定漆面质量的重要因素。表面刨光是为了除去木材表面的起毛，逆纹崩裂，烧焦，脏物，以提高表面的光洁度。

日本兼房公司开发的硬质合金涂层处理铣刀刀刃表面应用陶瓷涂层处理。可维持非常好的耐久性和锋利度。特别适用实木家具零件的精加工，可省略砂光工序。图 10-17 所示为加工实木复合地板和强化地板的金刚石表面涂层硬质合金铣刀。实木复合地板和强化地板榫槽加工中，由于耐磨层对刀具磨损非常大。一个工作班需要对榫头和榫槽切削铣刀调整两次。采用硬质合金涂层铣刀后，此调整可以改为两天一次，刀具的寿命至少提高了 4 倍，刀具成本降低 60%。

图 10-17 和图 10-18 所示为高速钢和硬质合金后刀面表面涂层处理的刀具。图 10-17 所示为机夹装配式指接榫铣刀。普通硬质合金焊接指接榫铣刀，在刀轴垂直运动的指接榫开榫机，加工热带木材，如百婆罗双，冰片香及龙脑香等。通常使用寿命只有 6 个工作班。而涂层铣刀可连续使用 48 个班，其寿命是前者的 6 倍多，因此涂层指接榫铣刀的使用寿命可提高 3~10 倍。

图 10-17 机夹装配式指接榫和地板铣刀

图 10-18 外径不变的指接铣刀

图 10-18 所示为前刀面重磨后的刀具外径不变的可重磨式指接榫铣刀。指接榫长度 10 mm 以下时。刀齿刃磨一次可使用两次。如在此刀具刀齿后刀面上进行表面涂层处理。可以提高使用寿命，减少停机时间，从而降低加工成本。同时还可降低切削噪声，提高指接榫的接合质量，而且重磨作业也非常容易实现。

第 11 章

特种加工技术

11.1 高压水射流加工技术

11.1.1 水射流加工技术概况

水射流加工(water jet machining)又称液体喷射加工,是综合了高压高速水或水与添加剂的混合液体对被加工工件的冲击作用和悬浮于水中的磨料的游离磨削作用,对各类材料施加切削、分离、穿孔、破碎和表层材料去除等加工。因此,水射流加工也可归属于高能束流加工范畴。

11.1.2 水射流的种类

根据 1987 年《日本机械学会志》提供的理论,水射流可分为以下八类:① 纯水射流;② 添加不同溶液的水射流;③ 添加磨料的水射流;④ 利用气蚀现象的水射流;⑤ 非稳定水射流;⑥ 脉冲水射流;⑦ 气体保护层水射流;⑧ 机加工复合水射流。

目前实际应用中,纯水射流应用最多,其次是添加磨料的水射流,少部分是气蚀水射流和与机加工复合的水射流。

11.1.3 水射流加工特点

(1)由于水射流是一种高能束流射线,所以可进行灵活柔软的加工。在计算机数字控制加工切割时,喷嘴的位置非常重要,如果喷射方向与切割断面相垂直,切割加工可以从任何位置开始,到任意位置结束。这是其他机械加工方法所达不到的。因此,这种方法适用于任何不规则表面形状的加工。这正是木材加工中需要的加工形式。

(2)与机械的冷、热加工不同,水射流在加工点温度很低,因此工件上的热应力很小,不会引起工件表面组织的变化,可以在易燃、易爆、有毒等多种危险场合作业,安全可靠。

(3)由于使用水作为加工介质,喷嘴直径小,水用量不大,无刀具变钝问题,喷嘴的寿命也较长。

(4)水射流能够与多种材料进行化学、物理复合,若流量控制的得当,就能在加工的同时,顺利地排除切屑,因而具有清洗作用,基本达到无粉尘。

(5)当喷嘴直径非常细小时,加工工件上承受的作用力极小,能顺利地切割质地柔软的材料(如橡胶、纸、木材和复合材料等)和容易变形的构件等。

11.1.4 技术原理和切割原理

水射流喷射加工技术的原理是利用液压系统将水增压到 200～600 MPa，使高压水通过一个特殊设计的小直径(0.076～0.635 mm)的喷口，形成大约 3 倍音速的束流喷射，冲击待加工材料表面而去除部分材料。依照水中是否混有磨料，水射流加工技术主要分为纯水射流(WJ)和磨料水射流(AWJ)加工两大类。前者主要用于非金属材料的切割、除锈和去污，后者主要用于金属和复合材料等一些用常规方法不能加工或加工较困难的场合。

纯水射流和磨料水射流加工技术的理论研究落后于其应用研究，许多实际应用的成果在理论上尚不能作出完善的解释，水和磨料之间的能量转换可能通过多种方式，且比较复杂，一般地认为水射流的速度对材料能否切割起决定性作用。

实验和理论分析认为水高速射流时为涡喷射形式，它的中心和外周由于涡的作用而不等速。最大流速等于平均流速与外周流速的和，最低流速是平均流速与外周流速的差。高速射流形成涡结构击中目标，其高速部分的流体纵弹系数增大，刚性增大。当该刚性大于目标物时，被冲击的目标物就会被击碎，即产生切割目标物的作用。当低速部分击中目标物时，其流体纵弹系数小，刚性小，类似柔软物质与被切割物的作用，有时呈负速度，可以将击碎的碎片吸走。

设水压为 400 MPa，射流平均速度为 637 m/s，涡的最外周速度为 1 100 m/s，则最大、最小流速分别为

$$V_{max} = 637 + 1\ 100 = 1\ 737 \quad (m/s)$$
$$V_{min} = 637 - 1\ 100 = -463 \quad (m/s)$$

依据公式： $$E = E_0 \left(1 + \frac{V}{C}\right)^2$$

式中： E——高速流体纵弹系数 (MPa)；

$$E = 2\ 100(1 + 1\ 737/1\ 500)^2 = 9\ 780 \quad (MPa)$$

E_0——静止流体的纵弹系数(取 2 100 MPa)；

C——水压力波传播速度(取 1 500 m/s)。

此结果说明，当水压 400 MPa 时，纯水射流可以切割纵弹系数为 1 000 MPa 以下的材料。水中添加磨料后，由于磨料的作用，增加了流体的刚性，同时也会导致射流速度下降。其速度用以下的公式计算：

$$V_A = \frac{V}{\sqrt{1 + M/PAV}}$$

式中： M——添加剂质量(kg)；

A——射流截面积(mm^2)；

P——工作压力(MPa)；

V——纯水射流速度(m/s)。

添加磨料后,射流会产生扩散现象,加工时喷嘴与工件的距离、磨料参数等因素都会影响流体的切割效果。

11.1.5　高压水射流加工系统构成

高压水射流加工的基本原理是运用液体增压原理,通过特定装置,如增压口或高压泵,将动力源(电动机)输出的机械能转化为压力能,具有巨大压力能的水再经过小孔喷嘴将压力能转化为动能,从而形成高速射流。

高压水射流系统如图 11-1 所示,主要由增压系统、供水系统、增压恒压系统、喷嘴管路系统、数控工作台、集水系统和水循环处理系统等构成。

液压系统输出的低压油(10~30 MPa)推动大活塞往复运动,其运动方向由换向阀自动控制,供水系统先对水进行净化处理,并加入添加剂,然后由供水泵输出低压水到增压缸。增压和恒压系统包括增压缸和蓄能器两部分,增压缸增压的原理如图 11-2 所示,即利用大小活塞的工作面积差来实现增压。理论上,$P_{油} A_{大} = P_{水} A_{小}$,因此 $P_{水} = P_{油} A_{大} / A_{小}$,增压比就是大小活塞面积之比。通常增压比设为 10~25:1,由此,增压器输出的水压力可达 100~750 MPa,由于水的压力在 400 MPa 时其压缩率为 12%,因此活塞在走过整个行程 1/8 后才会有高压水输出,活塞在达到行程终了时,换向阀自动使油路改变方向,进而推动大活塞反向行进,此时在增压阀的另一端输出高压水。

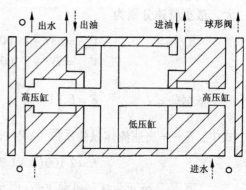

图 11-2　增压缸工作原理图

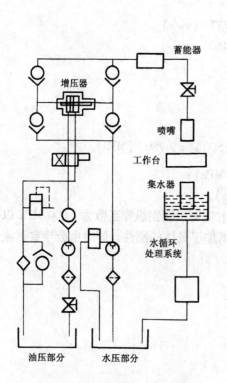

图 11-1　高压水射流工作系统图

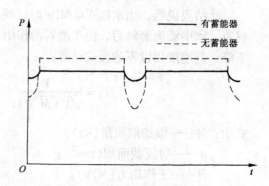

图 11-3　压力脉动动态曲线

增压器输出的高压水如果直接送入喷嘴，喷嘴喷射出的射流压力是脉动的，而且会对管路系统产生周期性震荡。为了获得稳定的高压射流，通常在增压器与喷嘴之间设一个蓄能(恒压)器来消除水的脉动，达到稳压的目的，通常情况下可以控制射流压力脉动量在5%以内(图11-3)。

高压射流切割材料的过程是一个动态断裂过程，对脆性材料(如岩石)主要是以裂纹破坏及扩散为主。而对塑性材料符合最大拉应力瞬时断裂准则，即一旦材料中某点的法向拉应力达到或超过某一个临界值时，该点即发生断裂。根据弹塑性力学，动态断裂强度与静态断裂强度相比要高出一个数量级左右，主要因为动态应力作用时间短，材料中裂纹来不及发展，因而动态断裂不仅与应力有关，还与拉伸应力的作用时间有关。

11.1.6 影响水射流加工能力和质量的主要因素

11.1.6.1 射流压力

图11-4所示为在切割速度一定条件下，高压水的压力对纯水型射流切割深度的影响。由图可知，提高射流的压力可以加大切割深度，不过，提高射流的压力必然要加大功率消耗，同时对密封装置也提出了更高的要求。

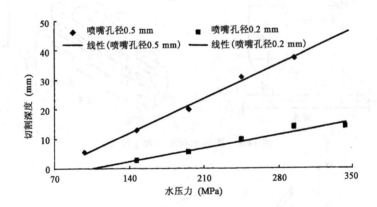

图11-4 切割深度与水喷出压力的关系

纯水型，切割材料：玻璃纤维增强塑料　喷距：20 mm　切割速度：100 mm/min

11.1.6.2 切割速度

切割速度(喷嘴与加工工件之间的相对移动速度)不仅影响加工能力，也影响加工切割质量(表11-1)。图11-5所示为磨料水射流的加工系统和喷嘴结构示意图。图11-6所示为磨料水射流切割低碳钢、不锈钢和铝合金时，在同一水压力下切割速度与切割深度的关系。图11-7所示为不同水压力下切割不锈钢的切割速度与切割深度的关系。由图11-6和图11-7可以看出，切割速度与切割深度大致成反比关系，即切割速度增大时，加工能力下降。

另外，切割速度也影响切割质量。图11-8所示为磨料型水射流切割铝合金时切割

表 11-1　射流切削参数与切削效果

材料名称	厚度(mm)	切割速度(m/min)	切割方式	切口质量
碳纤维/环氧树脂	4	0.2	纯水射流	很好
玻璃/环氧树脂	10	0.5	纯水射流	很好
胶合板	5	4.0	纯水射流	很好
泡沫塑料	25	8.0	纯水射流	很好
大理石	20	0.15	聚合物射流	很好
玻璃	4	0.1	聚合物射流	很好
玻璃钢	4	0.2	聚合物射流	很好
实木板材	13	0.1	聚合物射流	很好
石棉	9	50	聚合物射流	很好
铝	100	0.05	磨料射流	好
黄铜	3	0.5	磨料射流	好
碳钢	76	0.01	磨料射流	好
不锈钢	6	0.4	磨料射流	好
玻璃	20	0.5	磨料射流	好
有机玻璃	12	0.6	磨料射流	好
玻璃钢	30	2.0	磨料射流	很好
大理石	20	0.8	磨料射流	很好
水泥	40	0.1	磨料射流	好

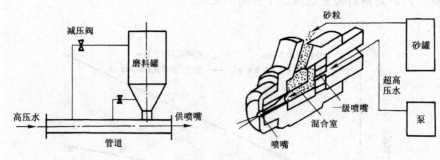

图 11-5　磨料水射流的加工形式

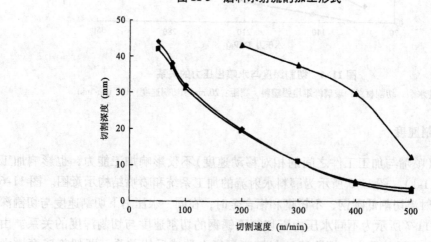

图 11-6　切割速度与切割深度的关系

磨料水射流，水压：196 MPa　喷嘴直径：1.5 mm

磨料类型及供给量：金刚砂 80 号，0.4 kg/min

速度对切口形状的影响。很显然，当切割速度慢时，将形成上窄下宽的切口，而当切割速度过快时，则会形成上宽下窄的切口，且切割面的倾角加大，表面质量变差。当切割速度适中时，可以获得较好的垂直切割面。根据实验，获得最佳切割表面质量的切割速度约为极限切割速度的2/3。所以，切割速度是根据实际需要，即权衡切割效率和切割表面质量来确定的。

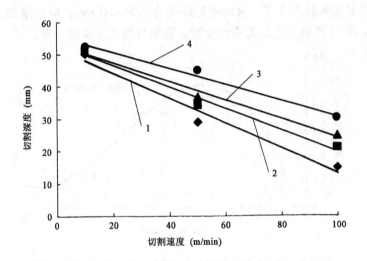

图 11-7　不同压力下切割速度与切割深度的关系
1. 196 MPa　2. 245 MPa　3. 294 MPa　4. 343 MPa

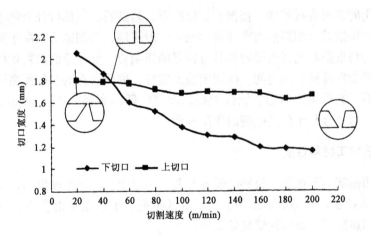

工件材料：铝合金　水压：196 MPa　喷嘴孔径：1.5 mm
磨料类型及供给量：拓榴石 80 号，0.4 kg/min

图 11-8　切割速度与切口形状的关系

11.1.6.3 喷嘴孔径和喷射距离

增大喷嘴孔径，从喷嘴喷射出的高压水流量也增大，切割能力也相应地提高。喷嘴孔径的大小应根据加工精度、切割宽度要求及被加工工件材料来确定。一般应用范围在 0.05～0.38 mm。

喷射距离与切割深度有密切关系，在具体加工条件下，喷距有一个最佳值，不同加工条件下可以通过实验来寻求，常用喷射距离为 2.5～50 mm，应根据加工精度和生产效率来确定。图 11-9 给出了加工铝合金时，喷距与加工深度的关系。

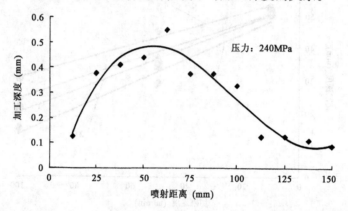

图 11-9 纯水射流切割铝合金时喷射距离与加工深度的关系

11.1.6.4 磨　料

目前常用的磨料有石英砂、拓榴石、碎燧石、铸铁石、天然砂和金刚砂等。磨料的种类、粒度和供给量对切割能力有重要影响。一般来说，切割能力取决于磨料的颗粒结构和韧性。尖角形磨料比圆角形磨料具有较好的切削刃，韧性好的磨料切削刃在被粉碎前比脆性磨料能保持较长的时间，故切削能力较好。因此，在磨料硬度高于被切削材料硬度的前提下，宜选用尖角形、韧性较好、硬度较低的磨料，而不宜选用硬而脆的磨料。实际上，这也有利于提高喷嘴的使用寿命。

11.1.6.5 被加工材料性质

水射流切割能力与被加工材料的硬度有关。一般而言，材料硬度高，切割就比较困难。如图 11-6 所示，同等加工条件下，切割低碳钢、不锈钢和铝合金，因铝合金的硬度低，其切割速度可达到切割钢材的 2 倍。

11.2　激光切削技术

从"微波受激辐射放大"的概念出现以后，科学家首次在氨分子束上实现了集居数反转，从而发明了氨分子受激辐射微波振荡器。在此基础上，T. H. Maiman 于 1960 年首先制成了第一台红宝石激光发生器，1961年德诺凡发明了第一台氦氖气体激光器，1962年又出现了半导体激光器，1964年C. Petel发明了第一台CO_2激光器，1965年第一台YAG激光器在贝尔实验室问世，1968年开始发展高功率CO_2激光器，1971年出现了第一台千瓦级的CO_2激光器。此后，激光器的发展非常迅速，各种实用化的YAG激光器和CO_2激光器不断出现。20世纪80年代激光器在自动化程度、检测和控制功能方面都有显著的提高，CO_2激光器的输出功率达到了千瓦和万瓦级。这些激光器可以连续运行或脉冲运行，激光模式也从多模输出发展到基模输出；激光器偏振形式从线偏振发展到圆偏振；激光器的发射角达到了几个毫弧度。随着这些性能的改进，激光应用领域进一步扩大，迄今为止，激光在军事、商业、医疗、切割加工、焊接、热处理和测量等领域都得到了应用。

激光加工木材是一种特殊的加工方法，其基本原理是高能量密度的激光光束转化为热能，瞬时引起木材热分解和炭化。激光切割木材的研究始于1963年，Bryan用红宝石激光发生器在木材上打孔，激光每次脉冲的能量为3.0 J，试验结果表明直径为0.8 mm的孔可打到0.8~1.6 mm深。此后，有关激光切割木材的研究层出不穷。到了80年代已可成功地用激光加工橱柜门线型和一些木制装饰件。激光切割木材目前仍处于实验研究阶段，尚未进入大规模的工业化应用。激光加工木材主要分为两大类：一类是切削加工（如钻孔、切断加工等）；另一类是木材工件的表面装饰加工（如雕刻、成型和纹理加工等）。影响激光切割木材的因素很多，包括激光特性、光学系统、喷嘴结构、气流类型及压力、木材树种、含水率、纤维方向和进给速度等。目前，研究主要集中在以下几方面：激光功率；透镜焦距；气流类型及压力；木材树种、含水率及纤维方向；切割速度对加工效果的影响。激光切割性能的评估指标主要包括切割深度、切缝宽度、热影响区及表面质量。

11.2.1　激光切割木材的特征

激光切割是利用经聚焦的高功率密度（$10^5 \sim 10^{13}$ W/cm^2）激光束照射工件，在超过阈值功率密度的前提下，光束能量及部分燃烧产生的热能被切缝处的材料所吸收，使温度急剧上升，部分材料立即汽化而逸出，部分材料燃烧而形成熔渣，被辅助气体吹走，并形成孔洞，随着光束与工件的相对移动最终使材料形成切缝。激光切割是非接触式切削加工，与传统方法相比具有下列优点：①切缝很窄，节省木材。在切割厚度为25.4 mm的南方松板材时，激光切割仅有0.3 mm的切缝，无切屑形成，降低了环境污染。而同等条件下，圆锯锯切一般要具有2.5 mm的锯路。②便于加工复杂形状的零件和盲切割。因而在木制品上雕刻、木模制作、图案镶嵌等方面具有传统方法无可比拟的优越性。③光束无惯性。可实现高速切割，可在任何位置开始和停止切割。④能实现多工位操作，便于数控自动化。⑤无刀具磨损，没有接触能量损耗，也不需要更换刀具。⑥虽然切割表面颜色较深，但表面光洁度比锯切好，并且切缝平直，不存在跑锯现象。⑦切割噪声很低，不形成噪声污染。

尽管激光切割木材具有上述优点，但也存在一些不足，主要为：①进给速度比较低，例如功率为3 kW的激光器切割19.05 mm厚的栎木板时，进给速度为3.66 m/min；

而锯切时进给速度可达 20 m/min。但是，当功率增大到 5 kW 时，进给速度可达 14.7 m/min。当输出功率再提高时，可达到锯切时的进给速度。②切割表面颜色比较深，表面发黄，有时会出现炭化、发黑的现象，但可用压缩空气或刷子去除。③激光器能量效率较低，CO_2 激光器效率一般为 10% ~ 18%，半导体激光器大约 40% 左右。当激光器输入功率为 240 W，切割厚度为 25 mm 南方松板材时，单位切割功为 0.0226 kW·h/cm^3；而锯切时的单位切割功为 0.0033 kW·h/cm^3。④设备一次性投资费用比较高。在加工能力相同的情况下，激光切割装置投资大约为锯切设备的 3 倍左右。

11.2.2 木材激光切割机理

木材激光切割（图 11-10）有两种不同机制：瞬时蒸发和燃烧。激光切割木材取决于功率密度和照射时间，在照射瞬间，若激光功率密度大到足以将照射点的材料汽化而形成切缝，在此过程中木材切割速度较快，热量传输不到未切割的基材，切割表面无炭化仅有轻微发暗和釉化，这是比较理想的切割机制，即瞬间蒸发。在照射瞬间若激光功率密度不足，只能达到木材的燃点，材料在燃烧时形成熔渣并在辅助气体作用下吹离切缝。因而是一种不理想的切割过程。它表现为切割速度慢、单位切割功要比蒸发机制增加 2 ~ 4 倍，并且切割表面有明显炭化现象，热影响区深度也大。

实现木材切割过程差不多在蒸发机制的同时都伴有燃烧过程的发生。只是因为蒸发机制虽然具有较高效率，但需要高的激光功率密度。而实际的激光照射过程，由于受激光输出功率或光束模式的影响，在材料的照射部位总有部分区域的光束功率密度低于蒸发所必需的。此外，在蒸发过程中形成了易燃和不燃的气体，产生了水蒸气，还残留了一些没有蒸发掉的焦炭，这些物质进一步燃烧，产生的热量加速切割过程的进行。因此，蒸发机制和燃烧机制同时进行。因为蒸发和燃烧机制同时进行，找出描述切割过程的能量方程就具有相当的难度。目前，还没有同时考虑蒸发和燃烧机制的能量方程式。已有的研究成果只单纯从蒸发机制出发建立了激光切割的能量方程，但忽略了切割过程中的对流和导热的损失。

利用激光加工木材，一套完整的设备是必不可少的。其主要设备如下：激光辐射器（即激光光源）、外部光学系统（包括辐射传送和聚焦系统）、工作台、工艺保证系统。此外，如果将激光加工与计算机数控相结合，还需自动控制系统。

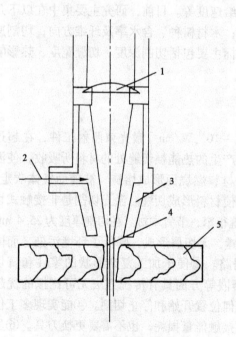

图 11-10 木材激光切割示意图
1. 透镜 2. 辅助气体 3. 喷嘴
4. 激光束 5. 工件

11.2.2.1　激光光束的吸收、分布和穿透性能

目前木材加工中应用的激光均为 CO_2 激光，其光束在切削加工中几乎为木材全部吸收而无反射。理想的激光光束其焦点直径与波长、焦距、光束的起始直径有关。从焦平面沿光束传播方向距离为 Z 的光束直径：

$$\omega = \omega_0 \sqrt{1 + \left(\frac{\lambda Z}{\pi \omega_0^2}\right)^2}$$

式中：λ——波长(m)；

$\quad\quad\omega_0$——光束焦点半径，$\omega_0 = \dfrac{2f\lambda}{\pi D}$；

$\quad\quad f$——焦距(m)；

$\quad\quad D$——光束起始直径(m)。

实际系统中，光束的最小直径要比 ω_0 大得多，主要原因是聚焦透镜的球面像差和光束衰减引起的，实际光束的直径：

$$d = (d_0 - 2\omega_0) + 2\omega_0 \sqrt{1 + \left(\frac{\lambda Z}{\pi \omega_0^2}\right)^2}$$

式中：d_0——焦点的实际直径(m)。

光束的焦深为：

$$|Z_0| = \frac{\pi \omega_0^2}{\lambda} \sqrt{\left(0.5 \times \frac{d_0}{2\omega_0} + 1\right)^2 - 1}$$

激光光束的有效穿透深度为：$Z = Z_0 + Z_1 (0 \leqslant Z_1 \leqslant Z_0)$

式中：Z_1——焦平面到工件的距离(m)。

因此光束的最大有效穿透深度为：$Z_{\max} = 2Z_0$。

11.2.2.2　木材的热学特性

木材的热传导率横纹方向为 $4 \times 10^{-4} \sim 21 \times 10^{-4} \text{J}/(\text{cm} \cdot ℃ \cdot \text{s})$，顺纹方向为 $10 \times 10^{-4} \sim 52 \times 10^{-4} \text{J}/(\text{cm} \cdot ℃ \cdot \text{s})$，钢材为 $38\,493 \times 10^{-4} \text{J}/(\text{cm} \cdot ℃ \cdot \text{s})$，两者相比木材的导热能力极弱，因此热传导过程的热量损失可忽略不计。木材的蒸馏放热仅为燃烧值($20\,000$ kJ/kg)的 6%，因此干木材的蒸馏热(E)为：$E = 1\,200$ kJ/kg；对于湿木材 E 为：$E = 1\,200/(1+M)$ kJ/kg，其中 M 为木材的含水率。木材比热 $C_0 = 0.0045t - 0.106$ (t 为木材的温度 K)，湿木材的比热 $C = (4.18M + C_0)/(1+M)$，湿木材的水分蒸发潜热 H 为：$H = 2483 \times M/(1+M)$ kJ/kg。

11.2.2.3　激光切削薄木材的状况

当木材的厚度不大于光束的有效穿透深度时，激光光束切削木材主要是光束直接加热木材使之分解(蒸馏木材)，随后气化残留炭化层，这时能量方程为

$$P - \omega b \varepsilon \sigma T^4 + \omega b u r E = \omega b u r [C(T_1 - T_2) + H] + \omega b u r_0 q [C(T_2 - T_1) + L]$$

式中：P——激光输出功率（kW）；

　　　b——工件厚度（m）；

　　　ω——切割宽度（m）；

　　　σ——常数；

　　　ε——碳的发射率；

　　　T——气化碳的平均温度（K）；

　　　r——木材的密度（kg/cm^3）；

　　　r_0——干木材的密度（kg/cm^3）；

　　　u——切割进给速度（m/s）；

　　　T_1——蒸馏木材的温度（K）；

　　　T_2——环境温度（K）；

　　　q——蒸馏干木材碳的百分含量（%）；

　　　C_1——碳的平均比热[kJ/（kg·K）]；

　　　L——碳的气化热（kJ/kg）。

11.2.2.4　切削厚木材的状况

由于激光光束焦深有限，当木材的厚度大于焦深时，激光光束直接气化的仅为切削木材的顶层，再向下将是热气体喷出燃烧并维持蒸馏过程，此时的能量方程为

$$\omega b u r E = \omega b h (T_g - T) = \omega b u r [C(T - T_2) + H]$$

式中：T_g——气体温度（K）；

　　　T——切缝壁温度（K）；

　　　H——对流热交换系数。

已有的实验研究结果证明，切缝壁的温度（T）对含水率很敏感，如果含水率大于12% 时温度太低而不能维持蒸馏过程，但高含水率的木材仍可用激光切削，只是需要加长照射时间（即放慢切割进给速度）。根据对流热交换理论，对流热交换系数可用下式计算：

$$h = K_4 C_p e V P_r^{-0.4} R_{ex}^{-0.2}$$

式中：C_P——热容量；

　　　e——气体的密度（g/ cm^3）；

　　　V——气流速度（m/s）；

　　　P_r——普朗特数；

　　　R_{ex}——气体在位置 Z 的雷诺系数。

11.2.3　影响木材激光切削的因素

影响激光切削木材的因素主要有激光光束的特性、工艺参数以及加工工件的性质三

大类。一般来讲，当切割进给速度一定时，木材密度不同功耗不同，密度越大功耗越大。同一材种，含水率越大切削功耗越大。在加工工艺条件相同，同种木材时，切割速度越大其功耗反而降低，在一定范围内功耗下降较快，但随后变化较小。切割深度与功耗之间正相关增大；切割深度影响切削速度，切割深度越大切割速度越慢。

另外，木材的热学特性、组织结构和化学组成对切割效果均有显著的影响。例如，木材中的节子、树脂囊、年轮不均匀等。

11.2.3.1 激光功率

从最简单的理论模型考虑，假设所有吸收的激光能量全用于熔化或汽化材料，而没有辐射、对流和传热的损失，则可获得下式：

$$P = \eta U W t \rho (C\Delta T + L_f + m'L_v)$$

式中：P——吸收功率，$P = P_i(1 + \gamma_f)$，P_i 为入射功率（W），γ_f 为反射率；

U——切割进给速度（m/min）；

t——切割深度（mm）；

ρ——工件密度（kg/m³）；

C——工件比热；

ΔT——升至熔点的温度 T_m 区间（K）；

L_f——熔化潜热；

m'——熔化后再汽化的质量百分比；

L_v——汽化潜热。

上式两边同时除以 Ut 得：

$$\frac{P}{Ut} = \eta W \rho (C\Delta T + L_f + m'L_v)$$

当达到最大切割速度（即切割深度正好等于工件厚度时的切割进给速度）时，可把上式右边各项近似看做常数，作为一近似解，对给定工件材料同样可设 P/Ut 为常数。根据这一简单理论模型，对给定的工件材料而言，激光功率越大，则最大切割进给速度就越大，换言之，当切割进给速度一定时，可切割的工件厚度就越大。J. E. Harry 早在1971 年就用切割试验证实了这一点，其使用的 CO_2 激光器输出功率为 240 W，辅助气体为压缩空气，试材为南方松，试验结果表明在工件切透的条件下，最大切割速度随着工件厚度的降低而提高。工件厚度为 6.35 mm 和 25.4 mm 时，切割进给速度分别为2.52 m/min 和 0.37 m/min。在 1977 年 C. C. Petels 用大功率（输出功率达 5 kW）激光器进行木材及木质材料的切割试验，得到如下关系式：

$$U = 6\ 272.9/t^2 \quad (\text{m/min})$$

式中：t——切割深度（mm）。

在试材为黄杉、切割深度为 12.7 mm 的情况下，还阐述了切割进给速度随着功率增加而迅速提高，其关系式为

$$U = 4.24P^{1.35} \quad (\mathrm{m/min})$$

式中：P——激光输出功率(kW)。

激光输出功率和切割进给速度之间关系相当微妙。在其他条件不变的情况下，激光功率越大，切割进给速度越低，切割深度就越大；但切缝宽度和热影响区的深度也变大，同时切缝壁平行度 R（$R = W_2/W_1$，即切缝上口宽度与下口宽度的比）也越差。在切削深度不变的条件下，若要使切缝宽度 W 和热影响区深度达到最小，切缝壁平行度 R 等于 1，则激光功率和切割速度存在最佳的匹配关系。当切割深度 $t = 5$ mm，试材为连香木，切割面为弦切面，激光功率 $P = 50$ W 时，进给速度 U、切割宽度 W 和切缝壁平行度 R 之间的关系如图 11-11 所示。若保证 $R = 1$，则可求出 $W = 0.57$ 和 $U = 284$ mm/min。若改变 P 就可得到一系列的 W 和 U。同理，若保证 W 为一定值，亦可得出相应的 R 和 U。这样得出的切割速度就是该条件下的最佳切割速度，如图 11-12 所示。

激光功率、切割速度与切割深度的关系如图 11-13 所示。切割深度随着激光功率增加和切割速度降低而增大，但热影响区深度也随之增大。热影响区分为焦化区（破坏区）、中期热分解区和初期热分解区，其深度主要取决于单位切割功率。单位切削功可用下式计算：

$$q = P/60tWU \quad (\mathrm{kW \cdot h/cm^3})$$

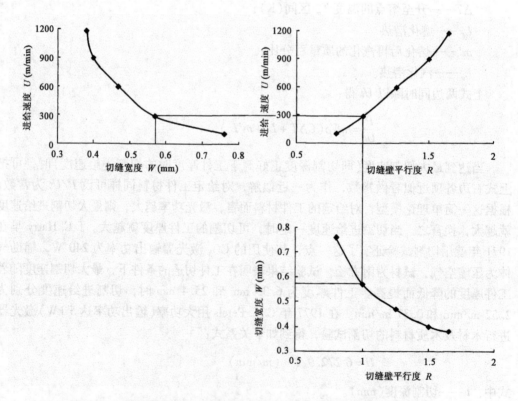

图 11-11　切割宽度 W、切割进给速度 U 和切缝壁平行度 R 之间的关系

切割面为弦切面　激光功率 $P = 50$ W　工件厚度 $H = 50$ mm

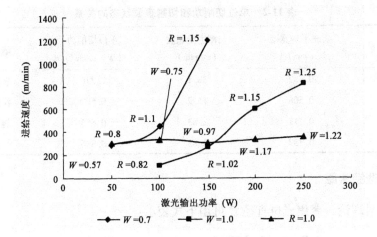

切缝宽度 W 与切缝壁平行度 R 之间的关系

图 11-12　最佳切割进给速度和激光输出功率

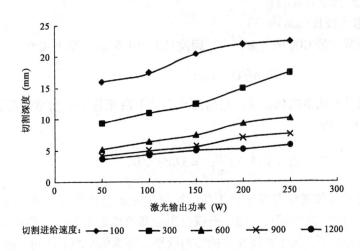

图 11-13　激光功率、切割进给速度与切割深度的关系

式中：P——激光输出功率(kW)；

　　　t——切割深度(mm)；

　　　W——切缝平均宽度(mm)；

　　　U——切割速度(m/min)。

　　表 11-2 列出了单位切削功与切割表面状态的关系。由该表可见，单位切削功越大，切割表面破坏就越严重，在焦化区内，材料处于热熔化状态，切割出的表面粗糙。在中期热分解区，由于热熔化和热应力的作用，有少量的炭黑和龟裂。在初期热分解区，仅有热应力引起的小龟裂。用电子显微镜观察发现热破坏区只限于切割表面，没有引起基材的破坏，其深度为 30~60 μm，而热影响区的深度根据激光功率、切割进给速度及工件热学性能和光学性能不同而变化。

表 11-2　单位切削功和切割表面状态的关系

切割深度 （mm）	切缝平均宽度 （mm）	切割进给速度 （m/min）	单位切削功 （W·h/cm³）	表面状态
12.7	0.457	38.1	0.378	轻微棕色
19.0	0.508	15.2	0.567	深度棕色
25.4	0.711	2.83	0.653	轻微炭化
38.1	0.737	2.83	0.836	炭化

11.2.3.2　透镜焦距

根据衍射理论，聚焦光斑直径 D 可用下式表示：

$$D = 2.4f \cdot l/D_0 \quad (\mu m)$$

式中：D_0——入射光束直径（mm）；

f——透镜焦距（mm）；

l——激光波长（μm）。

对于切割常用的 CO_2 激光束而言，因波长 $l = 10.6$ μm，则上式为

$$D = 25.4f/D_0 \quad (\mu m)$$

与光斑尺寸相联系的焦深 Z，它指焦点上、下沿光轴中心功率强度超过顶峰强度 1/2 的那段距离，即

$$Z_s = \pm 11.12 \frac{lf^2}{\pi D_0} = 37.5f^2/D_0$$

从以上公式可知透镜焦距增大 1 倍，则聚焦光斑直径增大 1 倍，而焦深却增大 2 倍。对于给定的激光功率而言，增大透镜焦距虽然可以增加焦深，即提高可切透深度，但功率密度却降低了。为了获得良好的切割效果，要求焦平面处的功率密度为 $10^6 \sim 10^8$ W/cm²。研究成果表明焦距在 75~150 mm 范围内，对切割木材、刨花板、纤维板特别适用。但尚未对切割深度大于 50 mm 的木材的最佳焦距进行过研究。

聚焦平面相对于工件的位置很重要。若焦深长，则操作所允许的偏差就可以大一些。在实际操作过程中很难确定其准确位置，往往需要在操作时做调整。聚焦平面相对工件的位置有三种情况：第一，聚焦位置高于工件的表面，顶峰功率密度的光束不在工件上，进入工件光束的功率密度逐渐降低，切割变宽，切割深度变小，切割表面被烧焦。第二，聚焦位置恰好在工件上面，顶峰功率密度光束照射在工件表面，功率密度随着工件厚度增加而减少，切缝壁平行度差，易形成喇叭口。第三，在焦深与工件厚度接近时，若聚焦位置在工件的中部，则功率密度在工件厚度方向比较均匀，切缝壁平行度好，热影响区也较小。因而切割表面光滑，也可切割更厚的工件。

在进行木质艺术品雕刻过程中，往往利用聚焦位置来改变切割深度和切缝宽度以获得良好的艺术效果或工艺要求。

11.2.3.3 木材材性及纤维方向

工件表面状态、光学性能及热学性能均影响到对激光的吸收。根据金属激光切割的报告，工件表面光洁度越高，对激光的吸收就越低。而木材这方面的研究很少，但关于木材容积重、含水率、纤维方向等因素的研究较多，结论也趋于一致。

(1)密度：在激光输出功率和切割进给速度等相同的条件下，切割深度和切缝宽度随着密度增加而降低，其原因为单位体积所消耗能量提高了。碳的沸点大约为 4 273 K，若要切透木材则切缝底部温度就要达到该温度。沿着切缝必然有个温度梯度，其原因有二：其一，在激光光束离开聚焦平面时，激光束直径逐渐变大，功率密度随之降低；其二，在切割过程中产生的烟雾和水蒸气吸收了能量。因此，在聚焦平面处的温度至少为 5 000 K。木材密度提高，去除切缝材料所消耗的能量就增大，温度梯度就加大，因而可切透的深度就降低。为了保证切割深度就必须降低切割速度。

在激光功率较小(240 W)情况下，当切割湿材时，最大切割速度与密度无关；当切割干材时，最大切割速度随着密度增加而降低。在激光输出功率较大(3 kW)时，无论湿材还是干材，最大切割速度均随着密度增加而降低。假设工件厚度为 18.7 mm，功率为 3 kW，则最大切割速度与密度的关系为：

$$U = 13.71 - 14.57\rho$$

式中：U——最大切割进给速度(m/min)；

ρ——密度(g/cm³)。

密度对切割深度和切割进给速度影响的试验结果如图 11-14。

(2)含水率：含水率越高，木材导热性就越好，散失的能量就越多。因此，含水率对激光切割有一定的影响。当激光输出功率为 0.25 kW 时，切割湿材的切割速度为干材的 1/3；当激光功率为 3 kW 时，含水率对切割速度没有影响。但是含水率提高有利于降低切割表面的炭化。目前比较一致的看法是在其他条件相同的情况下，切割速度随着含水率的提高而降低，如图 11-15 所示。

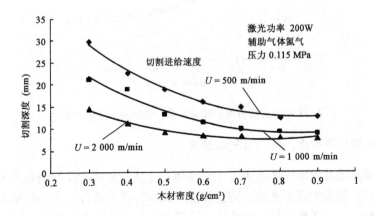

图 11-14 木材密度对切割深度和切割速度的影响

　　(3)纤维方向：激光切割木材可在径切面、弦切面和端面进行。在径切面与弦切面切割时，激光束方向与纤维方向垂直；在端面切割时，激光束与木材纤维方向平行。根据切割方向相对纤维方向的不同，又可分为顺纤维切割和横纤维切割。在径切面与弦切面切割时，切割深度无多大差异，热破坏区和导管直径差不多；在端面切割时，导管端部因明显烧焦而卷曲，细胞腔有固体沉积物存在，切割深度明显偏大，如图 11-16 所示。

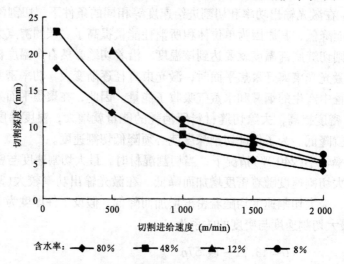

图 11-15　含水率对切割深度、进给速度的影响

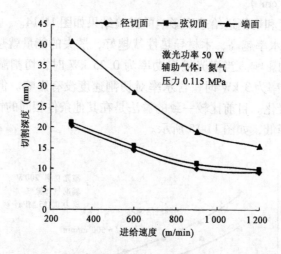

图 11-16　纤维方向对切割深度、切割进给速度的影响

11.2.3.4　辅助气体种类、压力及气流速度

　　与激光束同轴的辅助气体至少有三个作用：①从切割区吹掉熔渣和水蒸气；②冷却切缝临近区域；③保护聚焦透镜，防止燃烧产物沾污光学镜片。激光切割木材所用的辅助气体有两种：一是活性气体(如氧气、压缩空气)；二是惰性气体(如氮气、氦气)。因为氧气容易燃烧，相对而言可产生较大的切割深度，但热影响区变大，表面质量也较

差。氮气作为辅助气体可以产生较小切缝宽度，表面质量也比较好，但氮气成本比较高。在切割木材时，常用空气气压为 3.5 kg/cm²。当切割刨花板、纤维板或其他木质材料时，辅助气体类型、压力比较重要，对于这样的材料，建议使用氮气或氩气。压力取决于工件厚度、胶黏剂的种类和含量。在其他条件相同时，气流压力在 0.1 ~ 0.4 MPa 范围内逐渐变大时，木材的切割深度也相应稍有变小。气流速度在 5 ~ 30 L/min 变化时，对切割深度和切缝宽度的影响也不大。但两者对切割端面形状影响比较明显。

11.2.3.5 喷 嘴

辅助气体与激光束要从喷嘴通过，所以喷嘴从结构上必须保证：①喷嘴尺寸必须允许光束顺利通过，避免孔内光束与喷嘴壁接触；②喷嘴喷出的气流必须同时考虑去除切缝内熔渣和加强切割效果。金属切割时喷嘴直径在 1.5 mm 左右时，可获得最大的切割速度和喷嘴出口处压力的最佳分布。木材切割时喷嘴直径在 1 mm 左右时比较合适。喷嘴结构设计得合理可以提高切割速度 50%。喷嘴离开工件表面的距离为 1.5 ~ 2.0 倍的喷嘴直径。离工件表面太近，会产生对透镜的强烈反冲压力，影响对熔渣的驱散能力；离工件表面太远，也会造成不必要的动能损失。

11.3 振动切削加工技术

11.3.1 振动切削的提出

随着对机床动态性能研究，人们发现只要进行切削加工，就存在着振动。提高机床的刚度和精度是有限度的，要实现精密加工，只从静力学角度去考虑问题，即仅提高机床-刀具系统的刚度和精度显然是不够的，必须要从动力学角度考察机床-刀具系统的振动和响应。

切削时的振动主要发生在刀尖与被加工工件之间，因此，首先要研究刀尖的动力学作用，切屑形成的机理不是根据刀尖和工件之间的静力学关系，而是根据动力学的关系。如果将切屑形成的机理用时间函数来描述，可以将刀具-工件的振动系统抽象成弹簧、阻尼和质量系统，如图 11-17 所示，在切削过程中，该系统呈现不稳定状态。当切削层材料内部硬质点和切削余量不均匀时，必然使切削力发生变化，从而引起刀具-工件系统发生激烈的振颤。

设想在该系统上，利用一个外设的振动源，把高频且有规律的正弦振动波作用在该系统上，那就可以使本应产生弹性振动的加工系统中工件与切削刃的相对位置，处于相对不动的状态，从而提高工件的加工精度，改善已加工表面质量，实现精密切削，达到"以振治振"的切削效果。

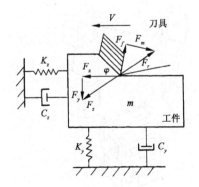

图 11-17 刀具-工件振动系统
的切削模型图

11.3.2　振动切削机理及特点

振动切削(图 11-18)是利用外设的振动源，使切削刀具相对被切削工件以切削速度 v 运动，切削刀具以一定的振幅 a、振动频率 f，在切削方向上进行正弦波振动，并满足 $v < 2a\pi f$，形成连续有规律的脉冲切削力波形，如图 11-19 所示，它的实质是在传统的切削过程中给刀具(或工件)加上某种有规律、可控制的振动，使切削速度(或进给量、切削深度)按某种规律变化，从而形成一种本质上全新的切削方法。

振动切削是一种脉冲切削，它的显著特点是切削力小，切削温度低，加工表面质量好，刀具耐用度高。这是由其切削机理所决定的。在振动切削过程中，并没有利用刀具振动的整个周期，而只是在极短的瞬间进行切削。现以切向振动为例加以分析，如图 11-20 所示，刀具过 O 点做简谐运动，若刀具在某时刻向左振动，在 E 点与工件接触，经过 EFA 形成切屑 1，产生脉动性切削力 $F_x F_y$。刀具到达 A 点后，由于刀具与工件运动速度方向相同，且刀具速度又大于工件速度，使刀具在 A 点脱离工件，此期间切削力降为 0。在 B 点再次接触，经过 BCD 形成切屑 2，同时又产生脉冲切削力 $F_x F_y$，刀具与工件有规律地接触和分离，并在一定的位置上往返重复，产生切屑 1，2，3，4，…，n，这样就连续地产生有规律的脉冲切削力波形。

设刀具的位移 $x = a\sin\omega t$，则刀具的运动速度 $v_d = a\omega\cos\omega t$，那么，刀具在 A 点离开工件的时刻 t_1 应满足 $v_d = a\omega\cos\omega t_1 = -v$，从该式中即可求得刀具与工件脱离的时刻 t_1 为:

$$t_1 = \frac{1}{\omega}\cos^{-1}\left(\frac{-v}{a\omega}\right) = \frac{1}{2\pi f}\cos^{-1}\left(\frac{-v}{2a\pi f}\right)$$

从 t_1 的公式中可以看出，若 $v > 2a\pi f$，此式不能成立，即意味着刀具不可能脱离工件。振动切削中把 $v_c = 2a\pi f$ 称为临界切削速度。当 $v > v_c$ 时工件不能与刀具分离，相当于普通切削，只有当 $v < v_c$ 时，才能保证振动切削效果。刀具到达 B 点后刀具与工件开始接触，到达 B 点的时刻用 t_2 表示，t_2 应满足:

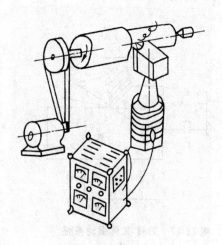

图 11-18　振动切削示意图

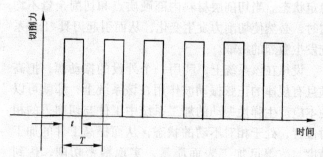

图 11-19　脉动切削力波形

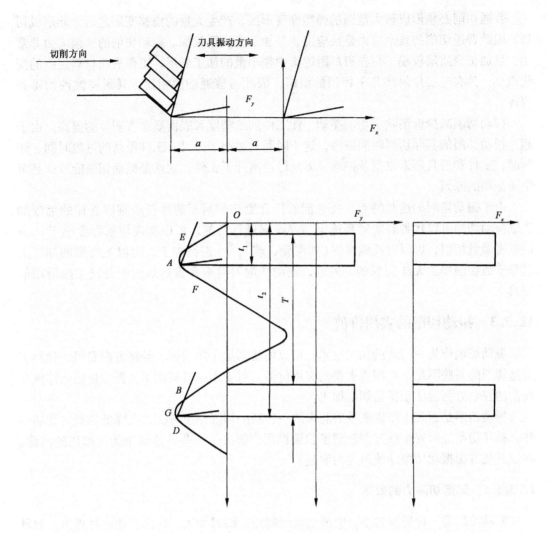

图 11-20 振动切削机理

$$a\sin\omega t_2 = a\sin\omega t_1 - v(t_2 - t_1)$$

实际的净切削时间：

$$t_c = T + t_1 - t_2$$

式中：T——刀具振动周期，$T = 1/f$。

由此可见，超声振动切削是一个在极短时间内完成的微量切削过程。在一个切削循环中，刀具在很小的位移上得到很大的瞬时速度和加速度，这有助于塑性材料趋向于脆性状态，塑性变形减小，摩擦系数降低。因此，与普通切削相比，切削力可以大大地降低。同样由于切削时间极短，刀具在如此短的时间内很难生成大量的切削热，且散热时间长，所以振动切削的温度很低。

普通切削必须形成较大范围的弹塑性变形区，产生大量的滑移变形之后才能形成切屑，因此普通切削的残余应力是拉应力，且加工变质层较深。振动切削的残余应力非常小，且加工变质层较浅，只在刃口附近集中很小量的加工变形，工作表面材料组织的变化很小，具有与工件内部几乎相当的组织，因此与普通切削相比，其耐腐蚀性均得到提高。

振动切削减少或消除了切削振动，使工件加工精度和表面质量有明显的提高。由于超声振动切削的实际切削时间极短，这个时间远远小于刀具、工件振动的过渡时间。切削时，工件和刀具还未来得及振动，刀具已经离开了工件，这就是振动切削能减少甚至消除振动的原因。

由于振动切削的这些特点，使它能胜任普通切削所不能胜任或难以胜任的切削加工。振动切削可以代替磨削对高速钢、淬硬钢进行切削，可以实现切削深度小于 5 μm 的精密微量切削，可以对硬脆材料（如陶瓷、玻璃等）进行加工，而以上所列的加工工艺是普通切削加工无法完成的。另外，振动切削刀具寿命也远远大于普通切削所用的刀具。

11.3.3　振动切削的实用价值

振动切削作为一门新的加工技术，可以使切削加工向精密、经济方向发展，弥补了普通切削的某些不足，有相当重要的实用价值，对于木材机械加工，振动切削还体现在切削的安全方面远优于普通切削加工。

振动切削是近几十年逐渐发展起来的一种新的切削加工方法，在降低切削力和切削热、提高切削过程安全性方面起到了积极作用，解决了一些普通切削无法解决的问题。在以下几方面振动切削的效果尤为明显。

11.3.3.1　降低切削力的效果

振动切削是一种脉冲切削，它的切削时间短，瞬时切入、切出。切削过程中，刀具周期性离开和接触工件，其运动速度大小和方向不断变化，刀具在小位移上得到很大的瞬时速度和加速度，局部产生很高的能量。刀具速度的变化和加速度的出现，有助于塑性金属趋向脆性状态，塑性变形减小，摩擦系数降低，从而使振动切削的切削力减小。

11.3.3.2　降低切削温度的效果

振动切削时，被加工材料的弹性变形、塑性变形和摩擦系数都比较小，且切削力和切削温度都以脉冲的形式出现，使切削热的平均值大幅度下降。工件表层产生的残余应力小，它改善了加工质量和刀具的耐用度。

11.3.3.3　提高加工精度的效果

振动切削破坏了产生积屑瘤的条件，又由于切削力小、切削温度低，使加工表面粗糙度小和几何精度高。振动切削中，刀刃虽在振动，但在刀刃与工件接触并产生切屑的各瞬间，刀刃所处的位置在切削过程中保持不变。由于切削时工件和刀具间的相对位置不随时间变化，从而提高了加工精度。

11.3.3.4 刀具使用寿命延长的效果

振动切削时，由于切削力小、切削温度低、冷却润滑充分，使刀具的使用寿命大大地提高。当振动参数选择合适时，一般可使刀具的使用寿命提高几倍到几十倍，对难加工材料和工序，其效果更好。刀具使用寿命的延长不仅节约刀具材料，减少辅助时间，降低成本，而且有利于保证加工质量，提高生产效率。

11.3.3.5 提高切削安全性的效果

振动切削是一种脉冲切削，它的切削时间短，每齿切削用量小。切削过程中，刀具周期性离开和接触工件，刀具运动距离小，刀具的切入量不足以引起人体肌肉的损伤。所以，在切削的过程中即便操作手接触到刀刃，也不会造成对手的伤害。

第 12 章

木工刀具刃磨

木材切削时，刀具刃口经过一段时间的使用后，刀具磨损，刃口锋利度下降，此时刀具就需要重新刃磨(re-sharp)。刀具使用多长时间需要刃磨与被加工材料、刀具材料、切削方式有关，刀具刃磨是保持刀具锋利度，延长刀具使用寿命，保证加工质量的重要措施。

12.1 刃磨砂轮

木工刀具刃磨时，除手工刃磨用天然磨刀石、人造油石和锉刀外，机械刃磨主要用各种不同砂轮。合理选用砂轮是保证刃磨质量的关键之一。

要做到合理选用砂轮，首先要了解砂轮的性能。一般砂轮的性能指标包括：磨料种类、磨料的粗细程度(粒度)、结合剂种类、砂轮硬度、砂轮组织(空隙情况)、砂轮形状和砂轮尺寸等。金刚石砂轮除上述指标外，还有金刚石浓度、金刚石料层厚度和料层宽度等。常用金刚石砂轮的形状和代号见表 12-1。

表 12-1　常用金刚石砂轮的形状和代号

名称	形状	代号	名称	形状	代号
平形砂轮		$\overline{P}$	碟形一号砂轮		D_1
小砂轮		P	碟形二号砂轮		D_2
薄片砂轮		PB	单斜边砂轮		PDX
杯形砂轮		B	双斜边砂轮		PSX
碗形砂轮		BW_2	平形带弧砂轮		PH

一般碳素工具钢和合金工具刀具刃磨，多选用磨料为棕刚玉（GZ）、粒度为46～100号、陶瓷结合剂（A）、硬度软到中（R～Z）、组织中等（4～7）的不同形状和不同尺寸的砂轮。

棕刚玉磨料是由铝钒土、无烟煤在电炉内冶炼成的，含氧化铝（Al_2O_3）95%以上，韧性好、硬度高、抗弯强度大、价格便宜。陶瓷结合剂是由黏土、长石和其他天然硅酸盐为原料，在高温下烧结而成的，它具有弹性小、磨削效率高、耐水、耐热等优点，可以干磨，也可以用各种冷却液湿磨。

高速钢刀具刃磨，除上述棕刚玉砂轮外，还可选用白刚玉砂轮（GB）或铬刚玉（GG）砂轮。

白刚玉是以工业铝粉为主要原料在电炉内炼成的。含氧化铝98.5%以上，白色。白刚玉比棕刚玉更硬、更脆、棱角锋利、磨削发热少、砂轮耐用度高、磨高速钢刀具效果更好。缺点是价格昂贵。

铬刚玉是在冶炼白刚玉时加入一定量的氧化铬（Cr_2O_3），主要成分仍为氧化铝，但磨削性能比白刚玉好，加工光洁度高。铬刚玉一般呈玫瑰红或紫红色。

硬质合金刀具刃磨，要用绿色碳化硅（TL）或人造金刚石（JR）砂轮。

绿色碳化硅是以硅石和石油焦炭为原料冶炼的，含碳化硅99%以上。这种磨料硬度比刚玉类高、性脆而锋利、磨削发热也少，是价格较便宜的刃磨硬质合金的磨料。

人造金刚石是用石墨在触媒剂和超高压、超高温作用下制成的，其主要成分为碳（C），有无色透明、淡黄、黄绿、黑等几种颜色。人造金刚石磨料硬度极高，是目前刃磨硬质合金刀具的最好磨料。与绿色碳化硅相比，刃磨生产率高5倍，光洁度高1～3级，刀具耐用度高1～3倍。金刚石砂轮价格昂贵，韧性差，尤其对铁族元素亲和力强，热稳定也差，在空气介质中700～800℃时就会石墨化，所以不能用来磨钢质刀具。

选用绿色碳化硅砂轮时，原则和刚玉砂轮相同。合金越硬砂轮硬度应越低，这样可增强砂轮自锐性，防止过热造成合金刀具的热裂纹。在粗磨YG6、YG8等硬质合金时，宜选粒度46号、硬度软至中软（R_3～ZR_1）陶瓷结合剂的砂轮；精磨时选粒度80～100号、硬度中硬（ZY_1～ZY_3）树脂结合剂的砂轮。

金刚石砂轮因价格昂贵，因此只在砂轮工作部分（料层）才由金刚石和结合剂组成。料层厚度通常只有1.5 mm、2 mm、3 mm和5 mm。

金刚石砂轮的粒度标准和普通砂轮相同。刃磨硬质合金刀具一般选80～120号。砂轮硬度只有中软、中、中硬、硬四大级，一般选中级为宜，太软砂轮消耗大。

金刚石砂轮的浓度是指料层中每立方厘米所含金刚石的质量。标准规定：0.879 g（4.39克拉）/cm^3时浓度为100%。刃磨时一般用50%和100%的浓度。

金刚石砂轮用的结合剂有四种：青铜（Q）、树脂（S）、陶瓷（A）和电镀（D）。干磨时一般选树脂结合剂的金刚石砂轮，加冷却液湿磨时选青铜结合剂的金刚石砂轮。

金刚石砂轮的标志顺序为：磨料—粒度—硬度—结合剂—浓度—形状—尺寸。尺寸注法为：外径×厚度×孔径×金刚石料环宽×料层厚度×角度。例如磨料为人造金刚石、粒度100号、硬度中软、树脂结合剂、浓度50%、碟形一号砂轮、外径80 mm、厚度13 mm、孔径20 mm、料环宽度3 mm、料层厚度3 mm的金刚石砂轮的标志为：

JR100#ZR50D₁80 × 13 × 20 × 3 × 3。

选择和使用砂轮时应遵循原则：①使用前，检查砂轮有无缝隙，检查砂轮同轴度和振动度。②保持砂轮表面清洁。③高速钢材料的刀具宜采用软的刚玉砂轮刃磨。④使用金刚石砂轮刃磨硬质合金刀具时，不能与碳钢刀体接触，否则砂轮会被阻塞。钢质部件可以使用陶瓷或者金刚砂为磨料的砂轮进行磨削。⑤金刚砂砂轮的转速一般为：28 ~ 32 m/s，刚玉砂轮转速一般为 15 ~ 22 m/s。

12.2 直刃刀片的刃磨

直刃刀片包括平刨、压刨、四面刨等木工刨床上所用的机夹式直刃刀片以及旋切机的旋刀、刨切机的刨刀等所有的刃口为直线的刀片。这些刀片大多都在专用磨刀机上刃磨。尺寸较小的刀片，如手工刨上的刨刀以及一些铣刀上的刀片也可在简易砂轮上或油石上手工刃磨。

刃磨直刃刀片的磨刀机，一般有下列两种工作方式：

(1)用平形砂轮的周边刃磨刀片的后刀面(图 12-1)。

这种方式适合磨平、压刨上尺寸较窄的刀片。刃磨时，砂轮旋转轴线平行于刀片的刃口，刃磨角度(楔角)靠调节刀架的倾斜程度控制。磨得的后刀面稍有圆弧内凹，圆弧的曲率半径和砂轮半径相同。为避免后刀面的曲率半径过小(曲率半径小，内凹程度大)。在磨薄刀片时，砂轮直径不得小于 200 mm，磨厚刀片时不得小于 300 mm。

后刀面稍有内凹可使刀片刃口更加锋利，而且在用油石紧贴后刀面精光时，没什么妨碍。后刀面不能有鼓肚。

(2)用碗形或碟形砂轮的端面刃磨刀片的后面(图 12-2)。

为避免磨削面太大以引起过热，同时为了使砂轮沿一个方向磨削起见，砂轮的工作端面不能平行后刀面，而必须倾斜 5° ~ 8°。这样磨得的后刀面稍有椭圆弧内凹，内凹程度随砂轮直径的增大而减小，随砂轮倾斜角的增大而增大，其平均曲率半径见下式：

$$\rho_{平均} = R/\sin\lambda$$

式中：$\rho_{平均}$——后刀面内凹弧的平均曲率半径(mm)；

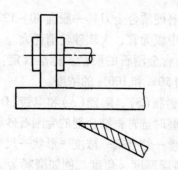

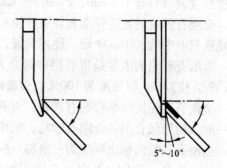

图 12-1　平形砂轮的周边刃磨刀片的后刀面　　图 12-2　碟形砂轮的端面刃磨刀片的后面

　　　　R——砂轮半径(碗形砂轮为大头半径)(mm);

　　　　λ——砂轮端面相对后刀面倾斜角(°)。

　　上述方式适合磨尺寸较大的刀片如旋刀、刨板刀等。

　　以上两种磨刀方式最好将粗磨和精磨分开进行。粗磨时砂轮线速20~25 m/s;纵向进给量10 m/min;横向进给量0.15 mm/双行程。精磨时砂轮线速可不变,纵向进给量减到4~6 m/min;横向进给量小到0.05 mm/双行程。精磨光后让砂轮在没有横向进给量的情况下再空走几次以提高刃磨质量。

　　在磨刀机上磨过的刀片最好还用细油石精光前、后刀面,以消除毛刺等缺陷。刀片刃口的不直度不大于0.2 mm/m。

12.3　整体铣刀的刃磨

　　整体套装铣刀按其齿背线形式和后角形成方式分为两类:铲齿铣刀和尖齿铣刀。

　　铲齿铣刀的后角是在铲齿车床上用铲刀铲制形成的,齿背曲线为阿基米德螺旋线或偏心圆弧曲线,不便刃磨,所以只能刃磨前刀面。一般都须按照原有前角刃磨前刀面,这一点对成型铣刀尤为重要,否则,刃磨前后加工出来的制品截面形状将发生变化。

　　铲齿铣刀刃磨前刀面一般选用碟形砂轮。为了磨出规定的前角,须使铣刀旋转轴线距砂轮工作面的垂直距离为H(图12-3):

$$H = \frac{D}{2}\sin\gamma$$

式中:H——铣刀旋转轴线距砂轮工作面的垂直距离(mm);

　　　　D——铣刀直径(mm);

　　　　γ——铣刀前角(°)。

　　尖齿铣刀的后角是在工具磨床上磨出来的,齿背线为直线,一般都刃磨刀齿的后面(尖齿成型铣刀仍须按原有前角刃磨刀齿前面)。为获得一定后角,用碟形砂轮刃磨时,被磨刀齿齿尖应低于铣刀旋转中心线H(图12-4):

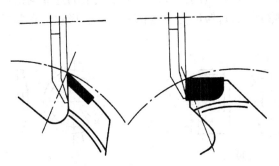

图12-3　用碟形砂轮刃磨铲齿
成型铣刀前刀面

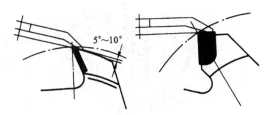

图12-4　用碟形砂轮刃磨尖齿
铣刀后刀面

$$H = \frac{D}{2}\sin\alpha$$

式中：H——刀齿齿尖低于铣刀中心线的量（mm）；

  D——铣刀直径（mm）；

  α——铣刀后角（°）。

12.4 硬质合金刀具的刃磨

硬质合金刀具虽然有很高的耐磨性，但因其硬度高、脆性大、导热系数小，给刃磨带来了很大困难。硬质合金刀具造价较高，因刃磨不当而造成报废是很可惜的。

因为硬质合金硬度高，要求有较大的磨削压力，因其导热系数小，又不允许产生过大的热量。这样，就要求在刃磨时首先要选好砂轮，其次要求砂轮有较好的自锐性，此外还必须有合理的刃磨工艺。只有这样才能有良好的散热条件，以减少磨削裂纹的产生。

使用绿色碳化硅砂轮刃磨时，特别要避免过热，为此，可使用冷却液。冷却液的成分为 2%～3% 的苏打水溶液或 3%～5% 的乳浊液。冷却液的供应必须充分，切忌断续或点滴供应。

为避免过热，还应勤修砂轮。刃磨时，当发现砂轮很响，磨削面发光时，说明砂轮已钝，应用砂轮修整器修整。

刃磨时切忌用力过猛。用力过猛，摩擦力太大，磨削温度急剧上升，合金会发红，甚至爆裂。

要注意先使刀体部分接触砂轮，然后再磨合金部分。退刀时应先使合金部分离开，这样可以避免将合金打坏。

应严格控制砂轮的旋转方向，必须从刃口磨向刀体，不得从刀体磨向刃口；应先磨前面，再磨后面，以防止崩裂刃口。当刃磨多齿刀具时（如圆锯片）可先磨各齿的前面，再磨各齿的后面；先粗磨，后精磨。粗磨用粒度 46 号的砂轮，精磨用粒度 80～100 号的砂轮。

用碳化硅砂轮刃磨硬质合金刀具时，为避免过热还可采用间断刃磨法。间断磨削就是在碳化硅砂轮的工作部位开出一定尺寸、一定数量的沟槽。因为砂轮上的这些沟槽不仅能提高冷却液的散热效果，而且能增强砂轮的自锐能力。沟槽的尺寸、形状和布置见图 12-5。

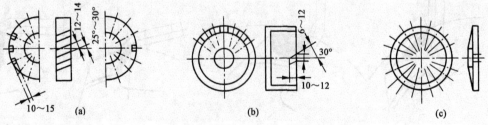

图 12-5　间断刃磨法所用各种砂轮沟槽的布置图
（a）平形砂轮沟槽布置　（b）杯形砂轮沟槽布置　（c）碟形砂轮沟槽布置

表 12-2 碳化硅砂轮刃磨硬质合金刀具时的刃磨用量

刃磨类型		YT15、YT5、YG3			YG6、YG8		
		$V_砂$ (m/s)	$S_纵$ (m/min)	$S_横$ (mm/双行程)	$V_横$ (m/s)	$S_纵$ (m/min)	$S_砂$ (mm/双行程)
砂轮端面磨削	机动进刀	10~12	1.0~1.5	0.01~0.03	12~15	1.5~2.0	0.02~0.04
	手动进刀	12~15	1.5~2.0	0.01~0.04	15~18	2.0~2.5	0.02~0.05
砂轮外面磨削	机动进刀	12~15	1.0~1.5	0.01~0.03	15~18	1.5~2.0	0.02~0.04
	手动进刀	12~15	1.5~2.0	0.01~0.04	15~18	2.0~2.5	0.02~0.06

选择刃磨用量时，要注意合金牌号，不同合金刀具的刃磨用量可参考表 12-2。

用金刚石砂轮刃磨硬质合金刀具时，总的磨削余量应控制在 0.1~0.2 mm 以下，过大砂轮的金刚石消耗大，成本太高。

当刃磨 YG6、YG8 硬质合金刀具时，冷却液的供应量 3~4 mL/min，这时如用青铜结合剂的粒度 100~120 号、浓度 100% 的砂轮。砂轮线速度 25~30 m/min，纵向进给量 1.0~1.5 m/min，横向进给量 0.01~0.02 mm/r。在没有冷却液供给的条件下，要采用树脂结合剂砂轮，但纵向和横向进给量都应降低一半。在刃磨牌号 YG3 的硬质合金时，因合金中碳化钨含量比上述牌号的合金要高，故其纵向和横向进给量，应比刃磨 YG6、YG8 牌号的合金时要降低 25%~30%，以防出现显微裂纹。

刃磨硬质合金锯片时，可以使用万能刃磨机或专用自动锯片刃磨机。使用自动刃磨机刃磨时，所有的操作过程包括碳钢齿背的修整都是自动完成。使用万能刃磨机时，必须单步操作。一般硬质合金锯齿的磨削用量为 0.2 mm。

(1)直径校正：根据切削刃的磨损程度，必须通过圆锯片与砂轮上的相对圆周运动，使锯齿在径向上保持一致。因此，每一个锯齿后齿面都要获得到一个最少为 0.2 mm 的小平面。并随着磨损痕迹的去除而增大。当硬质合金片厚度一定时，后齿面应根据锯齿伸出量而缩减(最大为 1.1 mm)。

(2)低碳钢齿背的刃磨(图 12-6)：锯齿齿尖刃磨几次后，要按时地沿直径方向修整低碳钢齿背。为避免温度过高，刃磨厚度不易过深。修整刃磨量从 0.5~1.0 mm。低碳钢齿背后角比刀头后角大 5°~10°。

(3)后齿面(齿尖)的刃磨(图 12-7)：硬质合金圆锯片镶焊齿在前刀面，因此刃磨时主要刃磨锯齿后齿面。在径向精确刃磨过程中，为使锯齿角度参数符合实际的需要，要保证足够的刃磨量。用于简单锯割的圆锯片只需刃磨后齿面，而用于切割单板或者塑料覆面材料的锯片，其后齿面和前齿面都需刃磨。

为了保证直径的允许误差在 0.1 mm 范围之间，圆锯径向刃磨后的锯齿必须保持高度的一致。具有交替斜锯齿的圆锯片在第一次刃磨时每隔两个锯齿进行一次刃磨，其他的锯齿在第二次刃磨时，刃磨砂轮调整到相反方向相同角度再进行刃磨。

(4)前刀面的刃磨(图 12-8)：锯齿锯割后锯齿前齿面的边缘会受到一定程度地磨损。因此平行于前刀面刃磨是非常必要的。由于每个锯齿尖的厚度大约是其长度的1/4，因此刃磨量不允许太大，否则锯片的使用寿命和锯口宽度会有很大的降低。

（5）槽齿的刃磨（图 12-9）：刃磨有凹面的锯齿时，可采用磨辊磨削。磨辊的直径可以根据不同的锯口宽度改变（表 12-3）。粒度为 W50 或者 W35。

磨辊的边缘也可以刃磨，并且必须准确定心。

表 12-3　不同锯口宽度时选用的磨辊直径　　mm

锯口宽度	磨辊直径
2.5 ~ 2.8	6.0 ~ 6.5
2.9 ~ 3.2	6.5 ~ 6.8
3.3 ~ 3.5	7.0 ~ 7.5

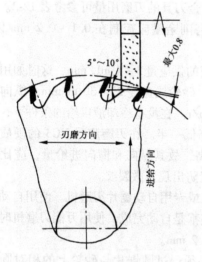

图 12-6　低碳钢齿背的刃磨

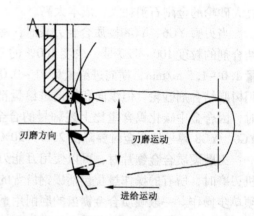

图 12-7　后齿面的刃磨

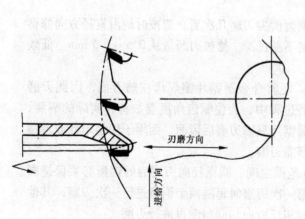

图 12-8　前齿面的刃磨

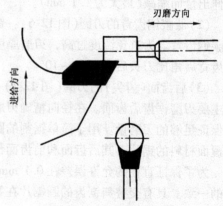

图 12-9　槽齿的刃磨

12.5 金刚石刀具的刃磨

金刚石刀具刃磨工艺方法是获得刃口锋利、表面粗糙度值小、刃口锯齿度小的金刚石刀具的关键。目前常见的金刚石刀具刃磨工艺方法有以下几种。

（1）离子束溅蚀法：是采用高能氩离子轰击金刚石刀具表面的碳原子，使刀具碳原子逐个排除的微细加工方法，适用于加工微小金刚石刀具，所得到的金刚石刀具表面粗糙度值（Ra）为几个纳米。

（2）热化学抛光法：一般是在流动氢气（或 4% H_2 + 96% Ar）气氛中、750 ~ 1 050℃高温下，金刚石刀具表面与低碳钢（或纯铁）研磨盘接触并滑移，金刚石刀具表面活化碳原子扩散到低碳钢（或纯铁）晶体中，而达到刀具材料去除目的。扩散到低碳钢（或纯铁）中的碳原子与周围的氢气反应生成甲烷并随气流排出。

热化学抛光效率取决于碳原子的扩散速率，影响因素有温度、正压力、磨盘转速等。该方法可使金刚石刀具表面粗糙度值（Ra）达到几个纳米，表面变质层较浅。

（3）真空等离子化学抛光法：图 12-10 是真空等离子化学抛光法的加工原理图。转动的研磨盘被中间的高真空区分为左右两部分，左边为沉淀区，表面是采用真空等离子物理气相沉积（PVD）所制得的氧化硅镀层，右边为金刚石刀具研磨。刀具材料去除过程是金刚石刀具表面活化碳原子在研磨区被氧化硅所氧化，生成 CO 或 CO_2 后由真空泵抽出。该方法研磨出的金刚石刀具刃口质量非常高，但刀具材料去除率比较低，一般约为每秒 0.25 ~ 750 个原子层。

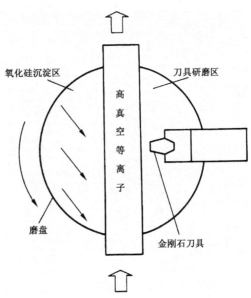

图 12-10 真空等离子化学抛光加工原理

（4）化学辅助机械抛光与光整法：该方法是先对金刚石刀具进行传统的机械研磨，得到表面比较粗糙（$Ra < 1$ μm）和尺寸精度不太高的刀具原形后再对其进行化学抛光和光整。

化学抛光和光整是将坩埚中的 KNO_3 晶体加热到 650 ~ 900℃，使其变成熔融的液体后倒到旋转的 Al_2O_3 研磨盘上，然后把金刚石刀具研磨部分浸入熔融的 KNO_3 液体中。高温液体中的金刚石表面碳原子发生活化，与高氧化性的 KNO_3 进行氧化反应，生成 CO 或 CO_2 气体排出。该过程的氧化作用在金刚石刀具与研磨盘接触的表面波峰处比较激烈，即波峰处材料去除率高，以此达到化学抛光、光整的目的，可得到质量很高的金刚石刀具，表面粗糙度值（Ra）可达到几个纳米。

（5）氧化刻蚀法：该方法采用高纯度氧气或含氧水蒸气，使金刚石表面碳原子在高温作用下（纯氧 1 100℃，含氧水蒸气 650 ~ 900℃）发生氧化反应形成碳氧化物，并随氧气流或水蒸气流一起排出。用此方法加工后的金刚石表面粗糙度值(Ra)可达几个纳米。

（6）激光刻蚀法：该方法采用 $1 \sim 100$ Hz 的单束或多束 Nd – YAG 激光照射金刚石表面使其在局部高温作用下发生烧蚀。考虑到多晶金刚石晶体的晶界对加工精度有影响，所以本方法只适合对单晶体金刚石表面进行粗加工。经过刻蚀后的金刚石表面粗糙度值(Ra)可达几十纳米。

参 考 文 献

曹平祥，等．2001．金刚石涂层木工刀片磨损的研究[J]．林业科学，37(2)．

曹平祥，等．2003．木工刀具磨损机理及抗磨技术[J]．林产工业，30(5)．

曹平祥，王长能．2001．硬质合金转位刀片耐用度试验研究[J]．人造板通讯(7)．

曹平祥，周兆兵．2004．木工刀具液压夹紧轴套的研究[J]．木材工业(6)．

曹平祥．2001．木材切削刀具的液压夹紧轴套及其应用[J]．林产工业，28(6)．

曹平祥．2002．木材及木质材料切削刀具的发展概况[J]．国际木业(3)．

曹平祥．2003．金刚石刀具在木材加工中的应用[J]．木材工业(5)．

曹平祥．2006．当代木工刀具的发展概况[J]．木材加工机械(2)．

方强．1997．砂带磨削技术的发展及其关键技术[J]．广西工学院学报，8(4)．

黄云，黄智．2005．砂带磨削技术产业化进程的战略[J]．精密制造与自动化(2)．

蒋晓鸣．1995．砂带磨削技术与砂带磨床[J]．安徽机电学院学报(2)．

金维洙，贾娜，潘锲，等．2005．金刚石刀具技术现状及在木材加工中的应用前景[J]．木材加工机械(1)．

李浩东，李黎．2009．磨削木竹材表面粗糙度对胶合强度的影响[J]．木材加工机械，20(1)．

李黎，蒙景军．2000．被磨削工件进给力分析与安全防护措施（二）[J]．木材工业，14(5)．

李黎，蒙景军．2000．被磨削工件进给力分析与安全防护措施（一）[J]．木材工业，14(4)．

李黎，习宝田，杨永福．2002．圆锯片振动、动态稳定性及其控制技术的研究——提高圆锯片动态稳定性的技术方法[J]．木工机床(3)．

李黎，习宝田，杨永福．2002．圆锯片振动、动态稳定性及其控制技术的研究——圆锯片的振动分析和动态稳定性[J]．木工机床(2)．

李黎，习宝田，杨永福．2003．切削纤维板时表面涂层硬质合金刀具的磨损[J]．木材加工机械(6)．

李黎，杨永福．2002．家具木工机械[M]．北京：中国林业出版社．

李黎．2007．表面涂层木工刀具的研究进展[J]．木材工业(4)．

李良福．2002．硬质合金刀具的强化[J]．硬质合金(1)．

林朝平，叶伟昌．2002．硬质合金刀具材料的新进展[J]．硬质合金(4)．

刘博，李黎，杨永福．2009．木材与中密度纤维板的磨削力研究[J]．北京林业大学学报，13(S1)．

梅德庆，傅建中，陈子辰．1998．砂带磨削技术及其发展趋势[J]．机电工程(2)．

南京林业大学．1983．木材切削原理与刀具[M]．北京：中国林业出版社．

佘建芳．2005．金刚石涂层硬质合金刀具的应用[J]．硬质合金(2)．

孙俊兰，姜大志．1997．振动切削机理研究及应用[J]．机械制造(4)．

田中千秋，喜多山繁．1992．木材科學講座6——切削加工[M]．日本京都：海青社．

王恺，吴双．1994．中国木材工业用砂带的现状与展望[J]．林业科技通讯(10)．

王新中．2005．人造板砂光技术基础知识讲座(1)[J]．林产工业，32(4)．

王新中．2005．人造板砂光技术基础知识讲座(2)[J]．林产工业，32(6)．

魏莎莎，钟启茂．2006．TiAlN涂层与TiCN涂层硬质合金刀具性能对比[J]．机械制造(12)．

魏莎莎．2005．单涂层与复合涂层硬质合金刀具性能对比[J]．机械工程与自动化(6)．

奚维斌，张弘弢，朱英臣．2003．PVD涂层与未涂层硬质合金刀具切削力的对比试验研究[J]．工具技术(7)．

习宝田．1986．木材切削［M］．北京：中国林业出版社．

肖正福，刘淑琴，胡宜萱．1992．木材切削刀具学［M］．哈尔滨：东北林业大学出版社．

谢国如．2004．砂带磨削及其应用研究［J］．精密制造与自动化(4)．

杨发展，艾兴等．2008．细晶粒硬质合金刀具铣削钛合金损坏机理的研究［J］．工具技术(4)．

张崇高，杨海东，谢峰．2003．金刚石薄膜涂层刀具切削性能与磨损过程的研究［J］．机械工程师(10)．

张文毓．2008．硬质合金涂层刀具研究进展［J］．稀有金属与硬质合金(1)．

张武装，刘咏，贺跃辉，等．2006．涂层梯度硬质合金的研究进展［J］．功能材料(10)．

张武装，刘咏，黄伯云．2006．硬质合金切削刀具涂层技术的发展［J］．粉末冶金工业(5)．

赵立新，郑立允，等．2008．TiAlN 镀层硬质合金结构及性能研究［J］．金属热处理(7)．

赵伟，等．1999．高压水射流加工技术［J］．机械设计与制造工程，28(2)．